日本造园译丛

植物景观营造

［日］建筑知识　编

刘云俊　译

U0196268

中国建筑工业出版社

著作权合同登记图字：01-2013-3727 号

图书在版编目（CIP）数据

植物景观营造／（日）建筑知识编；刘云俊译 . —北京：
中国建筑工业出版社，2017.7
（日本造园译丛）
ISBN 978-7-112-20672-8

I.①植…　II.①建…②刘…　III.①园林植物—景观设
计　IV.① TU986.2

中国版本图书馆 CIP 数据核字（2017）第 080070 号

责任编辑：刘文昕　张鹏伟
责任校对：焦　乐　张　颖

日本造园译丛

植物景观营造

［日］建筑知识　编

刘云俊　译

＊

中国建筑工业出版社出版、发行（北京海淀三里河路9号）
各地新华书店、建筑书店经销
北京京点图文设计有限公司制版
北京方嘉彩色印刷有限责任公司印刷

＊

开本：787×1092 毫米　1/16　印张：10½　字数：418 千字
2017 年 10 月第一版　2017 年 10 月第一次印刷
定价：**88.00 元**
ISBN 978-7-112-20672-8
（30242）

目　录

第 1 章　实际大小绿化植物列表

第 2 章　绿化知识

事例解说

第 3 章　屋顶及墙面绿化

第 4 章　住宅绿化 100 种技巧

实际大小
绿化植物列表

四照花
2.5 万日元／棵（高 2.5m）
落叶阔叶树。
生有长 7～15cm 的卵
形叶，叶面深绿色，叶
缘无齿。秋天变成美丽
的红叶

**透明的绿色
叶子**
自绿色叶面透过的光线
表现出春的涌动

钓樟
1 万日元／棵（高 2m）
落叶阔叶树。
生有长 5～9cm 的薄
叶，呈稍窄的椭圆形。
散发出樟科特有芳香的
叶子集中长在枝头

gravure
1

用透明的叶子
构建成具有通
透感的庭院

如要依照建筑物的造型来构建具有通透感的庭院时，
可以将叶子具有很好透光性的树木引入其中。
树木叶子的区别，不仅仅表现在大小和形状上，
其厚度和质感也各不相同。
透光性好的叶子，多见于叶片较薄的落叶阔叶树，
因此关键就在于有效配置这类树木，
使庭院变成具有透明感的场所。

透光性好的叶子中也有不少红叶。
因此秋天一到，栽有这样树木的庭院
处处铺洒着自红叶透过的红色和黄色光线。

这里汇集了几种典型的透光好的叶子，
图中的影像都是在实际透光状态下拍摄的。
即使同样透光的叶子，亦因其质地不同，
看上去会有很大区别。（参照 104 页）

（照片）光线透过新绿的枫叶铺洒下来，使庭
院显出透明感
（A 宅：西岛正树／主任一级建筑师事务所）

吊钟花
800 日元／棵
（高 0.4m）落叶阔叶树。长 2～4cm 的
叶子环绕成车轮状生长。其尖端呈扇形，
边缘有细小的齿。秋季变成鲜红色

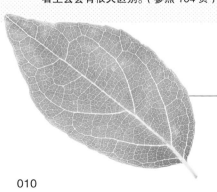

野茉莉
1.8 万日元／棵
（高 3m）落叶阔叶树。生有长 5～8cm
较宽的卵形叶。叶面及叶背均为绿色，
并带有光泽。叶片较薄，边缘有细齿

白木兰
2 万日元 / 棵
（高 3m）落叶阔叶树。生有
长 10cm 左右的扇形叶，与
紫木兰相似。白木兰叶稍尖，
表面无凹凸

桂树
8500 日元 / 棵
（高 3m）落叶阔叶树。生有
长 3 ~ 7cm 的心形叶，叶尖
圆润，叶缘呈波浪状。春季
呈鲜艳的绿色，秋天变黄，
散发特殊的香气

油沥青
2.5 万日元 / 棵
（高 3m）落叶阔叶树。生
有长 4 ~ 7cm 的卵形叶，
叶缘无齿，整个叶面均带
凹凸。枝叶有香气

**透明的黄色
叶子**
经黄色叶子过滤的光线
让人感到更温暖

大红叶
2 万日元 / 棵
（高 3m）落叶阔叶树。生有长
5 ~ 8cm 的掌形叶，比鸡爪枫的
叶子大，叶缘有整齐的齿。破裂
的叶子中央膨胀也是其特征

山茱萸
2 万日元 / 棵
（高 3m）落叶阔叶树。生有
长 5 ~ 10cm 的近于圆形的
卵形叶，与四照花相似，但
叶背生有绒毛

**透明的红色
叶子**
闪光的叶子将秋季的庭
院染成一片红色

黄栌
4000 日元 / 棵
（高 1.5m）落
叶阔叶树。生
有长 4 ~ 8cm
的奇数小叶，
似羽毛状，嫩
叶的鲜绿色也
很漂亮

* 1 万日元约为 650 元人民币——译注

厚皮香
1.8 万日元／棵
（高 2.5m）常绿阔叶树。
叶长 4 ~ 9cm。叶呈扇形，
前端较尖。叶子集中于枝
头。红色的叶轴为其特征

冬青
8000 日元／棵
（高 2m）常绿阔叶树。叶
长 4 ~ 9cm，呈椭圆形。
叶色深绿，叶片较厚，尖
端圆润突出

铁冬青
2.8 万日元／棵
（高 3m）常绿阔叶
树。叶长 5 ~ 8cm，
呈椭圆形。叶色深
绿，叶面光滑，边
缘无齿，叶纹明显

用闪闪发光的叶子照亮阴暗的院落

建筑物北侧等经常不见阳光的地方，
总是透出一股阴暗之气。
现在介绍几种利用绿化使其显得明亮的方法。

为了将阴暗的庭院变得明亮，
可以栽植叶子表面反光性强的树木。
生有反光性强叶子的树木
多为叶面有皮革质感的常绿阔叶树，亦被称为"照叶树"。
其典型树种，有常被用于和风庭园的
杜鹃类、山茶类和厚皮香等。
栽植时，设法让这些树木的叶子多少能照到一点儿光。

另外，通过引入有特殊叶色的树木，
也可以使庭院变得明亮些。
橄榄、费约果和银泥之类，叶背呈白色，
在风中摇曳时，即使没有光看上去也像在闪烁着。
如果栽种金边胡颓子之类叶面带斑纹的植物，则可给庭院着色，显
得明亮些。

（参照 110 页）

（照片）在接受阳光的海桐花映照下，门厅一片明亮
（久世宅：崛部安嗣／崛部安嗣建筑设计事务所）

反光发亮的叶子

具有皮革质感的叶子即使反射
微弱的光线也会将庭院映照得
一片明亮

杜鹃
8000 日元／棵
（高 1.5m）常绿阔叶树。
叶长 5 ~ 8cm，呈卵形。
叶色深绿，较硬，前端
尖锐。与山茶叶子相似，
但要肥大些

金边胡颓子
1500 日元 / 棵
（高 0.3m）常绿阔叶树。
秋田胡颓子的园艺品种。
叶子呈较宽的椭圆形。叶
面带黄色斑纹。叶背遍布
银色绒毛

杨桐
5000 日元 / 棵
（高 2m）常绿阔叶树。
叶长 6 ~ 10cm，呈椭
圆形。因叶色深绿，且
叶形漂亮，故常被用于
道场。虽与枋木相似，
但叶缘无齿

橄榄
1.5 万日元 / 棵
（高 1.2m）常绿阔叶树。
叶长 4 ~ 8cm，呈椭圆形。
叶面深绿色，叶背遍布
白色绒毛

叶色看上去发亮的叶子

即使没有光，颜色特殊的叶子
也会使庭院显得明亮

银泥
1.5 万日元 / 棵
（高 2m）落叶阔叶树。叶长
4 ~ 7cm，叶分 5 角。叶面暗绿
色，叶背密生银白色绒毛

木姜子
2 万日元 / 棵
（高 3m）常绿阔叶树。
叶长 8 ~ 20cm，近于
卵形的椭圆状，浓绿
的叶缘无齿

（照片）叶面与叶背颜色不同、辉映出银白色的橄榄
（贞苅宅：本间至 /Bleistift 设计事务所）

日本枫
一般叶分9角，前端
尖锐，连接起来则成
为一个漂亮的圆

吊钟花
生有稠密的鲜红叶子，
在阳光照射下熠熠生辉

黄栌
附在长叶柄上摇曳
的红叶美不胜收

（照片）庭院内植有各种红叶树木
（国领之家：伊礼智／伊礼智设计室）

蓝莓
比较容易培植的蓝莓
并不结果，只供秋天
观赏红叶

利用红叶和黄叶产生色彩变化

增添秋天庭院色彩的树木红叶。
这些叶子不仅有红色和黄色，还有红褐色和橙色等，
色调变化十分丰富。
从叶形上看，也分圆形、掌形、
以及似羽毛的形状等，多种多样。
绿化设计所依据的，仅是对树木的印象，但未决定树种，
建议对各种叶子的颜色、形状，甚至叶子的大小通盘考虑

为了让庭院树木生出美丽的红叶，一天之内昼夜要有温差
并且确保土壤有充足的水分。
无论白昼还是夜间，凡是温暖的场所
或照明光线投射到的地方，都不会生出漂亮的红叶。
而且，有阳光和没有阳光的场所，红叶的颜色也不尽相同
即使生有红叶的树木，
被相互重叠的枝杈遮住阳光的部分，叶子往往也呈黄色。
如果在配植时能够考虑到日照的因素，
庭院一定会更加多姿多彩（参照106页）。

冬槭
有着类似水鸟爪一样
独特的叶形，秋天叶
子会变成红色和黄色

鸡爪枫
分7角展开的叶形
比日本枫更瘦削，
因形似鸡爪而得名

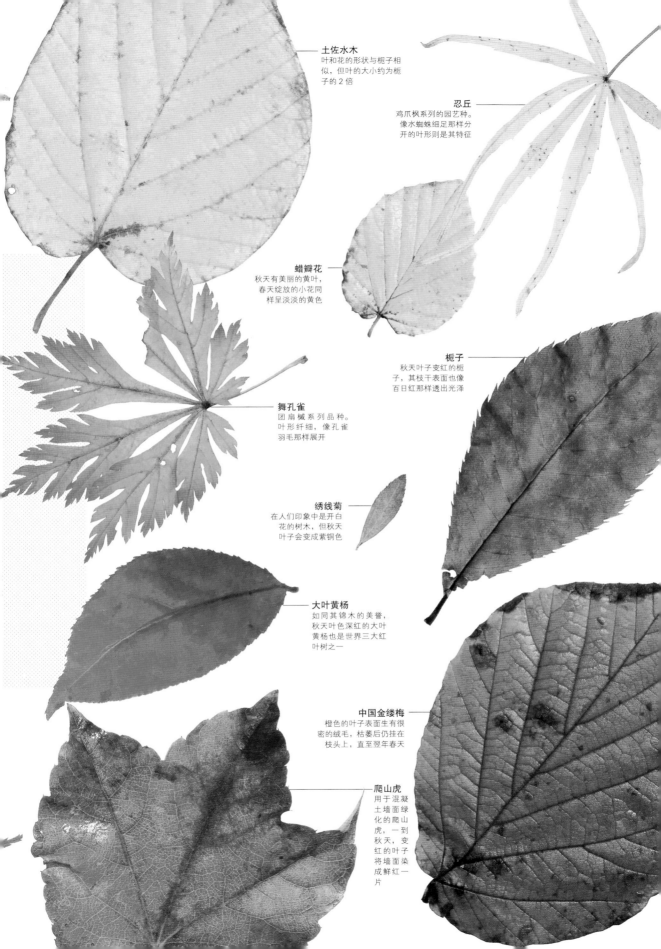

土佐水木
叶和花的形状与栀子相似，但叶的大小约为栀子的 2 倍

忍丘
鸡爪枫系列的园艺种。像水蜘蛛细足那样分开的叶形则是其特征

蜡瓣花
秋天有美丽的黄叶，春天绽放的小花同样呈淡淡的黄色

栀子
秋天叶子变红的栀子，其枝干表面也像百日红那样透出光泽

舞孔雀
团扇槭系列品种。叶形纤细，像孔雀羽毛那样展开

绣线菊
在人们印象中是开白花的树木，但秋天叶子会变成紫铜色

大叶黄杨
如同其锦木的美誉，秋天叶色深红的大叶黄杨也是世界三大红叶树之一

中国金缕梅
橙色的叶子表面生有很密的绒毛，枯萎后仍挂在枝头上，直至翌年春天

爬山虎
用于混凝土墙面绿化的爬山虎，一到秋天，变红的叶子将墙面染成鲜红一片

玉兰 1.6 万日元 / 棵（高 3m）
5 ~ 6 月开乳黄色杯形花，有香气。花朵直径约为 12 ~ 15cm

木槿 1800 日元 / 棵（高 1.5m）
7 ~ 10 月在枝端叶的根部开出白色和粉红色花朵。花朵直径约 6 ~ 10cm

紫木莲 4500 日元 / 棵（高 2m）
4 ~ 5 月在叶端开出长 10cm 左右略带紫色的筒状花

装点庭院的大型花卉和果实

构成庭院基调的颜色，一年四季满眼都是叶子的绿色。

可是，如果始终呈现同样的颜色，将使庭院显得单调和无趣。

因此，栽植一些开鲜花和结果实的树木，则可让人欣赏到庭院中色彩的变化。

为了使树木的花果突出，重要的是："体型要大" 和 "与背景颜色形成鲜明的对比"。

不管花、还是果，大过手掌就非常醒目。此外，小颗粒状成簇的花果，虽指尖大小竟格外吸引眼球。尤其是花果的颜色，在构成庭院基调的绿色中，应以怎样的对比程度使其更加突出也是重要的课题。最醒目的颜色，应该是作为绿的补色的红色系。

这里介绍的花果均具备以上要素（参照 112 页、115 页）。

（照片）从浴室眺望院中开着白花的石楠
（汤场宅：西田司 / 合作设计事务所）

蝴蝶戏珠花 2000 日元 / 棵（高 1m）
5 ~ 6 月枝端成簇开放泛绿的白色装饰花。
直径约 20cm

百日红 2.3 万日元 / 棵（高 3m）
7 ~ 9 月在从枝端伸出的圆锥花序上分布许多
直径 3 ~ 4cm 的花朵。被划入夏花类

八仙花 700 日元 / 棵（高 0.5m）
6 ~ 7 月开出直径 3 ~ 6cm 球状装饰花。在较
长一段时间里花色会出现绿 – 紫 – 红的变化

七叶树 2.5 万日元 / 棵（高 3m）
5 ~ 6 月在从枝端伸出的圆锥花序上分布许多
直径 1.5cm 的花朵。照片中系红花七叶树

木樨 2300 日元 / 棵（高 1.5m）
10 月前后自枝杈那里开出成簇的橙色花朵。
待香气袭人时，则预示着秋天的到来。照片
中系野田藤

藤 2000 日元 / 棵（长 1m）
4 ~ 6 月开出淡淡的紫色和白色蝶形花朵，待到
其成串下垂时，长度可达 30 ~ 90cm

荚蒾 1500 日元 / 棵（高 1m）
9 ~ 10 月结出鲜红的卵形果实。单粒直径约
6 ~ 8mm。成熟后可食

火棘 1500 日元 / 棵（高 1m）
10 ~ 11 月结出大量橙黄色扁球状果实。单
粒直径 5 ~ 8mm

花梨 3 万日元 / 棵（高 3m）
10 月前后结出长 10 ~ 15cm 的黄色椭
圆形果实，成熟后有香气

小紫式部 700 日元 / 棵（高 0.5m）
9 ~ 11 月结出许多紫色球形果实。单枚直径
3mm 左右

白山吹 850 日元 /3 株 1 丛（高 0.8m）
8 ~ 10 月在枝头结出 4 枚 1 簇的黑色椭圆形
果实。单枚直径 5 ~ 7mm

柿树 1.2 万日元 / 棵（高 2.5m）
10 ~ 11 月橙黄色扁圆形果实成熟。果
实直径约 4 ~ 10cm

叶子形状改变建筑物给人的印象

树木叶子的形状多种多样，如卵形、掌形和心形等，均各具特色。

叶子形状的不同，也使树木总的绿色体量和光线通透性产生变化。

如果充分利用叶子形状上的特点，将会改变建筑物和庭院给人的印象。

表面有着较深裂纹的叶子和针状叶，从几何学角度看都比较抽象，

用于未怎么装饰的空间，可起到烘托作用。

心形、圆形或近似于圆形的叶子，看上去很温馨，

也许更适于做主院的形象树。

这里，以叶形多种多样的区别作为基础，

将其分成 14 个种类，再列举出各个种类的代表树种。（参照 108 页）

（照片）被各种形状叶子装点的庭院
（户田宅：户田晃 / 户田晃建筑设计事务所）

掌形

鸡爪枫
叶子像五指分开的手掌一样。叶片小巧纤细。另如无花果等

三叉形

枸骨
除可作为观叶植物外，其三角形状也很适于抽象氛围的建筑。另如冬槭等

心形

桂树
看上去十分圆润的心形叶使庭院变得更温馨。另如级木和菩提树等

圆形

白云木
圆形的叶子与心形叶一样可营造温馨的氛围。另如圆叶树和络石等

卵形

四手
整体呈椭圆形，但叶尾部肥大有如卵状。几乎所有树木的叶子都属于该类型，尤以阔叶树居多。

倒卵形

吊钟花
叶子形状如倒置的卵一样。即使大小相同，但看上去比卵形要大。另如玉兰等

椭圆形

橄榄
整体呈椭圆形，前端较圆润，可营造出优雅的氛围，常被用于绿化。另如费约果等

披针形

栗树
较大的叶子颇具几何学特征，适于装点人工庭院；较小的叶子则使庭院显得很洒脱。另如竹类等

脊形

中国柊
整体带刺，富紧张感。除作为观赏外，也常被用于发挥其叶形特点的防范方面。另如柊等

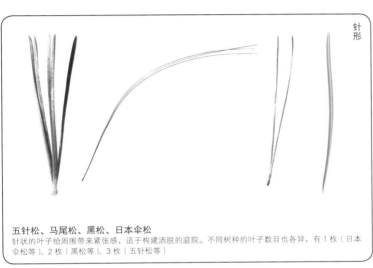

针形

五针松、马尾松、黑松、日本伞松
针状的叶子给周围带来紧张感，适于构建洒脱的庭院。不同树种的叶子数目也各异，有1枚（日本伞松等）、2枚（黑松等）、3枚（五针松等）

鳞片形

伊吹米登
叶子似针叶树，但摊开来则如鳞状。用来装点庭院比针形叶显得温馨些。另如扁柏等

复叶（3片）

日光槭
由3片小叶组成1片大叶。整体上给人以悠闲的印象。另如三叶枫等

复叶（5片）

橡树
由5片小叶组成1片掌形大叶。因叶子体形较大，故适于大面积建筑物。另如野木瓜等

多枚小叶组成一片大叶

白蜡
整体看似羽毛，显得很轻盈。常被用于热带风格的庭院。另如合欢等

叶子的大小影响
建筑设计

树木叶子的大小会在很大程度上改变建筑物的外观。
例如，一座体量很大的建筑物，
如果绿化用树木的叶子大小与其体量相配，
则可使建筑物看上去更庄严。
而且，大叶与小叶混杂在一起更使空间产生律动感，亦可给人留下轻松活泼的印象。

这里，从常用的庭院树木中选出 14 种，
将其叶子按照原尺寸由大到小排列。
如此一来就明白了：
不仅是形状和颜色，而且叶的大小也能使人们的印象发生改变。
叶的大小主要测量叶尖至叶柄的长度，
没有考虑其宽度。
另外，因叶子存在个体差异，故有时并不与其大小平均值相符。

（照片）大小叶子搭配、富有律动感的绿化
（吉住宅邸：川口通正 / 川口通正建筑研究所）

gravure
6

紫式部 ——
落叶阔叶树
6 ～ 12cm

乌桕 ——
落叶阔叶树
4 ～ 12cm

桃叶珊瑚 ——
常绿阔叶树
7 ～ 15cm

椤木 ——
常绿阔叶树
8 ～ 10cm

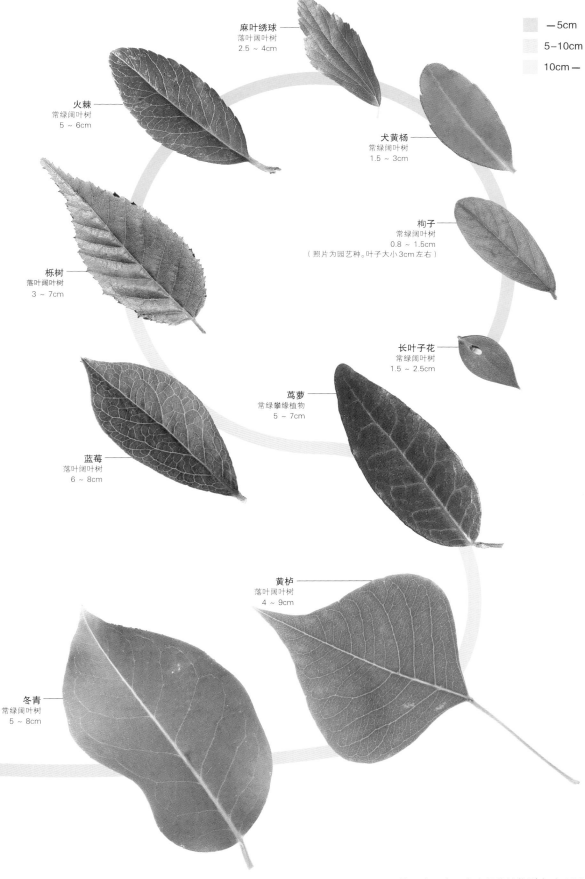

麻叶绣球
落叶阔叶树
2.5 ~ 4cm

火棘
常绿阔叶树
5 ~ 6cm

犬黄杨
常绿阔叶树
1.5 ~ 3cm

栒子
常绿阔叶树
0.8 ~ 1.5cm
（照片为园艺种。叶子大小3cm左右）

栎树
落叶阔叶树
3 ~ 7cm

长叶子花
常绿阔叶树
1.5 ~ 2.5cm

茑萝
常绿攀缘植物
5 ~ 7cm

蓝莓
落叶阔叶树
6 ~ 8cm

黄栌
落叶阔叶树
4 ~ 9cm

冬青
常绿阔叶树
5 ~ 8cm

—5cm
5—10cm
10cm—

黑竹 4000 日元 /2 株丛生（高 2m）
叶茎纤细，利于透光和通风，适宜用在不想完全遮蔽的开口部等处

乌饭 1.5 万日元 / 棵（高 3m）
叶子密度不大，利于透光和通风。如以适度间隔植于门厅前等处不会产生压迫感

夜茉莉 1.8 万日元 / 棵（高 3m）
在落叶树中属于叶子较小的树种，通风和透光较好，常被用作绿荫树

（照片）在开口部前面以苦丁树作为圆滑过渡的事例
（L 宅：村田英男 / 村田英男建筑设计室）

gravure **7**

不同叶子密度在建筑上的利用

被墙壁等结构物围起来的庭院则成为闭锁状态。
因此，假如利用树木替代这些结构物的话，
便可将庭院封闭的空间变成开放的空间。
在出于这样目的利用树木时，要考虑到叶子密度的不同（参照 130 页）。
用叶子密度较低的树木构筑的绿篱，不会完全遮挡视线，
会形成一个既保护私密性、又对外不封闭的空间。
反之，如果对风、噪声和汽车尾气等更加关注，则可利用叶子密度高的树木，
构筑成围墙来加以阻挡。因此必须事先掌握，关于用作庭院树木的叶子密度、各自
不同的特点及其利用方法等方面的知识（照片中叶子密度依箭头方向逐次变大）。

伊吹米登 2000 日元 / 棵（1.5m）
叶子非常厚，可遮挡视线，并且几乎不通风。可用于要将庭院或建筑物一部分完全遮蔽的场合

木樨 2500 日元 / 棵（1.5m）
叶子密度非常高的常绿树。在风大的地方可用于防风

珊瑚树 2300 日元 / 棵（高 1.5m）
叶子密度高的常绿树。具有耐火性，常植于用地边界

适于狭窄庭院的树木

白栎 1.5 万日元 / 棵（高 3m）
叶子比较稀疏的常绿树，可用其构筑
树篱减缓风势

铁冬青 3 万日元 / 棵（高 3m）
叶子密度适中的常绿树，可用来做一
般性遮蔽

（照片）植于内院的孟宗竹
（菊谷宅邸：高野保光 / 观光空间设
计室，下同）

在门厅前面和内院等处，即
使并不宽敞，也能够用绿化
手段营造出情趣盎然的空间。
不过，类似这样的场所，由
于受到植物生长不可缺少的
阳光、水、土和风等
诸多条件的限制，
因此并非什么样的树种都可
以栽植。

选定的树种应具备以下两个
条件："不会长得太大"和"易
于修剪"。
此处介绍的事例中，内院栽
植了竹子，门厅前面的引道
两侧植有山茱萸。
竹子虽生长较快，但却只朝
着一个方向，故而无须修剪；
山茱萸的枝展较大，但不用
经常修剪，而且具有生长缓
慢的特点。

除此之外，也有一些经过改
良的树木枝展不大，如果配
植得当，可以用于狭窄空间
的绿化（参照 135 页）。

（照片）在门厅前面空间里栽植的
山茱萸

罗汉松 7000 日元 / 棵（高 2m）
叶子较密，但因叶形纤细，故有利通风，
易于整形，常被用于装饰

七度灶 1.5 万日元 / 棵（高 3m）
暗褐色泛灰的树皮上带细长横纹。表面稍显粗糙

横条

四手 1.4 万日元 / 丛（高 3m）
暗灰色树皮上带黑色竖纹，随着树木生长，条纹部分亦会变得凹凸不平

竖条

桂树 8500 日元 / 棵（高 3m）
暗灰褐色树皮上有纵向裂缝，树皮很薄，似剥开状

纵向裂纹

花梨 3 万日元 / 棵（高 3m）
红褐色树皮呈斑驳的鳞状，并且隐隐现出绿色、橙色或褐色的美丽斑点

鳞状

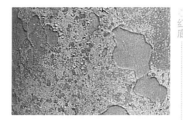

乌饭 2.3 万日元 / 棵（高 3m）
红褐色树皮很光滑，树干线条优美。老树表皮很薄，现出剥离状斑纹

红底

百日红 2.3 万日元 / 棵（高 3m）
红褐色树皮脱落后现出白斑。表面光滑，有着独特的美感

斑驳

山茱萸 2.5 万日元 / 棵（高 2.5m）
灰黑色树皮上有细细的裂纹。质感近于柿树，故被称为柿树皮

带刺

唐棕榈 3.6 万日元 / 棵（3m）
幼树枝干表面包裹一层暗褐色纤维质。长大后纤维质脱落，树皮变得很光滑

毛茸茸

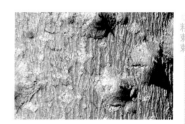

乌山椒 2.8 万日元 / 棵（高 3m）
幼树树干整个被刺所覆盖，长大后刺会脱落

粗刺刺

gravure **9**

树皮的质感差别如此之大

绿化设计，通常都将叶和花作为关注的重点，
不太重视植物的枝干。
然而，枝干表面也是千差万别的。因树种的不同，
有的光滑，有的粗糙；有的带竖纹，有的呈红色或绿色。
利用好各种树皮的质感，可以拓展绿化设计的空间。

成列地栽植竖纹和横纹的树木，
单靠枝干的纹理即可使庭院产生律动感。
枝干色彩鲜艳的百日红，落叶后就变成抽象的工艺品。
如果将枝干带刺的树木配植于用地边界处，
便成为一道具有防范功能的绿篱。
这里列出 9 种具有代表性的树皮纹理，并分别加以介绍。（参照 122 页）

（照片）作为庭院形象树栽植的百日红

树叶摄影：土井文雄
实例摄影：村田昇 p9，18| 柳井一隆 p10| 黑住直臣 p12| 石井雅义 p13| 伊礼智 p14| 柳田隆司 p16| 熊谷忠宏 p20| 苇泽明敏 p22| 梶原敏英 p23

第2章

绿化知识

Introduction——美建设计事务所石井修先生访谈
关于绿色住宅的构建

绿色，可愉悦身心

旧式的回归草庵栽植了许多树木，就像自生自长的一样（图1）。在与邻舍的边界处是染井吉野樱树，步道两侧则是鸡爪枫和木樨，内院里有四照花和回青橙等；另外，如系混凝土墙壁，其表面一定为爬山虎所覆盖，那些被风送来的草种就在屋顶定居，与庭院的草坪一起，将丰盈的绿色展现在人们眼前。因此，回归草庵就成为可感受四季变化的居所（照片1、2）。

管理上，在栽植后3~4年期间，如降雨较少，则要浇水，冬季进行施肥等；但基本上不用管它，可任其自由生长。如果室内光线太暗，生长过密的枝杈则易从根部脱落。草庵内的树木不必像庭院树木那样做整形处理，以使其更易于融入周边的森林。如今，这些树木都已经长大了，而且超出想象，很难再将其与天然林中的树木区分开了。

近来，屋顶绿化等已被规定为居民的一项义务。对此，石井修先生颇不以为然。这简直就像要把植物当做绿色的建材来使用。身边有了绿色，可使心情变得舒畅；但植物是活着的东西，假如忘记这一点，便脱离了它的本质。而且，建筑与绿化本来是一体的，绿化设计和施工监理，全部由石井修先生一人承担。不仅绘图，连现场的配置等也要考虑。绿化所用的植物平均在60~70种左右。在与用地环境相适应的基础上，尽量选择那些可让人感受到四季变化的草木。

"譬如，很早就给初春季节送来花香的瑞香。提到春天，自然少不了烂漫的樱花和雪白的辛夷花，还有用于嫁接的花椒树嫩芽；柑橘树的花朵散发出芳香，春天里就会坐果。一朵朵开放起来像白鸟一样的四照花，是进入初夏的标志；而蓝色的八仙花恰逢梅雨时节。百日红、木槿和夹竹桃的红色花朵表明盛夏季节的到来。胡枝子开始凋零，白色的百合随风摇曳，石蒜花却在绽放，这时离秋天也不远了。银杏鲜艳的黄色和鸡爪枫的红叶均是秋天的王者；常绿的野山茶和山茶则在寒冷的冬天才会开放。"

——石井先生描绘了这样一番情景。此外他还讲到，作为绿化素材的植物，最好取自自然界，也就是尽量选择山野里自然生长的树木。

照片1 "父亲设计的居所绿化，可从各个房间的开口部眺望树木，让心情十分舒畅；而最近的绿化和园艺热却让人觉得不是那么回事。"（石井智子）

照片2 回归草庵、茅屋顶展现出的四季变化。秋季鸡爪枫的红叶、冬季的落叶枯枝、春季盛开的樱花和夏季的大金菊都展现出不同的季节特色。

图1 回归草庵平面图

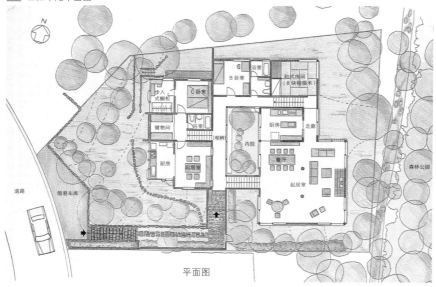

平面图

提供：美建·设计事务所

人造地块上建筑绿化的一种手法

"天与地之家"（1974 年竣工）建在郊区一片当时新造成的住宅地上（照片 3、图 2）。石井先生将住宅的底层沉入地下，在上层屋面栽种了草皮。由于人造地块没有挡土墙，因此只在必要的地方挖下去，然后再将周围的土堰绿化，让原有的地形地貌完全保持不变。

人造住宅地很容易使原来的景观和环境遭到破坏。此处采取的绿化手法，就是为了避免造成这样的后果。

屋顶庭园在给建筑物带来隔热效果的同时，也可使建筑物更易于融入地块之中，而且绿色也让邻居和路上的行人赏心悦目（图 3）。石井先生在这里展示了建在人造地块上的住宅该如何绿化的一种手法。

照片 3 "天与地之家"。草皮屋顶逐渐下降与底层屋面形成的草坪融为一体

与造园从业者合作构建的空间

绿化工程的实施，最好从植物落叶、叶子较少的 11~12 月或者萌芽前夕的 3 月上中旬开始（指关西地区，在采用常绿树的情况下）。先生告诉我们，一定要将树坑挖的足够大，可使根部土球宽松地置入其中，周围仔细填土，并充分浇水。而且始终不能忘掉，与先生建立良好信任关系的造园业者的存在。

"从上一代开始，我们已经交往了几十年，并且我们在日本全国不同场合都承接过项目。"（山中三方园·山中晃氏语）

"在绿化工程实施过程中，石井先生每天都来现场进行监理。而且事无巨细，包括从工具店和施工用品店采购植树所需要的各种物件，甚至连绿化中缺少配管这样的事都不放过。"（山中三方园·沟渕勋氏语）

石井先生所构建的绿色住宅，是设计者与施工者通过良好合作营造出的空间。由于它不仅面向主人，也考虑到邻居和环境，因此吸引了人们的目光。

图2 天与地之家 截面图（S=1：300）

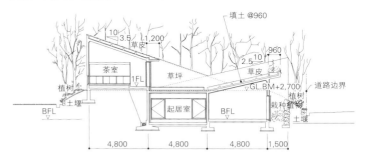

图3 天与地之家 草皮屋顶剖面细部详图（S=1：30）

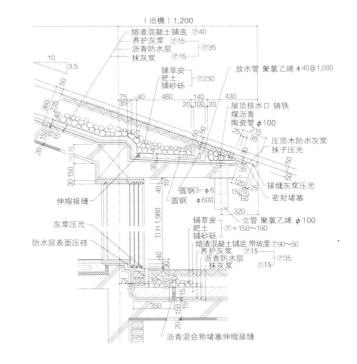

材料提供：美建设计事务所、石井智子美建设计事务所、山中三方园
照片拍摄和提供：大竹静市郎（扉页照片）、世界文化社·小宫东男（照片 1）、多比良诚（照片 3）、美建设计事务所（照片 2、图 1）
参考资料：《绿色居所》（学艺出版社 石井修著）、《保持原貌》《关于石井修》（日本 VELUX 社）

小出兼久·ASLA（日本心象风景设计研究协会）

要了解植物机理，挖掘其潜能

为了充分发挥植物的气候调节作用

在了解植物作用之前

提到发挥植物的作用，首先应从大地讲起。因为大地是支撑植物的最基本要素。构成大地的物质既有硬质的，也有软质的，主要是多孔质的火成岩、变质岩和水成岩（沉积岩）之类的岩石。岩石受到大气、风、天气和水等物理及化学的作用，先由岩块变成沙砾层，再逐渐向沙层、黏土层和淤泥层演变。大地在如此变化（变成土壤）过程中，也为植物、动物和微生物提供了繁衍生息的环境；而且，所有生物也统统被填埋在大地的缝隙之中。这些生物遗骸等有机质残存物及化合物，与大地内的矿物成分进行反应，使大地在质和量两方面都发生了很大变化。随着山顶的硬质岩石变成亚砂土，土壤中的有机物与矿物质也逐渐处于平衡状态（图1）。有时，在保水力的作用下，甚至会从土壤中长出郁郁葱葱的植物来。另外，在湿度足够高的地方，有机物还能够生成泥炭层。最终，使大地变得越来越多样化，色彩也更加丰富。

从另一个角度看，城市的地面多为混凝土和沥青覆盖，得以保留下来的土地已寥寥无几。即使这有限的土地，上面也往往堆放着垃圾、污物和尘土；有时，垃圾和污物还被重型机械碾压成硬板一块。建筑残土不能及时运走，卤化物不断从混凝土中渗出，有的地方连可靠的饮用水都无法保障。在地球空间，不断有雾气、热量、光和风降临，确保我们与植物在其中生存的需要。因此，在城市也应该充分发挥植物的作用，营造出适于人们生活的环境。

为什么要充分发挥植物的作用呢？因为植物能够提高我们生活的舒适度，并让生活变得更加丰富多彩。为此，人们都希望选择那些生长期较长的植物。其实，这也不能从根本上解决植物枯死后便要更换的问题。适合植物生长的环境便适于人类，不适于植物的环境也不适于人类。为了实现舒适性和多样性的目标，在利用植物时务必牢记这一点。

所谓植物的作用

那么，在实践中我们究竟能够发挥植物的哪些作用呢？大致可以举出：①由绿荫、蒸腾和对流产生的降温作用；②防风和通风作用；③水土保持和防灾作用；④大气净化作用；⑤防止土壤浸蚀作用；⑥美化空间作用；⑦心理疗养作用，等等。下面，我们再举例具体阐释这些作用。

· 有成熟华盖（撑开的伞一样的树形）的树木，可以抑制热岛效应，营造出较没有树木的地方低3~6℃的凉爽空间。

· 仅3棵树便可将空调费用节约10%~50%。

· 用来防风的树木可降低风速85%，将冬季的取暖费节约10%~25%。

· 植物可增加土壤中的含水总量，并可预防因Storm Water（城市集中暴雨）和台风造成的城市型洪水。

以上均是过去的研究所判明的事实。

植物可以调节热、风、干燥和光之类的微气候。所谓微气候，系指小范围内的气候。譬如即使在一个地块内，会因位置朝阳还是背阴出现一定的温度差，其风向和风的强弱也因有无建筑物或围墙遮挡而不同（照片1、图2）。树木尤其是调节气候的重要因素。而且，我们应该了解用地内存在怎样的微气候，并利用怡人的气候，设法消除令人不快的气候。调节

图1 大地结构

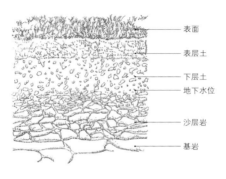

表面

表层土

下层土

地下水位

沙层岩

基岩

照片1 使用气象观测仪器进行微气候观测。在人口密集住宅区的深处空间里，可以对风速、温度、湿度和微风以及草坪、树木和草花的蒸腾和地温变化进行连续观测。

气候的目的，就是要提高人们可以感觉到的舒适程度。

以"酷热指数"为基础会产生体感温度*，用气温、湿度、风和体感温度的数值制成图表，如图3。从中可以看出，在相同气温条件下，湿度越高越感到热。图4则是在同一天求得的不舒适指数。这些实测数据，均可在环境构建和绿化设计时作为参考（参照60页）。

植物的降温作用

（1）什么是蒸腾作用

植物可通过阳光中的蓝色和红色光谱吸收能量（叶子便因绿色光谱的反射作用呈现出绿颜色），用空气中的二氧化碳以及根从土壤中吸收的水分制造养分，生成氧气，这便是光合作用的机理；然后，多余的水分则通过叶子背面的气孔变成水蒸气排出（图5）。此即所谓蒸腾。由于水分子在从液态变为气态的过程中需要能量，因此蒸腾会夺走存在于叶周围的空气热，从而使周围环境温度下降。

类似仙人掌那样以多肉质为特征的沙漠植物，为了防止水分的散失，避免自身干枯，会最大限度地减少叶子表面外露部分。所以，它因蒸腾而起到的降温作用也微乎其微。由于多肉质植物在缺水场所也耐得住干旱茁壮生长，因此很适合土壤层较薄、没有灌水系统的屋顶绿化，并可起到一定程度的美化作用。不过，要想发挥蒸腾作用，那就没有什么能比树木更突出的了。蒸腾量系指蒸腾速度与叶表面积之比。尽管尚无确切的实验结果，亦可将其看做与吸收的水分多少是成正比的。虽然目前尚不能确认哪种树木的蒸腾量比其他树种高，可是作为参考，因为蒸腾速度与大气净化能力成正比例关系，所以不妨将大气净化能力比较强的树木当做参照系。譬如，常绿树中的山桃、桃叶珊瑚和紫杜鹃；落叶树中的梧桐和榔榆等。然而，最为关键的问题是，与其局限在树种的选择上，莫不如在理解蒸腾效果方面"树木＞草坪＞多肉植物"这一公式的基础上，再去比较一下美观和节水等其他优点，最终选定理想的植物。

（2）由蒸腾和绿荫产生的降温作用

树木除了绿荫产生的降温作用外，也可通过叶子的蒸腾夺走叶与叶之间存在的热量，使周围环境温度下降。于是，周围空气温度便会低于树木内部温度，内外温度差使空气产生对流，空气将从外面向叶与叶之间流动。这样一来，"天热的日子里，在大树下必会感觉到有微风徐徐吹来"。由于绿荫、蒸腾和对流三者的叠加作用，当盛夏季节，与暴露在阳光下的地方相比，大树下的温度平均要低 4～6℃以上（照片 2、3）。

树木的降温作用，有 75% 通过蒸腾，其余的 25% 靠的是绿荫。树木越多效果越显著，而且叶面宽阔的树种具有明显的优势。尤其是那种树冠像华盖的品种，较之枝杈稀疏的树木效果更好。

防风、通风作用

热空气上升后，冷空气便流入其中。空气的对流，

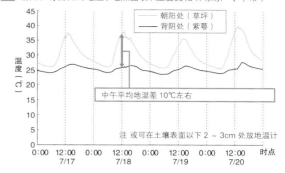

图2 朝阳和背阴处的地温、地热图表（温度变化）（东京·小平市）

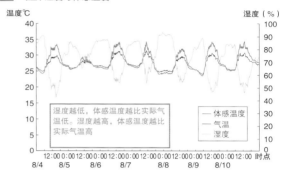

图3 气温、湿度与体感温度

湿度越低，体感温度越比实际气温低。湿度越高，体感温度越比实际气温高

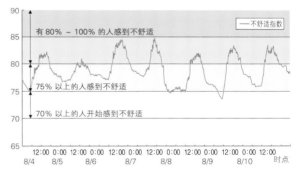

图4 不舒适指数

有 80%～100% 的人感到不舒适

75% 以上的人感到不舒适

70% 以上的人开始感到不舒适

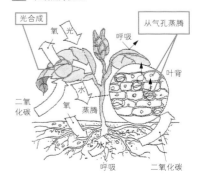

图5 叶的蒸腾机理

* 表示将气温与湿度的关系作为重点，湿度越高体感温度越高

就是风的本质。人之所以会感觉到风，系因气温升高时，流动的空气从人体表面夺走了热量，蒸发作用则使人体更加凉爽，让人觉得十分舒适；反之，在严寒的天气里，每当刮起强风，人所感到的寒冷程度要超过实际温度。因此，人感到舒适或不舒适，与风有很大关系。

季节和周围环境的微小变化，都将改变风的路径。通过树木对风的有效阻挡以及对风量的调节，便可使一个舒适的空间得以维持（图6）。

大气净化、防止土壤浸蚀的作用

植物作为"过滤器"，有净化污染的效果。凡交通流量较大的道路，路两侧的行道树都变得黢黑，那是因为空中悬浮的微小颗粒都被吸附在叶子和枝干表面的缘故，并因而降低了空中的污染浓度（图7）。当降雨时，雨水则将被吸附的微小颗粒冲落到地面上来。经过研究得知，树木还通过叶子的气孔吸收二氧化硫和甲醛等有害气体。在这方面，落叶阔叶树要比常绿阔叶树的吸收效果好。然而，常绿阔叶树却能够常年发挥作用。另外，差不多所有针叶树抗大气污染的能力都比较弱，因此不太适合在污染地区栽植。

在地球逐渐变暖的当下，这样的植物净化系统，不可能彻底净化人和产业活动排放的大量二氧化碳。栽植树木，只是为我们提供了一种简单解决问题的方法。

至于土壤的浸蚀，系由风和雨两大原因造成的（图8）。适当的绿化则有可能消除这些浸蚀现象。

照片2　生长在住宅区的树木，可弱化夏天的直射阳光，形成街道景观和提高舒适度。与该地区没有树木的地方相比，温度差达8℃左右。（美国·华盛顿州）

照片3　法国梧桐行道树。本是直立的独干树，由于绿荫的增加，再将顶部修剪，就像撑起的华盖。盛夏中午的温度要比没有树木的地方低4～7℃。（中国·南京市区）

图6 利用植物调节通风

围障（防风）

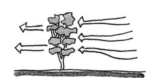

过滤（通风）

变向（偏转）

引导（集束）

图7 利用植物净化大气污染的机理　　　　　**图8** 利用植物防止土壤浸蚀的机理

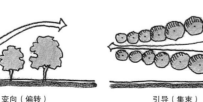

吸附污染物质微小颗粒

由于植物的叶子和枝干表面吸附了空中悬浮的污染物质微小颗粒，从而降低了空中的污染浓度。

风将表土吹散成垃圾和灰尘，绿化可以控制风，而且地表的落叶等有机物亦可防止土壤飞扬。覆盖地表的地被更会减轻风的浸蚀作用。
地被类所具有的蒸腾降温效果也是可以期待的。

绿化面的植物能够承接一定程度的水，减少落到地面的水量，以防止土壤浸蚀（树木的效果更好）

参考文献：《资源能与庭园设计学》（小出兼久 & JXDA 编著、学艺出版社）、《美国·边境花园》（松崎里美著、妇人生活社）、《LANDSCAPE DESIGN THAT SAVES ENERGY》（Anne Simon Moffat and Mare Schiler,William Morrow and company,Inc.）、《Landscape Planning for Energy Conservation》（Environmental Design Press）
资料提供和协助收集：犹他州立大学城市园艺学部、贝尔维尤植物园

TOPICS

充分利用绿地的降温作用

菅原广史（防卫大学地球海洋学科）

夏季的正午，当你步入生长着枝叶繁茂树木的公园或走在植有行道树的马路上时，顿感一阵凉意。在被沥青和混凝土包围的城市中，植物具有降温的功能。这主要得益于植物的蒸腾发散以及叶子表面频繁进行的辐射冷却。最新的研究结果表明，公园等处的大片绿地，具有作为大型冷热源的潜力，可向周边的街区供给冷气。尤其到了夜里，绿地会自行向周边街区发散冷气，即产生所谓"冷气发散现象"（图1）。

加快了测定公园冷气实态的进程

在 20 世纪 70 年代，对这一发散现象的了解，还仅限于研究者之间。由于测定微风用的超声波风速计售价越来越低廉，使得同时获取气流和气温的分布数据成为可能。为了解新宿御苑的冷气实态，我们[1]自 1999 年起，便以夏季夜间为重点进行了测定。新宿御苑是一座位于东京都中心、占地面积 58hm^2 的国民公园[2]。通过对气温、气流的水平分布、气流的垂直分布以及周边街区气温分布的测定，逐渐搞清了新宿御苑所具有的缓和热岛效应的功能。

给东京都中心降温的新宿御苑

夏季，新宿御苑与其周边街区的温度差，正午约为 2℃ 左右，早晚约为 1℃。总是御苑那边的温度低。气温差最大的时候，是在晴朗微风的夜间，有时夜里的气温差会达到 3℃。这样的冷气发散，岂不是可以减轻盛夏难熬的酷热吗！事实上，御苑内生成的冷气，其移动速度非常慢，只有 0.2m/s。尽管如此，那种向街区发散的现象，也在夜间得到证实。自御苑发散的冷气，其影响范围所及，可深入街区 80 ～ 100m。图2 所示，系实测到的气温、风向和风速的数据。从中能够看出，无论在任何地点，风都向着御苑外面吹，冷气也随之朝四面八方扩散。通过另外的测定我们还了解到，流入街区的冷气厚度至少有 10m 左右，可以覆盖独立住宅全部的大量冷气降低了街区的气温。

不过，如同图2 的气温分布显示的那样，逸出的冷气到了北面大街（新宿大街）处便停下来，无法越过这条大街。而且，在南侧（千驮谷车站的西侧）也经常会产生冷气到达一定距离便停止的现象。虽然原因尚不能肯定，但是从不管气象条件如何总在相同地点停止这一点可以做个大致的推测，应该与千驮谷附近的建筑物形状有关。据此，我们认为绿地逸出冷气能够抵达的距离会受到街区一侧条件（如与冷气行进方向垂直的较宽道路以及周边建筑物的形状等）的影响。虽然城市规划原本要依托一座座建筑，可是也应考虑到尽量保留来自绿地的风道。

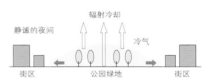

图1 城市绿地冷气发散现象模式图

静谧的夜间　辐射冷却　冷气

街区　公园绿地　街区

辐射冷却生成的冷气向周边街区逸出

面向长久居住的街区

城市的气候变暖现象一年比一年严峻，因此从气候角度看，城市正在朝着不适于居住的方向发展。例如，在过去 100 年间，日本平均气温上升（被认为受到地球变暖的很大影响）了 0.5℃，可是在此期间东京的气温却上升了 3℃。对此，应该以屋顶绿化为基本手段，并考虑利用被称为克利马图谱[3]的气象图来制定城市规划。在新宿御苑周围地区，已经制定了通过绿化和街道设计将御苑的冷气导向周边街区的方案。例如东京，分布着明治神宫、代代木公园和新宿御苑等较大的绿地，如果能够充分利用这样的绿色回廊，满眼的绿色将使城市变成可以长久居住（愿意住下去）的地方。

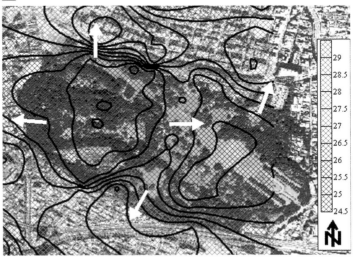

图2 新宿御苑的气温分布和方向分布

29
28.5
28
27.5
27
26.5
26
25.5
25
24.5

新宿御苑的气温分布和风向分布观测结果。观测日 2000 年 8 月 5 日。气温和风向为上午 0 ～ 5 时的平均值，等温线间隔设为 0.5℃。白色箭头表示风向。逸出的冷气在北侧的大街（新宿大街）处停止，无法越过这条大街。在南侧（千驮谷车站的西侧）也经常会产生冷气到达一定距离便停止的现象。

[1] 防卫大学、东京都立大学、日本工业大学和千叶大学签约研究人员
[2] 由位于东京都新宿区的旧皇室御苑地改建成的公园
[3] 所谓克利马图谱，系指地形图上对于土地利用分类、风的通道和建筑物高密度化等指标允许程度的综合标示

扩大植物选择范围

设计中可能用到的植物基础知识

柳原博史·大西瞳（心象风景设计）

植物作为一种富于变化的设计要素，也拓展了建筑设计的范围。在此，我们从设计要素角度，介绍一些在形状和色彩等方面特点突出的植物，特别是近年来发现的新树种。

※ 这里涉及的诸多分类，并非从植物学角度得出，说到底还是以设计和造园领域的应用为前提的。

以植物形态分类

（1）木本类

"树木"的定义是，具有木质的躯干，有枝杈，能够独立的植物。在造园上，按照高度分为乔木、中木、灌木、地被和藤等种类（图1）。

①乔木

一般指高度在5m以上的成树（通常栽植时即达3m以上）。利用其花、叶和树形等特点构建空间。此类树木因在高度和枝展上的体量巨大，故设计上要考虑到将来会长到多大尺寸。【例】榉、染井吉野樱、雪杉（照片1）、木兰、复叶槭等。

②中木 *

比乔木矮、高度2～5m左右，栽植时约为1.5～3m的树木。绿化栽植后，在生长到一定程度（高度5m以下）之前，往往需要管理。因在人的目视高度上枝叶繁茂，故可用于遮蔽。【例】山茶、木樨、柊、橄榄、美洲刺桐（照片2）和常绿红花金缕梅等。

※ 尽管乔木、小乔木和中木有各自的定义，但造园上只要在一定高度内（3m以下）始终需要管理的树木多被称为中木（包括树篱之类）。

③灌木

亦称低木。绿化栽植时的树高在1.5m以下（通常为0.5m），长成后也不会很高。不必进行太多管理。【例】杜鹃类、绣线菊、小檗（照片3）、大花六道木、大卫荚蒾。

④地被类

不会长高、用于覆盖地表的植物。亦称地衣。地被类中不仅有木本植物，也包括很多草本类在内。【例】木本/矮桧类、富贵草、枸子属；草本/球柳、苏草、虎杖草、细竹类、

图1 木本植物的分类

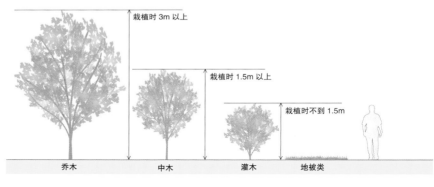

栽植时 3m 以上

栽植时 1.5m 以上

栽植时不到 1.5m

乔木　　　　中木　　　　灌木　　　地被类

照片1　雪杉

照片2　美洲刺桐

照片3　小檗"珍品"

图1～3：心象风景设计

结缕草类（照片 4）。

　　⑤藤类

　　主要沿着其他结构物攀爬，或匍匐于地面生长的植物。藤类植物也有木本和草本之分。【例】爬山虎、常春藤、亨利常春藤（照片 5）、西番莲、长青蔓。

　　此外，木本类植物按其性质和形状还做以下分类。

　　①常绿树

　　全年长叶的树木。但是，并非不落叶。其中也有生红叶的树种。大部分针叶树都是常绿树。适于栽植在全年需要防风或遮蔽的场所。【例】白桻、日本山毛榉、玉兰、白蜡（照片 6）、月桂。

　　②落叶树

　　一般冬季会落叶的树木。秋季可观赏红叶的树木多为落叶树。夏季能够形成树荫，最好栽植在冬季不遮挡阳光的位置。【例】鸡爪枫、法国梧桐、刺槐（照片 7）、北美红枫。

　　③针叶树

　　长着细针状叶子的树木。树形多为圆锥状。【例】黑松、德国桧（照片 8）、小叶南洋杉、利兰柏、罗汉松。

　　④阔叶树

　　长着阔叶的树木。树形多为卵状和倒三角状。【例】桂树（照片 9）、山茱萸、唐种招灵木、美洲梓。

　　⑤特殊树

　　椰和竹等树形特殊的树木。【例】加那利椰、棕榈、苏铁、南竹、龙舌兰（照片 10）。

　　※ 竹、龙舌兰在植物学上不属于木本。

（2）草本类

　　长不成坚硬木质茎干的草类总称，通常寿命均较短。造园领域将其栽培成花坛等，多需要做定期重植处理。

　　①一、二年草

　　从播种开花到最后枯死，整个周期不到一年或者二年以内的草本类。【例】牵牛花、向日葵、三色堇、彩叶草（照片 11）*、地肤子。

　　※ 室内栽培时则成为宿根草。

　　②多年草

照片 4　结缕草　　照片 5　亨利常春藤　　照片 6　白蜡

照片 7　刺槐　　照片 8　德国桧　　照片 9　桂树

照片 10　龙舌兰　　照片 11　彩叶草　　照片 12　老鼠簕

COLUMN

所谓新树种指什么？

大西瞳（心象风景设计）

　　为了适应各个时代的社会形态和生活环境，对植物中的树种也总会产生新的需求。要改良老品种，创造新品种，有时还要从世界各国引进不同的品种。原来一直不被人们重视的日本自生植物，其中一些特殊品种正在引起人们的关注，并被用来作为造园的树种（照片）。这些新树种，在（财团法人）日本植木协会发行的《新树种便

览》中均有详细介绍。由生产者的智慧和努力创造的新树种，其颜色、形状和性质均可满足各种需求，值得我们长期关注。

照片　作为新树种介绍的栌。花整体上呈羽毛状，看上去似烟雾一样。

参考资料：《新树种便览（新的造园树木）》（（财团法人）建设物价调查会刊、（社团法人）日本植木协会编）、《绿化树木手册》（（财团法人）建设物价调查会刊、（社团法人）日本植木协会编）、《园艺师花卉图鉴》（草土出版社发行）照片提供：照片 6、15、栌 /（财团法人）建设物价调查会刊、（社团法人）日本植木协会；照片 2、4、10、16、18、19、20、22、23、32、吊兰、青柳 / 心象风景设计；照片 3、11、12、30/ 坂下和宏；照片 17/ 小金井园；照片 35/ 草土出版社图片库　照片拍摄：照片 5/ 平井纯一

可多年生长的草类。园艺上通常指常绿草本，以与宿根草区分开来。【例】老鼠筋（照片12）、地榆、鸢尾花、长寿花、天竺葵。

③宿根草

系多年生草类。其上部的叶和茎在冬季（也偶见夏季）枯死，根株休眠，至翌年春重新萌芽。因此，冬季观赏价值差。【例】麻线绣球（照片13）、紫萼、风知草、杜鹃、宿根友禅菊。

④球根草

根株成球状或块状，用以积蓄养分。每年挖出后进行养护，用于重植；即使放置着，也照样年年开花。【例】藏红花、雪莲、韭、紫花风信子（照片15）、石蒜。

⑤水生草

其整体或一部分浸入水中生长的植物。品种很多，有的只是喜欢湿润土壤，也有的一半没入水下或全部浸入水中，还有的漂浮在水面。【例】菖蒲、纸莎草、灯芯草、宽叶香蒲、睡莲（照片16）、日本萍蓬草。

植物的尺寸、形状

设计过程中，需要处理或订购植物时，必须将指定尺寸提交给供应商。植物的价格会因尺寸的不同而存在很大差异。

（1）树高、冠幅、叶展、树围

树木的高度即为树高（H），树冠的水平直径则为枝展（W）（灌木为叶展），测量树干地上1.2m位置的周长，所得数值被称为树围（C）（图2）。

（2）树干种类

根据设计上的需要，有时可以指定树干的状态。按照伫立于地上的树干数目，分为独干、双干和丛生等种类。（如未特别指定，即指独干。如系丛生，尚须再指定其株数）（图3）。

作为设计要素选择植物

因地区和场所的不同，植物可供选择的范围相当宽泛，而且有着多种组合方式。这里，我们将植物当做一种设计要素，按照颜色和树干纹理分类，列举一些有特点的绿化方式，并借此说明如何使应用的可能性进一步扩大。

（1）按照叶子颜色选择

植物叶子的颜色并非都是绿的，即便是绿颜色，也有多种层次，在随着季节变化时，会显现出无穷无尽的近似色调。【例】青铜色、紫、红色系：木本/国王深红挪威枫（照片17）、皇家紫色烟雾树、芳香棕榈兰龙血红（照片18）。草本/大叶蛇须（黑龙）（照片19）、紫御殿、牛蒡。蓝、

照片13　麻线锈球

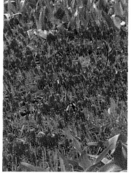

照片15　紫花风信子

照片14　芍药

照片16　睡莲

图2　测量树木尺寸位置

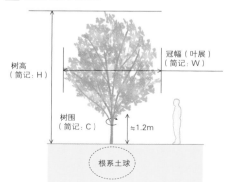

树高
（简记：H）

冠幅（叶展）
（简记：W）

树围
（简记：C）

≒1.2m

根系土球

图3　树干种类

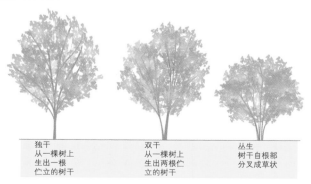

独干
从一棵树上
生出一根
伫立的树干

双干
从一棵树上
生出两根伫
立的树干

丛生
树干自根部
分叉成草状

银色系：木本／科罗拉多云杉（照片20）、金合欢。草本／朝露草（照片21）、银紫苏。黄色系：木本／金柏（照片22）、土佐水木、黄芩。草本／露台橙、蜡菊、牛至。带斑（绿叶带白色或黄色斑，整体色调明亮）：木本／弗拉明戈复叶槭、斑点白蜡。草本／带斑潘帕斯草（照片23）、带斑紫萼、白斑小蜡。

（2）按照树干颜色、表面纹理和质感选择

树干的颜色、形态和质感也是多种多样的。【例】白桦（照片24）、乌桕、榉（照片25）、法国梧桐、带斑紫薇、桦、冬槭（照片26）、白松、扁柏（照片27）、千层枫。

按照植物性质要素选择

（1）耐阴的植物

喜欢阳光的被称为阳性树，耐日阴的被称为阴性树，不喜夕晒、但又喜欢向阳的被称为中庸树。即使耐阴的植物，生长在整天不见阳光的场所也无法进行光合成，也很难长好。【阴性树】木本／乌桕、白桦、月桂、八角金盘、带斑枸木、桃叶珊瑚。草本／老鼠簕、蝴蝶花、白芨、紫萼、圣诞蔷薇、甘野老、秋海棠（照片28）。

（2）生长快的植物、生长慢的植物

根据绿化的不同场所和条件来选择生长快的植物或生长慢的植物，是一件很重要的事。例如，受到低成本维护和绿化空间的制约，在担心荷载过重的场所，应选择生长慢的植物。【例】生长快的植物：木本／桐、水杉（照片29）、矮桧、竹。草本／西番莲、草莓、潘帕斯草、槿麻、美洲芙蓉。生长慢的植物：木本／橄榄、科罗拉多云杉、龙舌兰。草本／球柳、风知草、剑兰。

（3）耐潮湿植物

如在滨海的庭院及露台等场合绿化，应选耐海风的植物。【例】木本／椰类（白发椰、加那利椰等）（照片30）、美洲刺桐、刷子树。草本／西洋常春藤、垂岩杜松、龙须海棠。

（4）耐烟害的植物

如果要在工厂区、高速公路沿线和停车场附近等进行绿化，应该选择耐烟害和废气的植物。【例】木本／木槿（照片31）、丝兰、全手叶椎。草本／加那利常春藤、薮兰。

（5）耐干燥的植物

如要绿化难以浇水的地方，应选择耐干旱的植物。其中的代表是多肉植物，不仅色彩鲜艳，而且可在严酷的环境中生长，管理上不太复杂。另外根也较短，重植简单，很容易繁殖。【例】木本／橄榄、七

照片23　带斑潘帕斯草

照片24　白桦树干

照片26　冬槭树干

照片25　榉树干

照片27　扁柏树干

照片17　国王深红挪威枫

照片18　芳香棕榈兰龙血红

照片19　大叶蛇须（黑龙）

照片20　科罗拉多云杉

照片21　朝露草

照片22　金柏

COLUMN

用于绿化设计的植物"线苇"

大西曈（心象风景设计）

造型独特的线苇是一种仙人掌科着生植物，南美热带雨林是主要原产地。现已知约有35个品种。

在日本比较著名的有珊瑚仙人掌（照片）（通称青柳）、生着长茎的松风和带毛状刺的须磨柳等。利用其下垂（悬壶）或紧贴墙面的姿态，亦可用于表面绿化。因系热带植物，通常被作为室内赏叶植物使用。但因其也具有一定的耐

寒性，如系无霜的地方，也可能在户外越冬。

照片　珊瑚仙人掌（青柳）
可插条繁殖，管理简单。今后值得推广。

叶白、金宝树、火箭树、金雀花。草本／剑兰（照片 32）、松叶簪、虎杖、龙须海棠、景天类（墨西哥万年草、羽叶）。

照片 28　秋海棠　　照片 29　水杉

照片 30　椰树

观赏植物

这里，我们再介绍一些特意培育、专供人们欣赏的植物品种。

（1）嗅气味的植物

植物的气味分别发自叶、干、花和果实等。至于这些气味孰优孰劣，则因人的喜好而存在很大差异。因此，应该经过实际确认之后再进行选择。【例】叶／月桂（照片 33）、迷迭香、美国岩柏、桉树。干／扁柏、檀香木。花／木兰、莴萝、玉兰、木槿、茶树、栀子。果实／花梨、榅桲、金橘。

（2）欣赏果实的植物

果树不仅能够结出可食用的果实，而且还可以让人欣赏到鲜艳的花朵和嗅到芳香，很适合在庭院内栽植。不过，需要进行诸如授粉、适当浇水以及采取应对风和鸟的措施等管理。这里我们列举几种管理相对简单，又具欣赏价值的果树。【例】酸橙、枣树、猕猴桃（照片 34）、无花果、蓝莓、枇杷。

（3）蔬菜类

蔬菜的叶色和花朵之美丽，往往达到令人惊叹的程度。当然，目的不在于采摘蔬菜，而是将其作为设计元素使用。【例】朝鲜蓟（照片 35）、莴苣、草莓、大黄、苦瓜、葡萄番茄、戈雅。

（4）香草类

香草类植物很容易培育，其中如薄荷和百里香，一次播种下去即可大量繁殖。如挺的迷迭香甚至可用于绿篱，一旦降雨便会散发出芳香。其中一部分也可用于烹调。这里试举几种较为坚挺者。【例】迷迭香（照片 36）、薄荷、百里香、香茅、莳萝、茴香、紫苏、芝麻菜、金莲花、洋甘菊。

（5）让人感到好奇的植物

此外，还有许多特别有趣的植物。【例】木本类／唐枫花散里：其叶子全年可分别变为粉、白、黄、绿和橙等颜色。月橘：华丽的叶子散发着芳香，花的香气更加浓郁，红色果实可食。无论室内外均适宜观赏。小檗、卡鲁那、石楠：色彩富于变化。合欢：叶子会随着日落而闭合（照片 37）。狐茄子：结出的黄色果实很像狐狸脸。草本类／含羞草：叶子一碰就合上。金莲花：吃起来很像山葵。蜡菊：近似咖喱气味。猫尾草：开着像猫尾巴一样的花朵。兔耳草：像兔耳一样，叶子表面密密地生有一层柔软的白色胎毛。

照片 31　木槿　　照片 32　剑兰

照片 33　月桂　　照片 34　猕猴桃

照片 35　朝鲜蓟

照片 36　迷迭香　　照片 37　合欢

从野草宝库中为东京寻觅苗木

资料收集：本编辑部

东京都府中市的东京树苗公司，在新潟县和埼玉县（照片1、2）以及日本国内拥有不少田地。在此，我们将着重介绍其培育的山野植物。

业内人士山田实先生曾说："过去的树苗珍品，现在由于需求增加、供给充足。因此，交易的价格也变得适中起来。"说到野草，

照片1　东京苗木温室。这里也培育香草类植物；里面虽然显得凌乱，却适合野草生长

照片2　正在进行换土作业的山田先生和该公司员工。随着植物根部逐年生长，植木钵里的土也要更换

几乎所有业者都专门经营带斑的珍稀品种。山田公司经营的野草种类很多，不仅有珍稀品种的野草，也经营一般的野草，如野荞麦之类。这样的草种虽然常见，但需要时却不一定买得到。

为了贴近自然环境，建筑用地内最好栽植多种多样的植物。大量生长单一物种的状态，从自然界角度看，可以说是异常繁衍现象。为此，我们也就野草处理方面的问题请教了山田先生。他做了这样的阐述：

"首先要确保有一个满足日照、空气和水三大要素条件的环境，而且应进行重植等管理。因为当水和空气不足时，植物的根会产生'厌地现象'。为了使植物的根充分伸展，重植就显得十分必要。"

东京苗木推荐的野草

❶ 野荞麦。在山野和水边群生的一年生草。最近常被用于构建生境。花呈粉红色。

❷ 秋海棠。喜半阴。通常开粉红色花，有时也开白花。

❸ 泽桔梗。生长在山野湿地的多年生草。亦可植于水钵周围。

❹ 睡莲。多年生水草。自然生长在浅滩等山中滨水处。

❺ 菵绘萩。在山地草原少量生长。8、9月份开白花。

❻ 朝露草。以银白色并有香气为特征。不耐高温和潮湿，适于制作盆景。

❼ 风知草。自然生长在倾斜的石缝间，喜潮湿。多植于石组的间隙。

❽ 球蕨。羊齿类一种。多植于茶室空地的洗手处，以渲染和风。喜潮湿。

❾ 黑龙。大叶龙须品种之一，以黑色为特征。

❿ 洞庭蓝。因颜色近似中国洞庭湖水故得名。在近畿地区等沿海处少量生长的多年草。

* 拥有土地、生产和销售园林植物的批发商

照片拍摄：平井纯一　参考资料：《日本的野草》（山与溪谷社）

掌握预防事故的对策，避免出现问题

枯死、枯死保证、病虫害以及邻里关系等麻烦

山崎诚子（日本大学短期大学部）

要有识别植物真假的眼力

绿化过程中可能发生枯死、枯萎和病虫害等现象，有时还会在邻里关系方面出现纠纷。对于这些麻烦和问题，要做到防患于未然，其中一个重要的前提就是要有识别植物真假的眼力。

首先，在购买植物时不能总是担心自己挑选的植物到底是不是真货。树木是不是标准的规格品，决不可完全依赖照片来选择；即便收录在图鉴和样本中的，也只是树形相似，枝干和叶子多半都经过了美化加工，其中在形态上难以符合要求的并不少。植物不是照片，只有在看到实物后再做决定，才能避免将来产生麻烦。为了不致买到手的树木与设想的形态迥异，最好脱离样本，通过去大型公园、植物园和绿化中心等处确认之后再引进。在这些地方，差不多都可见到庭院树木，通常树木上还悬挂着写有植物名称的标识牌。

预防植物枯死

（1）确认树木是否活着

绿化施工刚刚结束的植物，看上去很羸弱，显得无精打采。树木在运输和栽植过程中的损伤已被降至最低，为了使其存活，大部分枝叶都被剪去。因此，乍看上去很不像样子。为了确认植物的状况，施工后10天至2周期间，应该对其仔细观察，并要对以下情形做出判断：根须是否粘连、叶子是否枯萎、枝杈与主干的附着是否勉强等等。另外，由于原本要掉叶子的落叶树，在冬季里会停止生长，因此很难判断其是否成活，需要等到来年春季再进行确认。

施工后，当树木吸收地下的水分时，其枝干表面也会显现出水流动的迹象，使得树干和树枝变得凉爽和滋润起来。假如枝干已经枯死，就不会产生这样的现象，而是与外界气温大致相同，显得十分干燥。用指甲轻轻划一下枝干，只要表面是湿润的，就可认为它是活着的（照片1、2）。

（2）何谓枯死保证

所谓枯死保证，系指假如施工后1年内，即使进行正常管理，植物生长状况仍然很差，或者已经枯死，在这种情况下，供应商做出的无偿更换的保证。但前提是，施工中全部采用符合标准要求的资材。通常，在绿化所用植物数量很多的情况下，往往会有一些体弱的植物夹杂其中，或者施工时对其造成损伤，因此需要供应商做出这样的保证。

所谓"通常管理"，虽然概念相当模糊，但一般是指：植物被栽植在非人造地基上面的土中，在正常气象条件下依靠自然降水，干旱时以人工浇水的管理模式。干旱时的人工浇水很容易被疏忽，施工后管理者对此必须善始善终（照片3）。

通常情况下，供应商是否提供枯死保证，也与绿化工程的规模有关。在签订施工合同时，要确认是否附带这一条款。值得注意的是，由于工程费用的缩减或受VE提案（以最低生命周期

照片1　削去活着的树木表皮，会现出从淡绿到淡黄颜色深浅不同的湿润面（满天星）

照片2　削去枯死树木表皮，会现出从茶色到黄色深浅不同的面

照片3　由管理者浇水，因灌水不足导致枯死的例子

成本满足功能要求的方案——译注）的制约，有可能砍掉这一条款。

（3）枯死保证未覆盖的绿化部分

有时需要将绿化工程安排在屋顶庭园和半露天空间内，在浇水管理上则无法完全依靠雨水，只能由管理者进行人工浇水，或者事先安装自动灌水设施（照片4）。

可是，自然界中的植物，已习惯于来自天上的雨水，而且在这种状态下会生长得更好。因此，没有雨水的滋润，只用自动灌水设施大

照片4　檐下的绿化。建筑基础周边雨水浇不到

照片5　照片4基础周围的扩展。枯死的部分植物十分醒目

表 不同树种病虫害症状

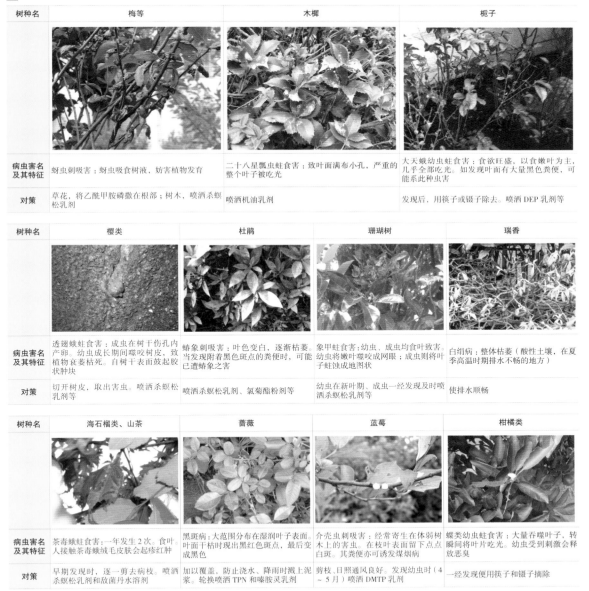

树种名	梅等	木樨	栀子
病虫害名及其特征	蚜虫刺吸害：蚜虫吸食树液，妨害植物发育	二十八星瓢虫蛀食害：致叶面满布小孔，严重的整个叶子被吃光	大天蛾幼虫蛀食害：食欲旺盛，以食嫩叶为主，几乎全部吃光。如发现叶面有大量黑色粪便，可能系此种虫害
对策	草花，将乙酰甲胺磷撒在根部；树木，喷洒杀螟松乳剂	喷洒机油乳剂	发现后，用筷子或镊子除去。喷洒 DEP 乳剂等

树种名	樱类	杜鹃	珊瑚树	瑞香
病虫害名及其特征	透翅蛾蛀食害：成虫在树干伤孔内产卵。幼虫成长期间噬咬树皮，致植物衰萎枯死。白树干表面鼓起胶状肿块	蜡象刺吸害：叶色变白，逐渐枯萎。当发现附着黑色斑点的粪便时，可能已遭蜡象之害	象甲蛀食害：幼虫、成虫均食叶致害。幼虫将嫩叶噬咬成网眼；成虫则将叶子蛀蚀成地图状	白绢病：整体枯萎（酸性土壤，在夏季高温时期排水不畅的地方）
对策	切开树皮，取出害虫。喷洒杀螟松乳剂等	喷洒杀螟松乳剂、氯菊酯粉剂等	幼虫在新叶期、成虫一经发现及时喷洒杀螟松乳剂等	使排水顺畅

树种名	海石榴类、山茶	蔷薇	蓝莓	柑橘类
病虫害名及其特征	茶毒蛾蛀食害：一年发生 2 次。食叶。人接触茶毒蛾绒毛皮肤会起疹红肿	黑斑病：大范围分布在湿润叶子表面。叶面干枯时现出黑红色斑点，最后变成黑色	介壳虫刺吸害：经常寄生在体弱树木上的害虫。在枝叶表面留下点点白斑。其粪便亦可诱发煤烟病	蝶类幼虫蛀食害：大量吞噬叶子，转瞬间将叶片吃光。幼虫受到刺激会释放恶臭
对策	早期发现时，逐一剪去病枝。喷洒杀螟松乳剂和敌菌丹水溶剂	加以覆盖，防止浇水、降雨时溅上泥浆。轮换喷洒 TPN 和嗪胺灵乳剂	剪枝、日照通风良好。发现幼虫时（4～5 月）喷洒 DMTP 乳剂	一经发现便用筷子和镊子摘除

图表监制：树医 新井孝次郎

量灌水的土壤，便不能保持植物的良好生长状态。

另外，如果在檐下那样雨水淋不到的地方栽种植物，并完全依靠管理者来养护，往往会忘记浇水，植物也很容易受到伤害。由此可以看出，采用人工浇水的方法非常不可靠，并且对这样栽培的树木，绿化工程的施工者也不愿意做出枯死保证。为此，有必要事先确认绿化设计是否考虑到管理条件以及有没有枯死保证。

发生病虫害对策

植物越是弱小，发生病虫害的概率越高。一旦浇水、温度、通风和日照等管理没有满足生长条件的要求，植物就变得赢弱。发生病虫害之后，通常的做法是喷洒消毒和杀虫的药剂。最近，对农药使用的限制更加严格，已经不允许在栽培前喷洒药剂了。因此，可以这样说，防止病虫害发生的最佳对策就是尽量不选择容易发生病虫害的植物（39页表）。

在图鉴和样本中记载的各种植物特性，必须列出对病虫害评估的项目。然而，在东京等大城市，因受热岛效应的影响，几年前竟发生了意想不到的病虫害。因为各地区流行的病虫害不尽相同，应该事先向施工者咨询各种植物抗病虫害的程度。如果以设计上的理由，选择了可能给管理者增加负担的植物，便需要得到管理者和业主的同意，并请其以书面形式下委托。

难以融入周围环境的树木

虽然不能将责任推给植物，但是有的树木确实很难融入周围环境。在市内和人口密集区进行绿化时，对是否应该选择以下树木，必须慎重考虑。

（1）会引起过敏的树木

最近，人们经常提及植物对花粉症等过敏体质的影响问题。导致过敏的植物有几种，但也存在个体差异，如果一定要栽植，必须确保不会引起过敏症的发生。当然，类似杉和扁柏那样已成为花粉症最主要原因的树木，最好不要栽植在人口密集的住宅区等处。

还有，白桦、赤杨和夜叉五倍子等也可能引起过敏，应予以注意。

（2）易吸引蚊虫的树木

当植物长得郁郁葱葱，遮挡了阳光时，容易将虫子吸引过来。湿气一加重，便发现了嗡嗡叫的蚊子。对此，应该先铲除那些生长过于繁茂的攀缘植物和杂草，以防止蚊虫滋生。说到容易吸引蚊虫的树木，有一种叫"密蒙花"，别名"蝴蝶布什"，常常吸引蝴蝶飞来吸食蜜汁。美中不足的是，蜜蜂也一起跟来。

（3）成为疾病媒介的树木

桧类则是梨等树木发生赤星病的媒介，因此很多地方政府都做出规定，不允许在梨的产地栽植桧树。

防止与邻里发生纠纷

（1）落叶和植物的越界

大多情况下，都要通过与邻居签订协议来处理植物和落叶越过边界进入其院内的问题。因此，必须随时注意位于邻里边界处的植物生长状况。通常，栽植3年后的树高大约增加1.2倍，5年后则增加1.5倍。因此，应该在制定配植计划时，便考虑到树木可能长到多大程度。譬如，在藤类植物爬满位于邻地边界处的围墙上部时，稠密的叶子就可能越过边界进入邻居的院子（图、照片6）。此外也要注意到，秋季里落叶树的很多叶子都落在邻居的院内，为了避免纠纷，最好不在边界处栽种这样的树木（如榉和榆等）。

图 将藤类植物栽植于围墙边界处的情形

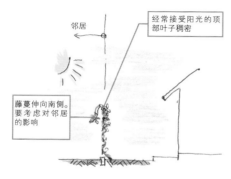

邻居

经常接受阳光的顶部叶子稠密

藤蔓伸向南侧。要考虑对邻居的影响

照片6 围墙顶端叶子稠密的卡罗来纳茉莉

植物
4

山崎诚子（日本大学短期大学部）

充分利用现状植物

如今应该掌握的移植知识

建筑物所呈现的最佳状态是在刚刚竣工的时候，植物却是随着时间的推移而逐渐变得完美的。找到充分承载着用地历史和环境的植物，是一件难能可贵的事。由于移植要产生一定费用，因此人们往往对其敬而远之。如果能够充分利用地块内的原有植物，一定会减少不和谐感，也不失为一种高明的处理手法。

移植工程取得成功的要点

（1）移植工程有2种

分为移植工程全部在用地内完成（用地内移植）和部分运出用地外（用地外移植）2种。用地内移植的移动距离短，树木所承受的压力要小一些，也不会发生相应的运输和养护费用。可是，这需要在用地内辟出一块临时存放场所。在大多情况下，要将部分树木运到用地外面去进行用地外移植，并委托造园施工者和苗木销售公司做养护管理。

（2）移植的步骤和恰当时机

至少应在移植下一阶段前3个月将树木根系紧凑地收拢起来，为保证其成活，还要做缠根处理。先是按一定尺寸沿着根部周围挖开，再将裸露的根球用草绳捆扎起来（照片1、2）；运至指定地点后，再将其栽植下去（照片3、4）；然后，用挖出的土填埋树坑，根据情况决定是否设置支柱。除松树外，在充分灌水后作业结束。移植前，这样的状态最少要维持3个月。只要不是处在休眠期，都应适当灌水。

根据树木的种类和施工场所的区别，适宜移植的时间也不同。如果以东京23区范围内作为基准，一般的看法是：针叶树应在冬季来临前；常绿树在春末夏初之际，梅雨季节也可以；落叶树在春季萌芽前夕，或者落叶后霜降前夕；椰类从梅雨时起，跨越整个夏季；竹类以梅雨时节最适宜。

（3）移植前先了解现状

移植前绘制规划用地现有树木位置图，掌握树木位置、树木种类、形状、尺寸（树高、树围、叶展）以及树势。高度3m以下的树木，可用人力移植；但移植高于3m的树木，则要使用重型机械作业，需要考虑施工车辆所需的道路和轨道铺设问题。其次，因为移植时需要将根部完全挖出，所以应该确认根部是否与周围的结构物（如挡土墙、建筑物基础）和设备缠绕在一起。接着，再确认移植场所和存放场所的条件是否符合要求，能否在那里进行浇水等。

（4）选择适于移植的树木

幼小的树木较易移植，而大树和老树的移植相对困难。另外，因为落叶树的生长周期在春夏秋冬变化明显，所以移植的时机比较容易把握。常绿树尽管乍看上去长得很结实，但由于没有落叶树那样鲜明的生长周期，因此容易错过最佳移植时机。

在移植过程中，为了方便搬运，要尽可能将根部收拢得小一些。与此对应的是，为了减少地上部分的体量，还需要剪枝。因此，像樱那样怕修剪的树种便不适宜移植。此外，类似杉和扁柏等移植也很困难。

（5）移植后的养护

修剪树木的根和枝，无异于给树木动次大手术。移植后的树木还不能完全依靠自身功能供给水分，因此一定要确保水的供给不中断。如果客土的土质优良，在移植后无须立即施肥。

（6）了解需要多少费用

与新植相比，由于用地外移植应确保工程现场的作业场地、要进行养护和辟出运输道路，因此所需费用更多。一般情况下，其成本约为新植的2倍左右。而且，也没有供应商提供的枯死保证。

照片1 向下挖开。将根球修成钵状

照片2 断根半年后，修剪粗根，再以草绳捆扎

照片3 搬运。3m以上树木和椰类树要使用吊车挖掘装载机

照片4 挖个直径比根径大三分之一的树坑，将树根植入其中，注意土中有无工业垃圾

了解流通和采购程序，以得到最适宜的植物

努力养成挑选树木的好眼力

山崎诚子（日本大学短期大学部）

从哪里得到植物

除了园艺店经销切花、花苗、盆花和容器树木（树高 2m 以下）外，家装中心及园艺中心也经销花苗、盆花和容器树木（树高至 3m 左右）；造园施工业者则经营所有造园用植物以及地被类（包括草皮）。如果对造园植物有需求，通常都应该直接与造园施工业者或造园植物生产者联系。

不同植物种类的生产者及产地

造园植物大体分为 4 个类型，其生产者及产地也各不相同。

（1）树木

树木销售者，一类利用自己的温室和土地作为植物展示柜台；另一类则利用苗圃，从培育幼苗开始，并以销售苗木为主（照片 1）。大树或作为造园植物很少出现在市场上的树木，如系生长在山里的，也采取挖出后直接运下山的"山采"方法销售。大体说来，暖地型的常绿树（樟等）西日本为主要产地；东日本则是落叶树（椴树等）较多的地区。

说到最近比较流行的树木，可以以橄榄树为例子。其产地濑户内海的小豆岛降水不太多，土壤呈碱性，很适于橄榄树生长。因此，这里成了日本为数不多的橄榄产地（照片 2）。在热岛效应明显的东京，雨水不多也可生长的橄榄树逐渐成为装点西式庭院的树木。

此外，同样流行的树木白蜡是一种从冲绳到台湾广为分布的天然常绿阔叶树，其中尤以鹿儿岛数量最多。在九州地区，从前热衷于将其作为行道树等；在一年比一年热的东京，最近也屡见不鲜。作为一种给人以清爽感的常绿树，正在成为热门绿化植物。

（2）地被类

有的生产者只经营草皮，如果有订货，便从培育草皮的地里一块块切下来出售。球柳、富贵草和攀缘植物中的常春藤，一般都植于直径 10cm 左右的容器中。

（3）草花（一年生）

由花农生产，多在温室内育种和栽培。

（4）观叶植物及椰类

美化室内的观叶植物多产于伊豆群岛、冲绳和小笠原地区。椰类与观叶植物一样，也出自以上地区，此外九州南部、鹿儿岛和宫崎等地也有栽培。

了解市场上的树木

建筑设计者要了解市场上造园树木的流通状况，最便捷的途径是查阅《估算资料》（财团法人经济调查会会刊）、《建设物价》和《绿化树木手册》（财团法人建设物价调查会会刊）等。据此，即可了解造园植物的形态和价格。其中的问题是价格，这归根结底系以大量采购时的价格作为标准。如系少量使用或对形态有一定要求时，自然就不适用于这个价格。而且，其金额也仅指所购植物的单价，运输和栽植的费用要另外计算。再有，还应事先对项目在供应上的难易度做出评估。事实上，还有许多流通的植物并未收入建设估算类杂志中，如果查阅园艺图鉴和植物图鉴中的"用途"栏目，在庭院树木和公园树等项下则可能找到它们。

照片 1 苗圃地。反倒看不出相同树木排列起来的景象

照片 2 橄榄。最近也常被用于屋顶绿化

成活树木的成本

生长缓慢的树木，尽管其价格不像蔬菜那样经常变化，但是如以一年为周期，有时价格也会波动（表）。而且，因其与草花不同，生长期很长，在形状相同的情况下，即使大量使用，也很难立刻满足要求。假如是紧俏货，价格自然会更高。因此，在流行期或是遇到大规模开发时，价格立刻出现波动。譬如，20世纪90年代前半期正值山茱萸流行，其价格也一路高涨。受此鼓舞，人们都急着栽培山茱萸。2年后，连一些衍生品种都问世了。可是，流行期一过，价格一落千丈。此外还有蓝莓，作为保健食品也流行了一阵子，连那些品质很差的树种也曾价格飞涨。

怎样订货才能得到理想的树木？

在确定树种和形状的阶段，施工者要备齐候选树种，然后从中选择。假如选到的树种是在与施工现场条件相近地区或施工现场周边一带培育的，栽植后会生长得更好。就像"温室里培育的植物一放到户外立刻枯萎"的极端说法那样，在不同环境里生长的植物也有着不同的特性。

进而从准备的角度讲，一定要坚持当初提出的形状尺寸条件。不过，与此相比，树木的整体形象（外观）显得更为重要。只要将这一点传达给供应商，便很有可能得到符合自己要求的树木。

走进产地选择

植物是活着的，任何一个个体的形状都不会与其他个体完全相同。建议大家按照绿化设计方案，去苗圃之类的产地以及植物销售店寻觅造园植物，这是件很重要的事。除此之外，与实际生产者和管理者直接交流，围绕植物性质、管理方法、新引进树种信息和什么样的树种合适等问题进行咨询，以作为参考。

植物的生长状况，因土壤、日照和水等条件的不同而各异。在可接受充足的阳光时，植物便枝繁叶茂。大体上，北面背阴处的植物形态就差得多。在树木密植的地里，树木无法自由向周围扩展。无论是在自然条件下还是人工培育的土地上，要找到全方位形态匀称的树木都很难。在实际施工场所，假如树木被用于全方位观赏的话，就不得不选择形态匀称的树木。如果只是栽下几棵构建景观和背景，或者背靠墙壁栽植，便不妨选择那种从一个角度看形态很完美的树木。有时，这要比选择整体姿态佳的树木更有趣。

当实际选择树木时

要先对树木进行检查，给选定的树木做记号，再拍照备案（照片3）。不过，树木的形态不能原封不动，必须做切根处理和枝叶整体修剪，使其更加紧凑（称为"整枝"）。树木在苗木地里，需要2、3年才能长成形。整理枝叶，一是为了利于树木生长，二是便于搬运。因为下面的枝（下枝）容易修剪，可以专挑下枝繁茂的树木。

表 造园树木单价表（截至2013年11月15日，GA山崎整理）

树种		名称	树高(m)	树围(m)	枝展(m)	树木单价日元/棵
乔木类	针叶树	德国桧	4.0			35,000
		美国岩柏	2.0		0.4	8,000
		利兰柏	2.0			8,000
	常绿阔叶树	橄榄	2.0			15,000
		枸骨	2.0		0.6	4,000
		木槿	2.0			7,000
		斑白蜡	4.0	0.21	1.5	35,000
		白柞	4.0	0.21	1.2	25,000
		厚皮香	3.5		1.2	45,000
		红山梗	1.8		0.4	4,000
	落叶阔叶树	鸡爪枫	3.0	0.18	1.5	25,000
		梅	2.0	0.10		8,000
		辛夷	4.0	0.21	1.5	30,000
		白浆果	3.0	0.15		30,000
		山茱萸（白）	3.0	0.15	1.0	30,000
		乌饭	3.0	0.21	分枝※	30,000
		日照花	3.5	0.21	分枝	35,000
	特种树	摩梭草	5.0	—		20,000
灌木类	常绿树	大花六道木	0.6		0.4	1,000
		紫杜鹃	0.5			1,200
		杜鹃	0.4			1,500
		海桐花	0.5			1,500
		桂竹	0.8		分3杈	2,000
		斑点青木	0.6		0.4	1,500
	落叶树	八仙花	0.8		分3杈	1,500
		绣线菊	0.5		分3杈	1,000
		造景蔷薇		大苗		2,500
地被类	细竹类（常绿）	毛竹	10.5		发3芽	200
		凤尾竹	10.5		发3芽	300
	木本、草本类	球柳	7.5		发5芽	150
		紫金兰	10.5		发3芽	300
	攀缘类	常春藤	9.0	L=0.3m	分3杈	300
		卡罗来纳茉莉	9.0	L=0.2m		300
	草皮类	栽培结缕草	—			1,000/㎡
		栽培高丽草	—			1,000/㎡

※ 订购分杈苗木时，自然有冠幅要求，因此很少再特别指定树的尺寸

照片3 在苗木地里检查树木。通过实地考察获得的信息不可估量

了解造园和园林景观业，更好地同他们打交道

山崎诚子（日本大学理工学部）

绿化设计都涉及哪些人、施工应该委托谁、擅长什么样的工程、能够做到什么程度等等，对于关系到造园的各个职种，我们不太了解的东西还有很多。

与造园有关的业者大致分为 3 个类型。无论哪一类型，都可将工程从设计到施工全部承接下来；不过，其中毕竟还有他们最擅长的部分。因此，在共同作业时，就要考虑到这一点，最好能够相互配合，发挥各自的优势（表2）。

通常，施工系统是一种以承包工程为主的作业形式，对工程进度、费用预算和造园材料等的整体把握要做到细致入微。与此相对应，设计系统则属于理论范畴，以规划、渲染、监理和现场调查作为自己的强项。在材料系统中，园艺店经营草花和观叶植物，苗圃则对树木的生长状况更加熟悉。

建筑设计者与造园施工者

应该事先直接征询造园施工者的意见，以确认下面的各项说明。

（1）关于主题和形象的说明：可以采取展示形象照片的方法，对造园施工者要准备的材料风格和色彩等施加影响。

（2）在用地内说明：实际站在现场，说明哪一位置的体量要做到多大。确认植物能否迁入、有无构成妨碍的设施等。

（3）说明观看植物的角度：确认从哪个位置能够看到植物；确认植物只需在一个方向展示形态、还是要全方位地展示。

防止将来出现意外

（1）施工前：确认合同内容：确认合同内容，包括植物形状及尺寸、数量、填埋客土限制等。还应确认施工期限和有无枯死包换保证。

（2）施工中：确认建筑工程范围：明确绿化工程和建筑工程各自的范围。必须确认何时移交地块、地块状态怎样。

（3）竣工后：与图纸的符合程度：对根据现场情况所做的变更进行确认，由设计者和施工者共同绘制出竣工图交给业主。

（4）预算说明：树木因其种类和形状的不同，其价格也存在一定差异。如系高木，高度每增加 50cm，价格即翻倍。

（5）业主的要求和喜好：业主会对树木提出很多要求，这些要求不可能全部满足。但是，可以对绿化环境、管理条件以及采购的难易度加以确认。

（6）用图纸等文件确认：要准备拟交给造园业者的图纸（表1）。除了平面图，还要以立面图和屋面俯视图等标明檐长和建筑周边受雨淋的部分。

表1 应交付造园施工业者的图纸文件

平面图·配置图	必不可少。系绘制绿化图的基础
屋面俯视图	用以测算檐长和雨淋范围
设备平面布置图	用以测算与管口、配线距离
立面图	用以确认开口部大小
外观效果图（着色）	可对建筑外观有个整体印象。至于着色，则可用来考虑如何让花色与叶色与建筑外观颜色相配
建筑施工进度表	与建筑工程同步进行

表2 造园关联业界各职种特征

主业	职种	特征	业务内容	长处	短处
施工为主型	造园施工业者	承接一般绿化工程	植物的修整和栽种。竹篱、砌石、假山、溪流、瀑布。简单铺装工程（铺石、踏石、三合土地面、铺砂砾）、高度1m左右的挡土墙	可承接与造园有关的全部工程	小型工程费用相对较高
	植木店	各地均有，品种齐全。也做修整	植物采购和栽种。石组、安装石灯笼、竹篱	因可就近采购，需要什么便能及时得到	多不经营棚架和栅栏之类的结构物
	土木绿化建设业者	绿化工程之一，道路、桥梁、大型工程等	土地整理、绿化工程、道路工程、铺装工程、外装工程、建筑工程。设备安装以外的工程几乎全部可以承接	因从土地整理开始，故可实施适应地形变化的大型工程	如仅委托小型工程或绿化工程，造价较高
设计为主型	景观设计师	做规划和设计	涉及街景、大型规划、公园、街道、绿道、场地、盆景和生境等不同领域	调查、分析、创意、区划、计划阶段的渲染等	多半缺乏园艺和草花类知识
	花园设计师	西式风格，专用草花做庭园设计	从私人住宅庭园到住宅区和集体住宅外院落均可设计	有时也从事简单施工	因多系手工操作，故大型空间和土木空间则成为其弱项
	庭院建造师	和式庭园的设计	从事私人住宅庭院以及茶室庭院、瀑布、溪流和石组等日本庭园的设计及管理	从小型庭院到酒店的大型庭院均可设计	多半园艺要素不够丰富
销售材料为主型	生产者（苗圃）	植物的培育和销售	主要从事植物的育种和栽培	熟悉植物中的新树种和市场动向	不能与植物以外的领域对接
	外装施工业者	以设计栅栏和门扇为主	除了销售栅栏和场地材料外，还设有承接设计和施工的部门	因场地材料须循环使用，故可承接植木匠人不能做的土木工程	因不直接处理植物类资材，故相关知识有限
	园艺店、家装服务中心	以经销园艺资材为主	近来，大型园艺店和家装服务中心除销售部门外，还设置了设计、工程承接等部门	材料实地展示，设计内容直观	以材料为主，与其说在构筑个性化庭院，不如说多半成为标准化庭院
植物医、树医		医治树木因病虫害造成的损伤	在造园施工者或景观设计师、各地方公共团体的公园管理者、与环保有关的NPO以及外装施工公司中，均有人具有这一资格	保管植物，可顺便对移植和养护状况进行调查和评估	—
其他		只负责绿化修整的植木匠人；制作安装石灯笼、景石和踏石的石匠；经营铺装材料的厂商等			

绿化设计的步骤、场地调查和区划方法

为做到高效率绿化而应掌握的规划知识

山崎诚子（日本大学短期大学部）

从绿化设计到绿化施工的各个阶段

在场地上造建筑，多余的空间用来建庭院，再加以绿化。这就是我们常见的步骤。然而，将绿化放在建筑的设计和施工之后进行，一旦效果不满意往往无法挽回。为了避免发生这样的情形，应该事先便对工程的各个阶段制定出计划。

（1）适宜实施绿化工程的时机

简单地说，无论冬夏都适于实施绿化工程。不过实践上，大都会根据建筑施工的情况来确定绿化的时机。这时应注意的事项是，要使用已做断根处理的树木，加强施工后的浇水管理和防备冬季来临前的降霜等。

（2）与建筑工程之间的相互协调

多数绿化工程都是在建筑工程结束后才开始实施。但如系狭小住宅和内院形式的住宅，还是赶在建筑施工前开始绿化施工好一些；否则，如果建筑竣工后再于内院的狭小空间里进行绿化施工，便不得不穿越室内对树木做养护。由于大树可能要从建筑物上空越过才能栽植，因此需要大型起重机等设备，这将大大增加施工费用。而且，当建筑物超过 2 层或在屋顶庭园上施工时，为使土的搬运更有效率，也要用到吊车等建筑机械。此外，假如从搬运道路一侧看，最里面的部分有与建筑无关的地方，亦应赶在建筑施工之前动手。这样一来，便不能将建筑工程和绿化工程分开考虑，而是让绿化施工与建筑施工同步进行，如此则可降低费用和缩短工期。

设计、施工开始前的用地调查

绿化设计除了应满足客户的要求，还有一件重要的事：须对植物生长环境的好坏做出判断。植物生长需要"日照、水和土壤"三大要素。用地调查即以此为中心展开（表）。

（1）日照

树木可分为阳树、阴树和中庸树 3 类（参照 35 页）。应该区分出上午阳光充足的地方、全天阳光充足的地方、下午阳光充足的地方和日阴的地方。如果是大型项目，还要把气象数据作为调查对象。在这种情况下，要注意到不同地区的条件差异。

（2）水

将土壤干湿状况、有无用于浇水的渠道设施作为调查重点。各类植物的偏好也不同，有的喜湿润，有的喜干燥。但从总体上看，如果一点儿水都没有，植物便不能生长。另外，也不妨使用井水浇灌植物。

（3）土壤

适合植物生长的土壤中含有充分的氮、磷和钾，并保持平衡状态。此外还包括有机质，使得土壤蓬松，以吸附水分。现在，像这样的土壤只有山中和野地的表土，或者在旱田里还可寻觅到一丝踪迹。用地整理过程中挖出的土以及填埋用的培土，大都不适于植物生长。削山造成的土地，表面会露出一层"深土"。与表土不同，深土不含有机质。而且，当其中混有较多砂砾（或石块之类）时，有时也可能见到黏土质的土。

表 与环境是否适合植物生长有关的调查项目

项目		调查内容
日照	阳光方向、上午阳光、下午阳光、日阴、全日阴	· 邻舍边界处有何结构物 · 所用树种属于阳树、阴树还是中庸树 · 确认用地内阳光充足的位置（上午阳光充足的地方、全天阳光充足的地方、下午阳光充足的地方和日阴的地方等） · 如系大型项目要将气象数据作为调查对象
水	土壤干湿状况、地下水位、降雨时径流量、水设施状况	· 土壤干湿状况、有无用于灌水的渠道设施 · 雨水能否淋到 · 每次降雨时，雨水是否汇集（也要测量土地坡度和高低差）
土壤	土壤干湿状况、土壤种类、土壤成分、保水性、透水性	· 是否是含有机质、松软吸水的土壤 · 整理土地时挖出的土中是否含有机质。因有时会出现粘土质的土，应判断是否要进行土壤改良或换成客土 · 如系填海地，可能不清楚填土的状况。对受海水影响的地方以及工业废弃物混凝土较多地区为循环再利用而填埋的土，应考虑是否需要改良或更换
通风	—	· 风向（特别留意北风） · 风的强弱

图1 与建筑物相互干涉部分有关的调查项目

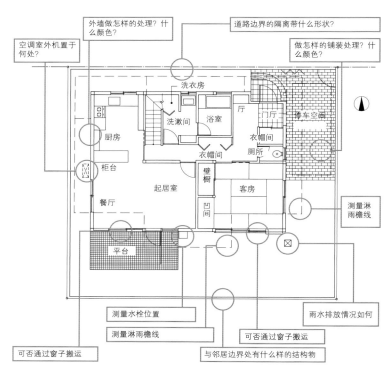

图2 确定适于绿化的区域

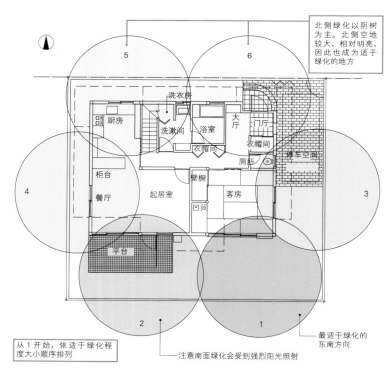

海岸和山谷中的填埋地，由于土是从外面运来的，因此很难搞清楚究竟是什么样的土。几乎所有造园植物都喜酸性土壤，但在受海潮影响的地方，常会有混凝土类工业废弃物，使土壤更偏于碱性。造成地、填埋地中的绿化用土壤，需要加以改良或替换。

（4）通风

如果系在不通风的地方绿化，植物很容易招来蚊虫，并因此患病。然而，就像不宜将大树植于强风劲吹的高山上一样，太猛的风力也会使植物受到伤害。

与建筑设计之间的相互干涉

在建筑物周围绿化时，有几个应该注意的要点（图1）。下面详细解说相关内容。

（1）植物生长需要的土壤厚度

人们很容易产生这样的想法：既然是土，什么样都可以用来绿化。可是，当你掘开住宅区等处的土壤时，却发现多半都不够栽植大树的深度。绿化所需的最低土壤厚度，栽植乔木（树高3m以上）应为80cm；中木（树高1.5m以上）60cm；灌木（高度0.3m以上）40cm；地被（高度0.1m以上、草皮等）亦不应少于20cm。而且，如遇浇水难以保证的场合，还应在前述土壤厚度值的基础上至少再增加10cm。在屋顶庭园处，除了必要的土壤厚度外，须另设10～20cm的排水层。

（2）不可将绿化区安排在雨淋不到的地方

在雨水淋不到的地方安排绿化区，固然也可以采取以自动灌水设备浇水的方法；然而，植物被来自上方的水滋润才是其自然的状态。不然的话，植物的生长状况就会逐渐变差。如果将灌水这件事完全交给业主，被忘记的可能性很大。因此，我们不建议将绿化区安排在雨水淋不到的地方。此外作为通例，屋顶绿化所用的植物，供应商都不附带枯死包换保证。

（3）避免将树木植于配线或配管上方

由于配管的位置难以把握，因此应提前将绿化位置告知设备施工者。一旦将绿化布置在管线上，将来树木的根有可能扎入管线缝隙中去。尤其是竹根，非常喜欢透水性暗渠之类阴暗潮湿的地方，要不了几年就会将配管破坏。为防止出现这样的事故，应该用根茎调节资材加以保护。

（4）注意机械设备产生的风和热量

从平面布置图上可以看到，空调室外机之类外部设备多半会安装在配管和配线位置的上面。因此，也要注意到这些设备产生的风和热量对植物生长状况的消极影响。

绿化场所（区划）

（1）选择方位以及理想的绿地配置

最适宜绿化的场所与居室的平面布置一样，亦应按照东南、南、东、西和西北的先后顺序考虑（图2）。北和东北多数时间日阴，冬季又受到寒风的吹袭，不太可能成为较好的选择。然而，这些也是随着周边环境和土壤状况等用地条件变化的。譬如朝着北面展开的道路和广场通常比较明亮，虽然得不到直射阳光，但只要不是建筑物之间的空隙，同样可成为理想的绿化空间。另外，在已产生热岛效应的城市里，来自西南方向的日照都过于强烈，有时让原本生长在山野中的树木很难承受。南侧的日光室，也由于夏天过热，难以成为良好的植物生长环境。

（2）实用庭院与观赏庭院（构建主院）

为了充分利用有限的空间，应该明确各个空间的目的（图2、3）。要作为"实用庭院"，关键的问题是划定连接各房间的动线。如果是"观赏庭院"，在绿化设计上应该考虑到人坐着或站着所看到的植物体量是不一样的。譬如从房间里看南侧的绿化，因为看到的是绿化部分的北侧，所以反而显得格外阴暗。

（3）隐私与景观

面向道路和邻舍的部分，有时要用建筑类结构物分隔开来。假如利用绿化构建隔离带的话，营造的环境对周边更为有利。东京都的相关条例规定，凡用地面积超过1000m² 的开发项目，其与道路衔接部分必须进行绿化。在东京的目黑区，这一条例也被引入住宅区的建设。世田谷区虽然是有条件地执行该条例，但对在衔接道路部分设置绿篱的做法，将提供资金补助。用于遮挡视线的绿篱可将高度设为1.5m；如果需要加强私密性，其高度应在1.8m以上（图4）。此外，假如能够对栅栏和围墙进行绿化的话，与结构物暴露无遗的情形比较起来，则会使空间显得更加丰富多彩。不过，这需要加强管理，防止枝蔓和落叶对邻舍造成干扰。

图3 外部空间的目的性区划

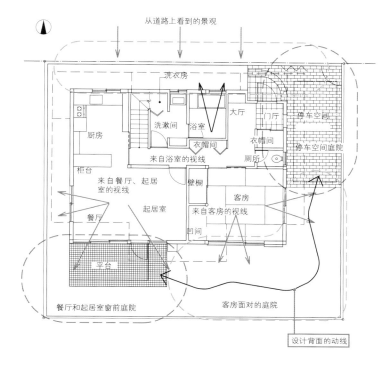

从道路上看到的景观

洗衣房　大厅　门厅　停车空间

厨房　洗漱间　浴室　衣帽间　衣帽间　停车空间庭院

柜台　来自浴室的视线　厕所

来自餐厅、起居室的视线

客房

起居室　来自客房的视线

餐厅

平台

餐厅和起居室窗前庭院

客房面对的庭院

设计背面的动线

图4 绿篱高度标准

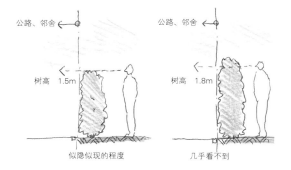

公路、邻舍　　　　　　　　公路、邻舍

树高　1.5m　　　　　　　树高　1.8m

似隐似现的程度　　　　　　几乎看不到

设计者绘制绿化设计图的方法

通过绿化图将设计意图传达给施工者

山崎诚子（日本大学短期大学部）

为了将绿化设计用图纸形式表现出来，需要准备绘图纸、笔记本、模板、《建设物价》类资料、植物图鉴、庭院树木手册和彩色铅笔等。为确认窗的位置、出入口和房间分布等内容，除了平面图之外，也需要立面图；如果再绘制出透视图，那就更加清晰易懂了。收集物价资料的目的，不是查材料价格，而是要确认各类植物的尺寸。而且，在按常绿、落叶和花木等分类时，也易于掌握其形态上的差异。

绿化设计的图纸表现形式

对于绿化设计的图纸表现形式并无特别规定，只要能将设计内容准确传达给对方就可以（表1、2）。这里介绍的是笔者常用的方法，它至少应该表现出各类植物的不同形态，例如是常绿、还是落叶或针叶，是高木、还是低木或地被类。

有时需根据图纸的不同用途，分别描绘树木的大小。图纸中表现高木和中木的圆，其直径基本上可按树冠（叶展）大小确定。在物价资料内收录的植物规格，尽管都是绿化施工当时的尺寸，但按照这样的尺寸绘制图纸，仍然可以表现出竣工时的状态。如此绘制的图纸，不仅作为向政府部门申报的文件，也是交给施工者使用的资料。此外，为了让业主了解植物正常生长3～5年后的形状，通常绘图时表现叶展的圆的大小，都将直径设定为树高的一半左右（图）。

指定绿化树木表（植物资材表）

所用植物的形状和总数既可标在图纸上，亦可另附表格。树木的形状尺寸都是从物价资料中查到的，但实际采用时可以在该尺寸基础上做适当增减，增减的幅度约为树高30cm、枝展10～30cm、树围5cm左右。至于形状尺寸的单位，无论高度（树高）、树围 *1（视线高度位置），还是树冠均以cm表示。数量的单位，乔木和中木为"棵"；灌木、地被类和草本为"株"；草皮为"m²"；种子为"g"。

表1 用图纸表现树木的方法

等级	高木（树高 3m 以上）、中木（树高 1.5m 以上）			低木（树高不到 1.5m）	地被类（匍匐于地面植物）	地被类（草皮类）
	针叶树（常绿、落叶）	常绿阔叶树	落叶阔叶树			
简单的						
	用模板画圆，在相当于树干中心处画个〇或点点儿			圈出计划栽植的范围	用曲线圈出栽植范围	随意点点儿
稍有限制的						
	用浪线画圆。树干中心处画个〇或点点儿	将 2 个圆重叠。树干中心处画个〇或点点儿	自中心引出辐射状单线	用云形线圈出栽植范围	用类似叶片形态线条圈出栽植范围	自内向外成五角形状点点儿
表现树木形象						
	表现出叶子的纤细形态	加上修边和斜线	亦可只用树干表现	美化栽植范围的边线	用叶状线条圈出范围	3～4 株一簇上下排列

表2 表现其他树种的图纸绘制方法

椰类	竹类	绿篱	细竹类、草花	藤类
树干画得粗些。表现出叶形	自竹的粗圆引出辐射状线条表现叶展	中间留有一定缝隙	用线条表现出叶展，中间标注形态	将叶子分布在表现藤蔓的曲线上

*1 要注意，树围并非树的直径

应用 CAD 绘图

由于绿化设计中描绘的，多半都是不连续、不规则的线条，因此在实现 CAD 化方面属于比较落后的领域。虽然没有相对便宜的系统，但一种以外装构件为主、可做庭园设计的系统最近出现了。

编绘展示用资料的方法

所谓展示用资料，一般系指着色的平面图。不过是将植物按照实际样子描绘，让绿色调呈现出各种层次而已，要真正将其形态完全表现出来则是很困难的。为了表现出花和红叶的形象，适度夸张的着色应该是个有效的方法。

另外，为了准确地将设计意图传达给客户，还应绘制效果图和画出素描。如果采用模型形式，虽然可以立体地展示空间，但却很难表现出植物的季节变化。假如效果图是描绘从房间内向外看到的情景，不仅可以采用单焦点透视图，也可以采用双焦点透视图。最近，由于使用 CAD 制图能够很方便地勾画出项目轮廓和绿化位置，因此那种先用 CAD 画出草图，再以手做细部描绘的方法得到普遍应用。还有一个常见的展示方法是，在用 CG 绘制的透视图上粘贴树木照片（照片）。不过，照片中的树木是其长大后的样子，肯定要比刚栽植下去的时候漂亮很多。

照片 CG 图上粘贴树木照片的展示资料

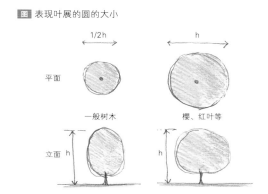

图 表现叶展的圆的大小

COLUMN

图 图"下卧式小林宅"彩色立体图

地面最高点（估计 3776mm）
静冈县沼津产流木
观测几十年一遇流星雨的地方
草本山
实验用水池
山毛榉苗木
焚火用地坑

用 CAD 描绘等高线，展现自然状态

中西道也

图中的"下卧式小林宅"是在营造绿色建筑方面的一个大胆尝试。地块系按照原有地形培土造成起伏，住宅将一层庭院与屋顶绿化部分连成一体。在某期刊的推介文章中，为了让普通读者也能看清住宅用地带有自然色彩的起伏状态，附图还着意在绘制 contour line（等高线）上下了不少工夫。

等高线是手绘的闭合环形。与建筑物相交处的直线部分，表示因与建筑物平面重叠而产生缺口。通过对该缺口大小的处理，则可调节建筑物占地范围。

这是在反复思考怎样使用几何软件表现对自然的热爱或对自然曲线的偏好之后，所获得的结果。

不同用途建筑物的绿化设计原则

考虑到使用者的偏好以及管理上的便利

山崎诚子（日本大学短期大学部）

绿化设计应该考虑到建筑物的不同用途。私人使用的独立住宅与许多人出入的集体住宅，在确定客户偏好和管理范围方面是有区别的。此外，如医院和学校，因系为特定人群所利用，故而在植物选择和平面布置上必须考虑到适合他们的行动能力和精神状况。

集体住宅绿化设计原则

集体住宅要求在业主入住前就应具有较高的早期绿化度。尤其是入口周围，作为建筑物的门面，绿化植物的密度更要高些。

（1）绿化密度与完成形态

缩小高木之间的距离，低木和地被如杜鹃等植物的密度，可将通常 3 ~ 4 株 /m² 提高到 5 ~ 6 株 /m²。不过，数年之后绿化密度可能变得过高，这时便要进行剪枝和间伐（图1）。

（2）管理体制

通常情况下，建成出售的集体住宅都将绿化管理委托给专门的公司。可是，最近由于管理费逐渐减少，加之重视绿化的居民日益增多，因此也出现了由居民组织管理那些相对安全部分的形式。这样，在绿化结构上，便不能选择管理复杂的珍稀品种，要更多地着眼于管理简单、又为人们所熟悉的植物（照片1）。出租的集体住宅与建成出售的集体住宅的情形大致相同，只是因私人庭院由业主管理，故要确保从外面能够进入院内的管理动线，以便住户不在家的时候也可以进行管理。

（3）绿化结构

绿化结构中的植物，应避开需要反复再植的一年生草，而选择树木和宿根草。为方便住户使用，一层的专用庭院应铺草皮，以防止地面扬尘。日照超过半天的部分，不利于草皮的生长，应以地被类植物覆盖。沿着道路和邻地边界部分，出于确保私密性的要求，应用高度 1.8 ~ 2.0m 以上的绿篱围起来。

图1 集体住宅绿化例 (S=1 ： 400)

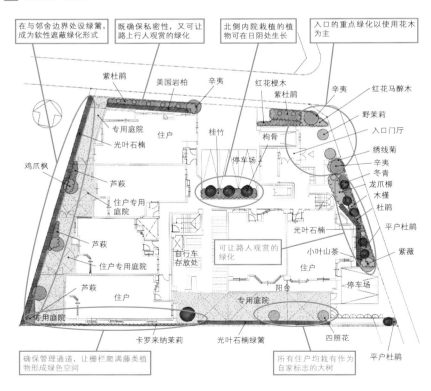

在与邻舍边界处设绿篱，成为软性遮蔽绿化形式

既确保私密性，又可让路上行人观赏的绿化

北侧内院栽植的植物可在日阴处生长

入口的重点绿化以使用花木为主

紫杜鹃　美国岩柏　辛夷　红花棪木　紫杜鹃　辛夷　红花马醉木

专用庭院　住户　桂竹　枸骨　野茉莉　入口门厅

光叶石楠　停车场　绣线菊　辛夷　冬青　龙爪柳　木槿　杜鹃

鸡爪枫　芦荻　住户专用庭院　平户杜鹃

芦荻　光叶石楠　小叶山茶　紫薇

住户专用庭院　自行车存放处　可让路人观赏的绿化　住户　停车场　阳舍

芦荻　住户　专用庭院

专用庭院

卡罗来纳茉莉　光叶石楠绿篱　四照花　平户杜鹃

确保管理通道，让栅栏爬满藤类植物形成绿色空间

所有住户均栽有作为自家标志的大树

（4）重点绿化

入口部分多半都会栽植色彩鲜艳的花木，如具有针叶树形态、视觉冲击强烈的树种。除此之外，利用大树营造的氛围也可以产生很好效果。

（5）绿化注意事项

在道路与规划建筑之间栽植树木的情况下，如果树木距建筑物很近，或许会有人爬上树木进入室内，因此应避免在贴近建筑物的位置栽植树木。此外，在靠近阳台的位置栽植野鸟喜欢的糙叶树，也可能出现鸟粪撒落在阳台上的问题。

独立住宅的绿化设计原则

（1）绿化密度与完成形态

独立住宅的绿化，可将植物正常生长 3 年后的密度作为基准（图 2）。不过，草花（宿根草除外）因系以一年或一季再植为前提，故可将生长 2 个月后的密度作为基准。

（2）管理体制

要明确由谁管理、每年管理几次。树木一年生长的程度有限，在这方面显得不那么重要；可是为了让长满草花的庭院保持整洁，必须从春到秋每天进入庭院几小时，做些清理杂草、祛除害虫、早晚浇水和花蕾授粉之类的管理工作。而且，对松树和装饰性树木还要请有经验的匠人来养护。

（3）绿化结构

根据业主的不同管理体制来考虑树木与草花的构成比（表 1）。

（4）重点绿化

独立住宅，要在掌握业主的偏好和管理方式的基础上调整绿化设计内容。因此，在设计上不仅要符合用地条件和环境特点，而且还应事先了解业主喜欢什么样的植物、哪些植物会使其产生某种联想等（照片 2）。

（5）绿化注意事项

几年之后，随着流行趋势以及业主生活状态等的改变，对绿化的要求多半也会发生变化。因此，建议设计上给密度留有一定余地，以利于修改工程的展开。而且，生长较快、高度超过 7m 的树木，往往会大面积地遮挡建筑物，选用时应仔细斟酌。

照片 1　此例用管理简单的常绿树做绿墙，分散配植带季节感的花木

照片 2　象征业主 2 个孩子的四照花和以业主喜欢的白色（白、蓝等）为基调的草花

表1 私人住宅各种管理体制下的绿化结构例

业主管理状态	自己几乎不动手管理	从春季到秋季，每周末交由花匠管理	花匠管理
树木和一年生草构成比	树木和宿根草 100%	树木和宿根草 80%～90%+ 一年生草 10%～20%	树木和宿根草 50%～60% + 一年生草 50%～40%
内容	构成以树木为主，但从地被、低木到高木有一定变化，花朵、果实和红叶表现出季节特点。即使没有草花，也能营造出绚丽的空间	绿化地正面部分和阳台等处栽种应栽草花，此外均为树木。草花每年约再植 2 次，选择花期长的一年生品种，其花朵也可供观赏	用树木构成背面和重点部分，用草花营造出色彩缤纷的空间。采用这样的组合形式：草叶低矮的植于前面，中间是长得较高的草花和宿根草，再后依次为低木、中木和高木
绿化截面示意图		栽种草花的范围	栽种草花的范围

图2 私人住宅绿化例

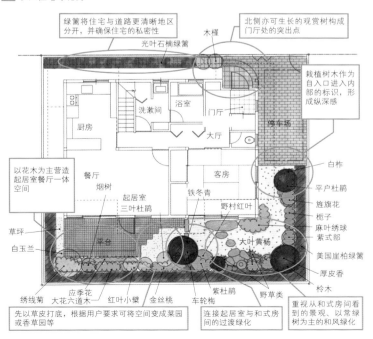

绿篱将住宅与道路更清晰地分开，并确保住宅的私密性
光叶石楠绿篱
木樨
北侧亦可生长的观赏树构成门厅处的突出点
栽植树木作为自入口进入内部的标识，形成纵深感
洗漱间　浴室　门厅
厨房
停车场
大厅
客房
白柞
平户杜鹃
旌旗花
栀子
麻叶绣球
紫草部
美国崖柏绿篱
厚皮香
柃木
以花木为主营造起居室餐厅一体空间
餐厅
烟树
起居室
三叶杜鹃
铁冬青
野村红叶
大叶黄杨
草坪
白玉兰
平台
紫杜鹃
野草类
应季花
绣线菊　大花六道木　红叶小檗　金丝桃　车轮梅
重视从和式房间看到的景观，以常绿树为主的和风绿化
先以草皮打底，根据用户要求可将空间变成菜园或香草园等
连接起居室与和式房间的过渡绿化

医院的绿化设计原则

医院是人们怀着不同寻常的心理状态造访的地方。做绿化设计要十分小心，一些平常不太在意的细节，都可能引起人的过敏反应。

（1）植物结构

对采用色彩鲜艳的植物、散发强烈香气的植物和可能成为过敏源的植物一定要格外谨慎（表2）。

（2）绿化密度与完成形态

为使通风良好、并让人感到清爽，栽植不宜过密（图3）。

（3）管理体制

采取一般管理体制即可满足养护要求。不过，近来有的医院，采用园艺手段做康复治疗，被称为"园艺疗法"。在配备园艺疗法师的医院里，往往由患者共同管理绿化中的草花部分。

（4）绿化注意事项

由于坐轮椅者及高龄者弯腰和下蹲困难，因此最好让绿化地像抬高式花坛那样离地面高一些（图4）。

养老设施绿化设计原则

养老实施的利用者与医院住院病人的情况相似，因此其绿化密度、绿化管理和注意事项等可参照医院的绿化设计原则。但是，为了百花盛开，发挥振奋精神的作用，可以将绿化重点设计得比医院更鲜艳，以营造温馨的空间作为设计的目标（图5）。

（1）植物结构

对于高龄者来说，植物很容易成为他们共同的话题。因此，哪怕可资利用的空间不大，也要栽上一些植物。在植物结构方面，与其引进那些新树种和国外的珍稀植物，莫不如以人们很早就熟悉的植物为主体。

（2）重点绿化

养老设施引进的植物，应该与其内部开展的各种活动适应。如用于观赏的樱花、夏季的牵牛花、俳句中作为季节象征的植物以及《万叶集》（日本现存最早的古代诗歌总集，相当于中国的《诗经》。——译注）里出现的植物等。此外，一些有来历的植物也容易成为话题。【推荐树种】有来历的植物例：南天（有转运一说）、八角金盘、枫类（因叶形似手掌，故像是对人打招呼，有欢迎之意，被认为适于栽植门厅周围）、草珊瑚、朱砂根（缘起于红色果实，且树名意味着可给人带来财富）。

教育设施场地绿化设计原则

（1）绿化结构与基础构建

对于幼儿园和小学校等低龄儿童来来往往的设施，要考虑到孩子们的一些意外举动，必须将安全性放在首位。作为安全绿化的形式，可以选择诸如无毒性的、不易发生病虫害的、即使碰一下也不会受伤的以及不易诱发过敏的等等（表3）。

表2 医院内应注意的各类过敏要素

要素	色彩	气味	禁忌	病种、过敏
应规避项目	色彩过于鲜艳的	香气过于强烈的	各地区有着多种多样的传说	可能诱发症状的
理由	因鲜艳的色彩可能产生刺激作用，让人兴奋，造成疲劳，故最好规避红和橙系颜色。而且，由于医院的外装也多采用白系和淡雅的颜色，因此与普通建筑物相比，选用扎眼的色彩要格外慎重	在气氛凝重的环境里，哪怕再好的气味也感觉不到。一个视觉受限的人，对气味则非常敏感。因此，散发过多的香气往往会产生反作用	· 由海石榴花谢时一朵朵落下，让人联想到人头落地 · 石蒜看上去就像墓冢 · 枇杷招来病灾	最近，植物与过敏的关系已成了严重问题。对那些显而易见对气氛有害的植物应格外注意
植物例	红色花（蔷薇、紫薇、一串红）、橙色花（木槿、金盏花）	木樨、瑞香、蔷薇、天竺葵	石蒜、海石榴、荸荠	柳杉、扁柏、艾蒿、漆树科植物

图3 医院内广场绿化例

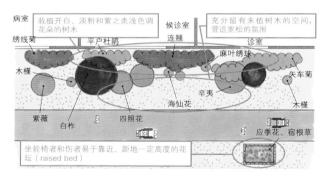

图4 抬高式花坛截面图

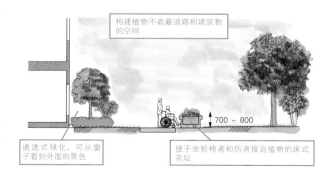

图5 养老设施绿化例

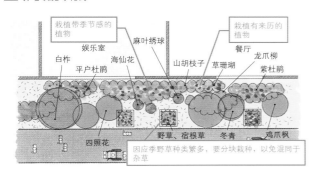

图5 养老设施绿化例

表3 对于儿童来说必须注意的植物例

	高木、中木	低木、地被类	草花
有毒性植物	夹竹桃、莽草	檫木、莲花杜鹃、红花、曼陀罗、美山茶	白毛苦葵、乌头梅附子
易诱发过敏等的植物	杉、扁柏、漆树类	—	荞麦、艾蒿、猪草
接触后可能受伤的植物	西海枝、刺槐、花椒树	蔷薇类、小檗、桂竹	荨麻、竹似草

图6 教育设施场地绿化例

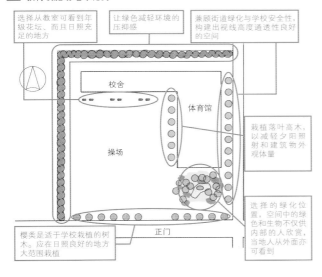

除了植物，还有土壤的问题。天然土壤中往往会混入害虫和病菌，应该在充分照射阳光消毒后再利用。另外，近来的屋顶绿化，使用轻质人工土壤的越来越多，其中的粉尘可能成为过敏或喘息发生的原因。因此，在选择时务须慎重考虑。

再有，人工土壤与普通土壤相比，因其中含有机物少，蔬菜难以生长，故不适于用在像年级花坛那样供孩子们栽花种菜的场所（图6）。

（2）重点绿化

建议选择结果实的植物优先于选择那些开漂亮花朵的植物，因为这可以让孩子们看到店铺里卖的蔬菜水果究竟是怎样生长的。【推荐树种】适宜东京周边栽植，而且管理比较简单的果树:无花果、柿树、金橘、栗树、石榴、酸橙、沙果、枇杷等。

此外，最近正在积极创建类似生态园那样可接触生物的场所，一些不同于绿化树木的树种也被引入其中。选择的植物类型，有利于适应当地自然生态环境的生物栖息繁衍。结出的果实成为饵料，枝叶成为昆虫的栖息处，有时还故意放置几棵朽木。如东京23区内的例子【推荐树种】易吸引生物的植物、结果的树种:莺神乐、野茉莉、柿树、宽叶香蒲、臭木、樱类、白茶花、枰木、糙叶树、冬青、四照花。开花酿蜜的植物：樱类、莲花等。饵食植物：樟与蓝凤蝶、柑橘与蝶类、朴树与大紫蛱蝶、柞树与甲虫等。

商业设施绿化设计原则

（1）绿化密度与完成形态

为了展示出一片开放空地被绿化后的最佳状态，要以较高的密度进行绿化。因此，开始绿化时的密度就超出标准，之后的管理负担必将加重。归根结底不要忘记，作为商业设施还应以经营商品和提供服务为主，植物不过是作为背景存在的（图7）。

（2）重点绿化

选择符合店铺氛围的树种，将其植于店内醒目的地方，以收到让人感受季节变迁的效果。譬如，在用绿化手段表现某个国家的特色时，下面的几个例子（照片3）。【推荐树种】意大利风、西班牙风：橄榄、迷

图7 商业设施绿化例

照片3 用椰类营造婚礼场地

迭香、针叶类、百里香。中国风：竹类、松类、垂柳。和风：竹类、松类、红叶类、杜鹃类、山茶类。热带风：加那利椰、白发椰、龙血树、美洲刺桐。

工厂绿化设计原则

工厂绿化的目的，不仅在于用绿色景观遮掩大型建筑物，还应充分满足隔声、防尘和防止火灾蔓延等功能性的要求。此外，这里还应该是劳动者小憩时放松身心的空间（图8）。

具有隔声和防尘等功能的树种，主要是叶子自身结实的常绿阔叶树。绿化带越宽，其效果越好，至少应设定为10m。尽管仪器实测数据表明，绿化的隔声效果并不显著，可是绿色却产生很大心理作用，似乎减弱了声音强度。为了真正起到防尘作用，绿化时应该选择耐烟害和耐大气污染的植物（参照36页）。

图8 工厂绿化带植物例（S=1：400）

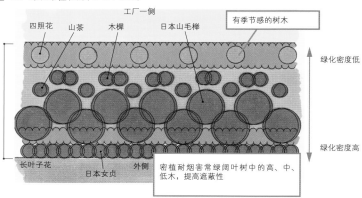

工厂一侧

四照花　山茶　木樨　日本山毛榉　有季节感的树木

绿化密度低

绿化密度高

长叶子花　日本女贞　外侧　密植耐烟害常绿阔叶树中的高、中、低木，提高遮蔽性

COLUMN

康复花园

松崎里美（JXDA）

在一个住着许多癌症患者的医院中，人们有时会谈论"康复"这样一个听起来让大家产生联想的词。它让人将其与安宁、希望、再生、变化、和平、绿色、爱心、生长、死亡、苦痛等数不尽的词汇联系起来。至于康复究竟指什么，也是仁者见仁智者见智。随着康复概念变得高深莫测，我们也越发真切地听到，为延续生命而对它孜孜以求的阵阵呼声。

自古以来，人们便以山泉、森林以及某种特殊的岩石或洞穴等作为对象，祈求其保佑自己的健康。人们不仅将这些地方当做歇脚解乏的所在，也是将人客观地看成多少与自然一体、并要重新造就自己的场所。后来，由于人的权威受到自然的挑战，才将自己的地盘圈拢起来。庭院一词，系从英语中的花园和德语中的家庭农场等意义演变而来。庭院是一个被围绕起来、与自然隔绝的安静所在，是理想之乡，唯如此才被用做康复的空间。

医学是从自然科学发展起来、最终成为医疗科学。医疗的对象分为需要康复的"身"和"心"两部分；到了现代，进一步分

为外科、内科、药科、肿瘤科和智障科等多个专门领域，已被细化的医疗设施越来越完善。与此同时，自20世纪90年代以来，被证明行之有效的康复花园也陆续在各家医院建立起来。

康复花园的设计应满足以下要求：
①每天通过解压使病人紧张压抑的心理得到放松，心情安定下来
②通过自主选择增强病人的信心
③尽量让病人保持与外界的联系，以增强其社会身份的认同感
④做些维持身体功能的运动
⑤让病人通过感官欣赏自然

不言而喻，康复花园的关键是植物，要选择那些在科学和心理层面的效果都比较大的品种。然而，植物的魅力也有多种表现形式，或是鲜艳的色彩，或是惹人怜爱的花朵，抑或鲜活生命的跃动感。虽然它不像动物那样活蹦乱跳，可是却在身体内潜藏着某种生命的气息，人则可以将这样的气息转换成自己的能量。因此，在康复花园有着许多关于医疗和安全方面限制的条件下，必须尽量将植物的魅力发挥到极致。一定要选择那些在色、形、声、味、质感和手感上与人的性情相符的植物（照片）。

另一件重要的事是养护的持续性。枯萎或变得难看的植物，说不定会让人意识到自己将来的样子。因此，管理计划是必不可少的。

照片　绿色植物不仅令人赏心悦目，还具有产生负离子的作用，其鲜艳的色彩给人以跃动感

在绿化施工现场不应该做的事

造园业者讲述的土壤内惨状

最近，对于普通住宅，人们都觉得在庭院里摆放植木钵较好。因为在一个被混凝土围起来的地块内，无论日照还是通风的条件，对于植物的生长都很不利。不过，只要建筑的设计、施工、外装和造园从业者通力合作，秉持构建一个好项目的信念，亦可化解这样的问题。为此，笔者根据自己参与造园施工的切身体会，介绍几个每天都可能遇到的问题。

挖开用地表面，下面满是废弃建材

如今摆在造园施工者面前的最大问题是用地内非法丢弃的废建材。特别是混凝土块，在地下埋藏很多（照片1）。除此之外，像配管材料和螺栓螺母之类也屡见不鲜。就地掩埋的混凝土砌块，本来呈现的碱性逐渐变为酸性，成为植物根部枯死的原因。归根结底，这涉及施工者的道德问题，需要建筑设计、施工业者和外装工程业者加强自身的管理。

至于废弃物的处理，因为有施工残土处理业者和产业废弃物处理业者，所以都运至他们那里倾倒。不过，各地所收的处理费用却不尽相同。目前，无筋混凝土块平均30cm以下收费3000～4500日元/t，30cm以上收费5000～7000日元/t；有筋混凝土30cm以下约为5000～7000日元/t。而且，不得不处理含有木屑和铁屑等混合废弃物的情况也不少。如此一来，每运2t要1台车，费用为30000～50000日元。再加上必要的人工费用，实际算下来，业主的负担不少于40000～60000日元。

因含有废弃物之类而变坏的土壤，需要换土改良。我们使用较多的换土，如"含水土壤"（池上公司[*1]）和"IG土壤"（INGS株式会社[*2]）等，都是屋顶绿化用的轻质人工土壤（照片2）。换成这样的土壤之后，植物的根部再也不会伸展到土壤外面去，因此可保持健康生长。

配管和配线的敷设位置出现的问题

实际上，在施工现场内要绿化的地方，敷设着配管的例子并不鲜见。此外，诸如雨水集管未与排水管连接，门厅步道内出现集水孔和生活排水孔，燃气、电气和排水管线全部裸露在地面的情况也很多。这只有由建造住宅的所有业者共同负起责任，才能减少因施工产生的后遗症。因为，即使移动一根集雨管，也会给业主带来超过50000日元的经济负担。

照片1 现场内，从地下挖出的废弃物堆积如山

用地坡度产生的问题

最近常常见到这样的住宅，不知出于什么目的，用培土在靠近房根处堆出坡度。过了几年之后，平台下部等处的土非常潮湿，致使板材腐朽，只好全换成新的。凡在这样的场合，我们都应先采取暗渠配水方式或设置侧沟之类（照片3）。虽然造价存在地区差异，但大体上暗渠约为4500日元/m，侧沟为4000日元/m左右。

此外，即使在普通宅地设置暗渠和侧沟，也利于保持良好的水环境，而且还使构建的环境更适于植物生长和人们居住。

照片2 使用含水土壤进行局部改良

照片3 设置暗渠

百濑守（SOY设计）

*1 池上公司联络方式 TEL：03-3418-5840
*2 INGS 株式会社联络方式 TEL：0289-71-1225

学习改善『空气、水、土壤』环境的施工方法

从宏观角度考虑植物生长环境

矢野智德（杜之会）

笔者所从事的环境改造工程，简单地说就是土壤改良。同人们一般的看法不大一样，我认为土壤与水和空气并不相克，反倒可以相互融合。下面，首先讲讲为什么一定要进行这样的工程。

从植物生长和居住空间角度考虑的土壤改良

对于植物来说，究竟什么样的土壤最理想呢？但凡思考这样的问题，很自然就想到水和肥料，却很少会提到空气。其实，植物即使没有水也不一定立刻枯死。反倒可能出现这种情况：在土壤内因腐败而充斥大量有机气体时，只要一沾水气体便融入水中，植物的根一旦吸入这样的水分，叶子马上打蔫，直至枯死。

我们再以同样角度思考土壤与建筑物及居住空间的关系。整个日本的现状是：海边的混凝土护岸、连接城市与乡村的道路网、城市中心的混凝土大厦……，它们切断了大地的水脉，也严重阻碍了空气的流动，使得土壤中的排水和透气都不顺畅。

虽然雨水可以顺利地渗入地下，可是在混凝土块的重压之下，空气的流动受阻，土中的渗入水也停滞下来。在土压和水压的共同作用下，土壤渐渐板结，最终导致土中的雨水渗透效果十分低下。因此，在遮断水和空气流动的人造结构物周围，有必要构建出透气和排水的网络，其总的通过效率应与水和空气被遮断的量相当，以此确保排水和透气始终处于稳定状态。这即是我们在此讲述的土壤改良的一大重点。

用大、中、小、微环境做调查

工程开始前首先要做环境调查。调查项目如下：①表层地质、②土壤（构成表层地质的上部）、③地形（由表层地质和土壤形成）、④动植物状态、⑤用人的生活状态五要素分类。与此相对，以⑥水（水脉、雨、水蒸气等）和⑦空气（气流、风等）两大要素分别为坐标的纵轴、横轴来考察它们之间的关系。然后，再将这7个要素分别按照大环境、中环境、小环境和微环境的顺序进行调查（图1）。

图1 为实施环境改造工程所做环境调查项目

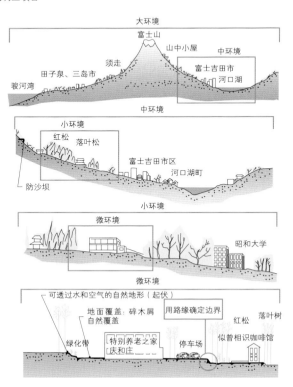

7个环境要素：①表层地质、②土壤、③地形、④动植物状态、⑤生活状态、⑥水、⑦空气

① 大环境
调查区域、县、地方范围各类环境的要素。参照十万分之一和百万分之一地图。如富士山区域、静冈县、山梨县

② 中环境
调查市、町、村范围各类环境的要素。除万分之一地图外，亦可参照五万分之一和两万五千分之一地图、城市规划图、土地利用现状图以及土地分类基本调查图等。如富士吉田市周边、富士山脚野生林地

③ 小环境
调查街区、里弄范围各类环境的要素。参照街区图和里弄平面图。如上吉田街熊穴、现场的特别养老之家周边

④ 微环境
调查居住环境及其周边地区范围内各类环境的要素。参照现场土地整理前地形图、开发规划图、平面布置图、基础钻探图等。本例为现场地块内

图2 环境改造工程（富士吉田市例）

网状栅栏
栅栏挡土墙
透水性沥青铺装
碾压造成土壤

透气土壤

临界稳定处理
投入火山岩碎石、PC碎石、透水性沥青、干枯的树根和枝干等。在埋入地下的树根和枝干朽烂的同时，周边的植物生出新根，承受着土压，形成透气的法面

③
① ②
③

邻地边界线

法面稳定处理
与挖土混合，重新将地貌造成像山谷和山脚那样的自然起伏形态。而且栽下的植物用根维护着土壤层，以确保被整地碾压而遮断的透气性。再用碎木屑将地表自然覆盖

泥水（微粒土壤）
渗透雨水
有机气体（主要是碳酸气）

①沿临界处挖开 1.5 ～ 2m 宽，②将树干铺在①的上面 放入作为透气材料的烂树根

③地块表层稳定处理。地表铺碎木屑，以利于雨水渗透，并可抑制泥水

环境改造工程的内容

这里，我们还将根据事例对环境改造工程的内容加以阐释。我们承接过的工程，有一个是在山梨县和富士吉田市的红松林中建造的、名为"似曾相识"的咖啡店兼画廊。与此相邻的地块（位于更高处），建有特别养老之家"庆和庄"。由于土地整理、人造结构物的重压和气脉被遮断，大地的透气结构崩溃，到处都发生瘀阻现象，生成腐败的气体和水分，破坏了生态系统。因而，也逐渐殃及红松林。为改变这一现状，开始实施"临界稳定处理"和"法面稳定处理"工程（图2）。

（1）临界稳定处理

"临界"系指用地的边界线一带。首先沿边界线处挖开约1.5m宽的侧沟，投入1m左右长的根须（伐采时砍掉的）；再将光树干（长4m左右）铺在上面，缝隙间填入破碎的火山岩渣、RC碎块和透水性沥青的混合物，以加强整体骨架。据此构成透气层，使地面的水和空气在地下循环更加顺畅。

（2）法面稳定处理

接着再处理平整土地时由培土构成的法面，用挖土重新造成类似山谷和山脚状的起

伏地形。而且，利用栽下去的植物（常绿树与落叶树混植）根部维护土壤的结构，再用自然状态的碎木屑将地表完全覆盖起来。过了一段时间，随着周边植物的根不断生长，表土被固定，从而使整个法面形成具有透气性的稳定结构。

希望环境改造工程得到推广

土壤改造工程所需费用多少，会因土壤已恶化的程度以及要将其改良到何种程度而有很大不同。以笔者参与的项目为例，作为参照系，可将改造对象地面分为深层、中层和表层3种类型。然后，再从截面制定施工方案。而且，还要通过对现场状态与预算的对比，考虑该从3层中的哪一层着手改良工程。如果能估计出彻底改造工程的预算，应从深层开始；在无法估计预算多少的情况下，则应考虑从表层部分开始改良。至于费用，包括设计、材料和工时，可认为与建筑设计费用相当。至于现场的暂设工程之类的费用，完全可以忽略不计。

环境改造工程成功与否，取决于是否能够全面征求意见，要边干边听取各种反应，让工程与环境互动。哪怕构建只有一棵树的环境，从宏观上讲也须对环境了如指掌。尽管我们要面对很多现实问题，诸如对改善环境的认识等，但是，仍然迫切期待能够开辟出一条推广环境改善和定期维护的道路。

〈追记〉

在这之后，我们迎来一个"空气和水的环境改善"的新局面。

最终寻求的途径是，由于造成土中空气停滞的根本原因是不断发生的泥水堵塞了土壤中的缝隙，解决这一问题的必然选择便是充分利用产自天然有机物的木炭。

技巧
1

先从这里着手！绿化植物基本配植方法

掌握树木栽植的基本原则

山崎诚子（日本大学短期大学部）

树木给人的感觉，不仅是栽下去的植物，还会因栽植方法的区别而给人留下不同的印象，如加强了空间的纵深感等。而且，由于配植密度会影响到植物的生长，因此应保持最低限度的必要空间。下面，我们将对绿化的基本配植原则加以说明。

树木的排列（配植的基础）

如果栽植树木排列得很整齐，往往会让人觉得空间变狭窄了。这是因为，当以相同间距栽植大小一样的树木时，空间被切分成均等的部分，再也见不到较之更大空间的缘故。尽管在地块较大的欧美地区，一般都采用这种形式，可是在用地有限的日本，则需要想办法如何从视觉上延伸空间。在考虑树木大小和树木形态的同时，也应该设法让树木的间隔有一定变化（图1）。

展现自然风格的杂木庭院，也需要在栽植前进行设计，充分考虑到配植结构问题。即使天然森林，生长中的树木之间也有一定距离，似乎见不到完全成一条直线排列的（图2）。

常绿树与阔叶树混合栽植

常绿树与阔叶树搭配起来，可营造出立体感。著名的秋田县角馆的垂樱，仅从樱树的角度去看，并无出色之处。可是，因其贴近黑色外墙和常绿树木红叶的背景，那浅淡的樱花颜色被映衬得格外鲜明。假如采用这样的手法构建一个生着鲜花和红叶的庭院，以常绿树木的绿色作为背景，将鲜花和红叶置于背景的前面，便会展现出不同植物的特色，从而成为一座被立体绿化的庭院（照片1、2）。

绿化的密度和间隔

下面具体介绍树木配植的基本密度和间隔。

图1 树木的配植（栽植方法与纵深感的关系）

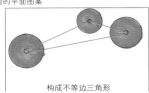

显得广阔的平面图案

构成不等边三角形

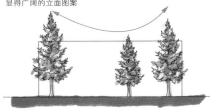

显得广阔的立面图案

改变树木形状，采用不同间隔配植。形成扩展空间的线条

显得狭窄的平面图案

多于3棵树排成一条直线

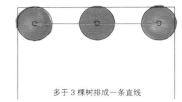

显得狭窄的立面图案

相同的形状和尺寸的树木以同样间隔排列

图2 多于3棵树木的配植（整齐排列和随意排列）

整齐排列的图案

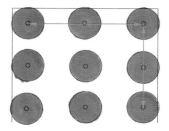

多于3棵树木等距排成一条直线

随意排列的图案

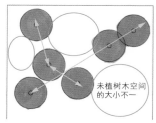

未植树木空间的大小不一

多于3棵树木不排成一条直线

（1）采用杂木风格绿化

天然森林中的树木间隔从 2.5m~4m 不等。假如采取杂木风格进行栽植的话，除了要构建出总体形象，还应使树木之间大体保持 3m 左右的距离。这并不是把一棵棵不同的树木排列起来，而是要将同类树木做一定程度的集中后再进行栽植，以营造出更丰满的氛围。

（2）用行列树和独立高木绿化

行列树以及要作为独立树突出显示的高木，为了使叶展与树高相同，最好将树木的间隔设定到树高的程度。如可长到 5m 高的树木，树干之间的距离也应在 5m 左右。不过，由于绿化时叶展还未发育到这样的程度，因此不妨按树高的 70% 设定树的间隔。只是要不了几年，树木的叶展可能交接在一起。假如并非作为独立树处理、而是展现平面绿化效果，树木间隔可按树高的 50% ~ 70% 设定。

（3）低木和地被类的绿化密度

尽管与所用树木大小有关，不过，作为标准掌握的密度则如表 1 所示。如将密度提高到这些尺寸之上，则接近于绿化植物的完全长成形态。过了几年之后，相互交织在一起的树木便到了应该修剪和间伐的阶段。反之，如将密度设定在表中尺寸之下，虽然最初 3 年显得稀疏，但只要 5 年左右，一棵棵树木便会长大，形成丰满的绿荫。

照片 1　常绿树雪松前面的玉兰（京王百花园 / 安居房）

照片 2　水渠两边成行栽植的玉兰（京王百花园 / 安居房）

确保树坑尺寸

栽植树木，需要树坑具有最低限度的面积。这一面积相当于树木根的大小与客土部分的总和。长不大的树木可以植于狭窄的地方，因为其根部所需面积有限。那些将长得很大的树木便要选择宽阔的地方，以利于它的根系向周围自由伸展（图 3、表 2）。

表1 主要低木和地被绿化密度表

高度	形态	树种名称	形状尺寸			平均密度（株 /m²）	高密度（株 /m²）	低密度（株 /m²）
			高度	叶展	容器直径			
低木类	常绿阔叶树	大花六道木	0.6	0.4	—	4	6	3
		小叶山茶	0.4	0.5	—	4	5	3
		紫杜鹃	0.4	0.5	—	5	6	4
		海桐花	0.6	0.5	—	4	5	3
		平户杜鹃	0.5	0.5	—	4	5	3
		芦荻	0.5	0.4	—	6	9	4
		桂竹	0.6	3株簇	—	4	6	3
	落叶阔叶树	八仙花	0.5	3株簇	—	3	5	2
		绣线花	0.5	3株簇	—	6	9	4
		灯台树	0.8	0.4	—	4	6	3
		绣线菊	0.5	3株簇	—	4	6	3
		连翘	0.5	3株簇	—	4	6	3
地被类	常绿	毛竹	—	发3芽	10.5cm	44	70	25
		蝴蝶花	—	发3芽	10.5cm	36	64	25
		球柳	—	发5芽	7.5cm	44	70	25
		富贵草	—	发3芽	9.0cm	36	64	25
		紫金兰	—	发3芽	10.5cm	36	64	25
	藤类（用于地被）	常春藤	L=0.3	3株簇	9.0cm	25	49	16
		加那利常春藤	L=0.3	3株簇	9.0cm	16	36	9

图3 根团尺寸测量方法

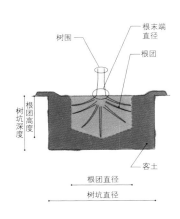

表2 根团、树坑尺寸表

树围（cm）	基本标准尺寸								栽植标准尺寸				
	根末直径（cm）	根团直径（cm）	根团高度（cm）	树木高度（m）	树坑容积（m³）	根团重量（t）	根须重量（t）	树木重量（t）	树坑直径（cm）	树坑深度（cm）	树坑土量（m³）	回填土量（m³）	残土数量（m³）
25 以上	9.5	51	38	4.0	0.078	0.101	0.012	0.113	93	47	0.318	0.240	0.078
30 以上	11.4	58	42	4.3	0.111	0.144	0.018	0.162	102	52	0.424	0.313	0.111
40 以上	15.2	72	47	4.9	0.191	0.248	0.037	0.285	118	57	0.622	0.431	0.191
50 以上	19.1	86	53	5.5	0.308	0.400	0.066	0.466	135	64	0.913	0.605	0.308
60 以上	22.9	100	59	6.0	0.463	0.601	0.103	0.704	152	70	1.267	0.804	0.463

《公共住宅户外美化工程概算标准 1996 年度版》（监修：建设省住宅局住宅建设科 编辑：公共住宅业者联络协议会 出版：创树社）

* 因 1996 年度版如今已不再使用，故仅供参考。

适应环境、利用环境的绿化方法

调节日照、水和风

山崎诚子（日本大学短期大学部）

当绿化需要考虑环境时

地球持续变暖，气候变化正在世界范围内发生。高楼林立、绿地减少和铺装面增加等，是形成城市特殊气候的主要原因。局部气候给地块带来的各种影响，有的让该地块利用者感到舒适，有的则让其感到不舒适。因此，绿化也必须根据微气候等用地固有的环境条件来设计（参照 28 页）。理想的绿化不仅能够适应环境，而且还具有构建新环境的能力。我们的目标就是在保持这两种能力平衡的基础上，营造出更好的空间。

适应太阳的绿化

（1）了解太阳的活动

虽然太阳的高度因地而异，但无论在任何地方这一点上都一样：相对于夏季阳光的直射，冬季阳光则以较低的角度斜射（图 1）。因此，夏季日影短，冬季日影变长。冬季里，从南侧窗子进入房间的阳光，与夏季相比，会照到更深的地方。

（2）用好落叶树

利用太阳最简单的方法是栽植落叶树。夏季，落叶树可提供绿荫；冬季，叶落后阳光又能从枝杈的缝隙透过（图 2）。如果能在冬季利用太阳能取暖，还节省了采暖费用。

问题在于将树木栽到什么位置。一般情况下，因整个夏季日影都落在建筑物南侧，故在距建筑物 6m 的地方应栽植高 10m 以上的树木；间隔 3m 的树木，高度应达到 6m（图 3）。栽植场所距建筑物多远合适，应视要求的树高而定。而且，由于周围环境的影响，实际日照不一定完全与理论数据相同。因此，数学公式只是一个参照的指标。不管其他事情做得如何，只要充分考虑到这一点，便可让天然能源在绿化项目中得到有效利用。还有，即使阳光从裸枝间穿过，也会损失 25% 的能量；为使能量得到充分利用，最好能够了解冬季太阳的高度，修剪树木的下枝。

图1 各季节太阳高度冬季

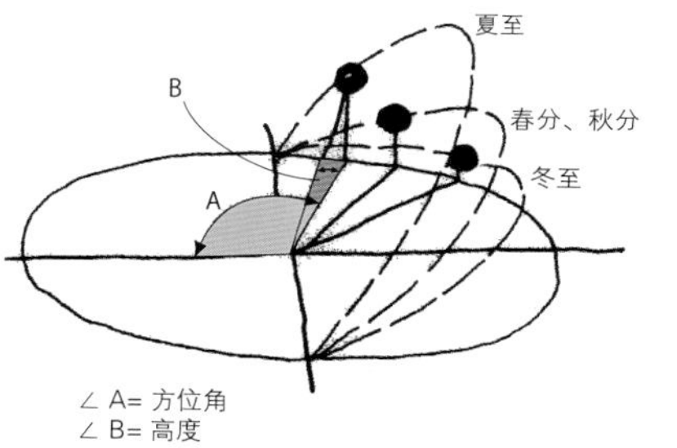

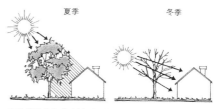

∠ A= 方位角
∠ B= 高度

图2 落叶树绿化效果夏季

夏季　　　　冬季

有计划地栽植落叶树，夏季可遮住灼热的阳光，冬季又能让阳光透过

图3 树木高度与栽植位置的关系

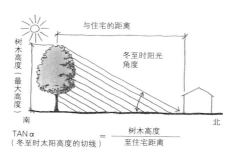

与住宅的距离

树木高度（最大高度）

冬至时阳光角度

南　　　　　　　　　北

$$TAN\alpha（冬至时太阳高度的切线）=\frac{树木高度}{至住宅距离}$$

图4 树木修剪方法

要修剪的树枝

（3）用好常绿树

常绿树的树枝全年生有叶子，可用于功能性（如遮蔽等）绿化。如栽植于建筑物南侧，应同落叶树一样根据冬季太阳高度调整，以免妨碍阳光的照射。而且，当长得过大时要进行修剪。

（4）绿荫的调节

枝杈稠密的树木，由于内部的蒸发作用，从里面的叶子开始逐渐打蔫，显得状态不佳；或者形成一个超出需要的过大树荫。这时，可以用修剪树冠*的方法调节绿荫的浓度（图4）。最好每隔2~3年便疏枝一次，通过伐旧更新促进树木苗壮成长，不仅使形态更加完美，而且变得越发健壮，以增强抗风暴的能力。

（5）适合城市的树木

假如树木越高、距建筑物越近，那么，不仅窗子，连屋面都会落上阴影。而且，栽植树木距建筑物太近也将带来害处。譬如，生长迅速的树木，其根系可能伸入配管里去，树的木质也软，很容易被强风吹倒。因此，应避免将树木植于贴近建筑物的地方。

树荫落下的方式因树种而不同（图5）。有的树木枝繁叶茂呈高柱状，但树荫并不太大；也有的树木长得并不高，可是叶展却很大。在冬季里，高柱状树木要比大叶展的低木落在建筑物上的阴影面积更大些（表1）。这样的树木，很适合在城市有限的空间里栽植。不过，其叶展要长到1m左右也需要很长时间，在此之前绿荫始终很小。因此，如果对绿荫大小有一定要求的话，则应该选择那些栽下去叶展就较大的品种，并要适时做疏枝之类的处理。

（6）具有城市特色的绿化

在城市中，人们比较喜欢那种叶子不多的杂木类树木，即便相同品种也以丛生树木为首选。前者通透性强，用在有限的空间里也可营造出透视效果；后者除具有同样作用外，与单株树木相比还具有更多特点，如不易长高等，似乎亦为设计者所偏爱。然而，用地的目的和环境形形色色，没有万能的树木。归根结底，还是要从选择适合目的的树木着手（表2）。

（7）减轻暑热和光害

结缕草、沿阶草、小长春花和富贵草等地被类具有祛暑解郁的作用。植物通过光合成大量消耗所吸收的日照辐射光，再将水分蒸发掉。由于绿化面比铺装面反射的阳光少，因此人不再感到闷热；同时，蓄积在地下的热量也较少。与地被类相比，树木的冷却效果更显著。不过，地被类覆盖的地面也具有图6那样的优点。

保护水的绿化：节水型园艺

节水型园艺是个系统概念，特指在通过栽种植物进行美化的空间里对水的保护。1981年，美国科罗拉多州的丹佛最早采用该方式。节水型园艺（Xeriscape）的英文单词常被拼错或读错，它系由希腊文的"干燥"与"景观"组合而成。多数人对这一术语感到陌生，美国也处在推广过程中。

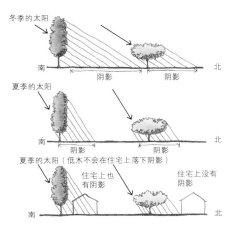

图5 不同树形产生的树荫也各异

冬季的太阳
南　阴影　阴影　北

夏季的太阳
南　阴影　阴影　北

夏季的太阳（低木不会在住宅上落下阴影）
住宅上也有阴影　　住宅上没有阴影
南　　　　　　北

表1 圆柱状树木列表

主要植物
英格兰栒 "四姊妹"
银杏 "四姊妹"
白杨 "柏槙"
大岛樱 "天河"
大岛樱 "劳森龙柏"
糖槭 "科鲁姆那"
榆 "绿毡"
挪威槭 "科鲁姆那"
红枫 "科鲁姆那"

表2 分别适于朝阳和日阴处的植物表

日照	树木	低木	地被类	草花
朝阳	美洲椴	烟树	牛至	薰衣草
	小菩提	小檗	万年草	荆芥
	四照花	大花六道木	狼尾草	百子莲
	橄榄	金宝树	大岛寒菅	友祥菊
	樟	全缘杜鹃	金钱草	黄雏菊
	白柞	柃木	牛至	钓钟柳
	鸡爪枫	八仙花	莎草	秋牡丹
	野茉莉	棣棠	风知草	百合
背阴	小叶椴	草木瓜	壶珊瑚	落新妇
	黄心树	桃叶珊瑚	紫萼	萱草
	冬青	荚蒾	富贵草	老鼠簕
	铁冬青	小栀子	吉祥草	圣诞蔷薇

注 此处所列为该树种之一例

图6 不同表面材料的热吸收效果

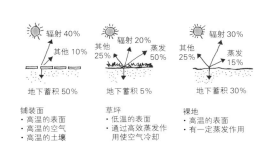

辐射40%　其他10%
地下蓄积50%
铺装面
· 高温的表面
· 高温的空气
· 高温的土壤

辐射20%　其他25%　蒸发50%
地下蓄积5%
草坪
· 低温的表面
· 通过高效蒸发作用使空气冷却

辐射30%　其他25%　蒸发15%
地下蓄积30%
裸地
· 高温的表面
· 有一定蒸发作用

※ 树木的整个枝叶部分

既然是节水型园艺，单从词汇的构成，脑中就会闪过由大漠、仙人掌和丝兰组成的干旱地区景象。最近，又出现很多诸如 "Water Wise = 明智用水" 这样的词汇，代替了节水型园艺的说法。而且，还将少灌水也可生长的植物称为 "明智用水植物"（表3）。二者的本质都是：任何地区均将水资源的有效利用当做头等大事，了解植物机理后再合理运用。类似的实践活动，正开始在美国各地推广。水务局和水利局等与水供给有关的部门（也有被委托给民间机构者），应掌握 "水是有限的资源，应加以保护和有效利用" 的原则，并将这样的理念贯彻到建筑设计师、景观设计师和装潢设计师中间去。

另外，日本高温潮湿，在气候分布上属于温暖湿润气候环境。过去，日本人始终认为自己国家的水资源很丰富，其实这是一个误解。日本的人均水资源蕴藏量，全年约 3200m³，不到世界平均数的一半。这其中，能够用在绿化管理方面的水资源十分有限。在酷暑难耐的今年，街道两边的落叶树，一部分叶子已经枯萎飘落，屋顶上满布枯叶的景象随处可见。如果希望绿色将我们的生活装点得更加多彩和舒适，便应该在考虑植物生长环境的基础上保持其绿化效果。

节水园艺手法

节水园艺在从前的设计程序中增加了水管理项目。主要内容是，对用地内的水来自哪里流向何处去、以及雨水和自来水等在流入雨水管和排水管之前的水循环周期了然于胸，尽可能在用地内保存更多的水量或迟滞水的流出。而且，要利用这些水来维持植物的美观。通过用水量与植物耐干性相结合，会产生多种多样的形式，因此节水园艺远不是那种看一眼就明白的固有手法。只是，无论在哪个地块里，水的使用量都要控制在所需要的程度上。在水的保全方面，离不开用于雨水渗透贮存系统的透水性铺装材料、用于集水贮存系统以及应对集中暴雨的分流和排水设计。基本要领就是，根据各种植物所需水分的多少，划分成高、中、低3组，然后再将其置于微气候、绿化目的和维护管理3个条件之下，斟酌该将哪一组做怎样的设计。这并非意味着采取那种极端的做法：一点儿水都不灌或完全不用维护管理。既要适度灌水以维持植物生长、但又不浪费水的那种设计，才能称为节水园艺（照片）。实践证明，即使在夏季持续高温的环境中，利用节水园艺手法亦可维持一个优美、健康和舒适的空间。

任何人实施节水园艺都应坚守以下7个原则：
①做规划设计时要考虑到水的维护问题
②根据土壤现状适合植物的程度，决定是否需要通过改良提高其保水力和保肥力
③因草坪所需水量较多、对管理的要求也很高，故应尽量减少其面积，选择那些管理比较简单的形式
④引入自动灌水系统可以使灌水适当且效率很高。应根据不同的植物、环境、土壤和季节改变灌水器具的种类和灌水方式
⑤选择适应气候特点的植物，逐一配置必要水量
⑥为防止土壤中水分蒸发、抑制浸蚀、防御杂草和根部保冷，采取地膜覆盖措施
⑦定期维护管理
依循这些原则，接着再介绍几个利用节水园艺改造私人庭院的例子（图7）。

（1）对要达到的目的加以归纳

书面整理出拟设计地块的相关内容，诸如希望实现的用途（目的）、管理工时多少、怎样进行水管理和采取何种形式等。水管理问题自然也是考虑的重点。规划之前的用地，前后院都铺满了草皮，但因消耗水量很大，使维护管理变得十分困难，已被彻底废弃（图7①）。

（2）现状分析

鉴于上述，进而对用地现状作出更详尽的分析（图7②）。首先，调查了日照（颜色编码部分）、冬季风、自住宅向外的视野和自邻舍向内的视野等，诸如此类的微气候和环境条件。然后，再了解现存绿化植物的情况。调查表明，相对于用地的水环境，草皮的栽种确实多了些。加利福尼亚大学经过研究得出结论，如将草坪的用水量设定为8，则树木的用水量为5，低木和地被类仅为4。尽管树木会因叶子的蒸腾作用而消耗大量水分，但是这也为人感到舒适作出了贡献。此外，如同图7②中的石楠和高山植物那样，假如将植物栽种于不适宜的场所，也会消耗更多的水分，并且往往生长不良。因此，有必要改变这种状况。

表3 明智用水植物

分类	主要植物
常绿高木	红皮云杉、科罗拉多冷杉、松
落叶高木	峡谷枫、橡、鹿子木槭、榆、刺槐、布拉福德梨
常绿低木	枸子属、垂岩杜松、桂竹、火棘属、欧卫矛、丝兰
落叶低木	花式部、软木女贞、理智密蒙花、绣线草、烟树、小檗、紫丁香
多年生草	蓍草、天人菊、高拉、德国鸢尾、红缅草、钓钟柳
一年生草	加州罂粟、别春花、紫罗兰、向日葵、马齿苋、墨西哥罂粟、矢车菊
藤类植物	英格兰常春藤、铁线莲、金银花、常春藤、藤、葡萄

照片 借清理因病干枯树木之机，再次规整使其焕然一新；草坪与花卉给人完全不同的印象

图7 节水园艺设计及其手法

① 规划前

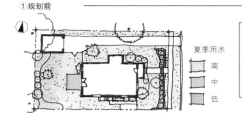

大体上可考虑用 3 个阶段设计节水园艺。其中的②，系调查用地的微气候等当前存在的问题。③则分别考虑各区块不同的规划概念，并将夏季用水量因素加入其中。④以各区块概念为基础，决定具体绿化方案

夏季用水
高
中
低

② 现状调查

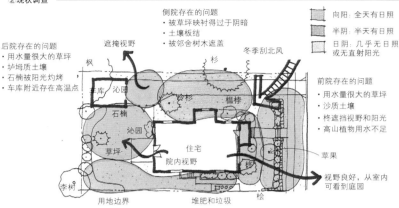

侧院存在的问题
·被草坪映衬得过于阴暗
·土壤板结
·被邻舍树木遮盖

向阳：全天有日照
半阴：半天有日照
日阴：几乎无日照或无直射阳光

后院存在的问题
·用水量很大的草坪
·垆坶质土壤
·石楠被阳光灼烤
·车库附近存在高温点

遮掩视野
冬季刮北风

枫　杉
车库　沁园
哈杉　�
石楠
沁园
草坪
住宅
院内视野
苹果
杉
李树
用地边界　堆肥和垃圾　桧

前院存在的问题
·用水量很大的草坪
·沙质土壤
·柊遮挡视野和阳光
·高山植物用水不足

视野良好，从室内可看到庭园

③ 规划概念

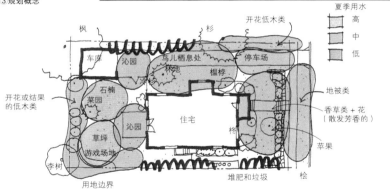

夏季用水
高
中
低

枫　杉
开花低木类
车库　沁园
鸟儿栖息处
林地
停车场
楹楠
开花或结果的低木类
石楠
菜园
沁园
住宅
柊
地被类
香草类 + 花（散发芳香的）
草坪
游戏场地
苹果
李树
用地边界　堆肥和垃圾　桧

④ 绿化设计

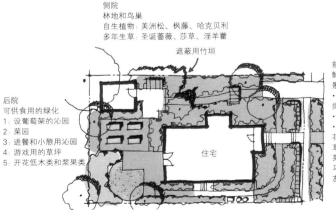

夏季用水
高
中
低

侧院
林地和鸟巢
自生植物：美洲松、枫藤、哈克贝利
多年生草：圣诞蔷薇、莎草、洋羊藿

遮蔽用竹垣

后院
可供食用的绿化
1：设葡萄架的沁园
2：菜园
3：进餐和小憩用沁园
4：游戏用的草坪
5：开花低木类和浆果类

前院
鲜花的芳香和盛开的景象
·挖掉柊使视野更加开阔
·在土壤中掺入有机质
·散发芳香的香草类和花卉类迷迭香、薰衣草、荆芥、景天、黄花菜、金鸡菊
马鞭草、鸢尾花、蓍草、友祥菊

住宅

（3）规划方案

以图 7 中的①和②为基础制定规划方案（图 7 ③）。该例中的前院，将原来的草坪改为栽种地被类、香草和低木等无须在养护上花费太多精力的植物；后院作为游戏场地剩下的草坪也改成管理简单的类型，并安排了一块菜园（这虽然对水的需求较高，但却将不同绿化类型区分开来，更便于灌水和管理），余下部分作为沁园，在其周围用蔷薇之类的开花低木、地被类和多年生草等养护要求不高的植物进行绿化。这样一来，相对用水较多的区块被控制到占全部用地面积的 1/3 以下，维护管理的人力应该重点投向哪里也变得一目了然。

（4）绿化区块的设计

再次确认此前关于现状的分析，并以此为基础使构建的框架进而具体化（图 7 ④）。就是要对草坪、沁园、菜园和其他区块等做出各种形式的设计，以使用水量较大的区块进一步减少。

（5）具体选择植物

下面，我们再将庭院的主题、形式、用水区块和微气候等各种条件结合起来，考虑每个区块该配植何种植物（图 7 ④）。因为总体方案是以减少用水量为目的制定的，所以使用的明智用水植物自然要多些。在菜园区块建个栽种一年生草的花坛，每年须重植 2 次，多少可感受到搞园艺的乐趣。

与风有关的绿化

有了植物，对风的调节就变得容易了。不过，在考虑风的利用和调节之前，首先应该了解以下几点风的性质：

·风向是不容易转换的
·只要不受阻挡，风会一直向前
·风受热则上升
·风遇冷则下降
·风接触到的物体会被冷却

了解用地周围风的状况

其次，我们还应了解吹向用地内的风的特点。在某一地区的某个时期最常刮的风被称为恒风或盛行风。虽然其风向都以离当地最近气象台发布的数据作为参考，可是地区的盛行风与用地一带盛行风的风向不一致的情况也不乏见。这是因为风在建筑物、树木、山丘和峡谷等处流动过程中迂回曲折前进的缘故。

因此，必须对各地块的盛行风逐一进行调查，特别是内院与建筑物之间的地方，往往会形成微气候，对风的调查显得尤为重要。将绑着布条、长1.5～1.8m的数根木杆立在住宅的北、西、南侧以及其他常被风吹到的场所，再牢牢地固定住。在夏、冬季节，最好每隔数周调查一次盛行风的情况。当然，也可参考地方气象台的资料，每天都去现场做调查。甚至从缭绕的香烟飘向何方，以及积雪、落叶和垃圾被风集中在一起的状况，就能推断出风从哪里来、又吹向哪里和止于何处。笔者则使用气象观测仪，测出一定期间的气象数据。

风的调节

知道盛行风的方向后，为了在冬季将住宅与风向错开，可以利用树木和绿篱达到改变风向的目的。夏季，可自微风上风头设风道（通风筒），将风引入住宅及其周围（图8、9）。一般来说，由于冬季阴冷的盛行风和夏季具有冷却效果的微风吹来的方向会有一点儿差异，因此能够进行这样的调节。根据用地大小和所处的气候带，应该将调节重点尽量放在其中的一个效果上。绿化方案则要综合考虑，夏季降低某个场所的湿度、节省空调费用和冬季避开寒风、节省供暖费用，究竟以哪个为主。

滨海地区的强风是常见的问题。在气温非常高的日子里，中午从海上猛烈刮来的强风让人感到很讨厌；到了半夜，风又朝着相反方向吹去（图10）。虽然辐射冷却现象在任何地方都会发生，但是海边则尤为显著。作为防止这种强风的手段，可以用高木和低木营造防风林。然而，需要注意的是，防风林有可能将原本开阔的视野遮挡住，风也将影响林中树木的正常生长，因此不会像期望的那样良好发育。作为一种替代方案，可以考虑使用钢化玻璃和塑料建造栅栏。此外，在树种的选择上优先考虑植物的耐潮性。

风与障壁

风通过障壁时，紧靠障壁背后的地方会出现一个无风带（空气停滞的空间）；而在无风带前后则有微风带产生（图11）。通过设计障壁，可使风向错开，风力也被分散和减弱（图12）。用于防止盛行风的障壁，适合使用常绿树。与落叶树相比，常绿树的防风效果要高出60%左右。

在不适于栽植常绿树的地方，也可以使用小枝较多、叶子稠密的落叶树。在多雪的北方，落叶灌木上积着厚厚的雪，也成为很好的障壁。另外，在那种无法错开风向的场所，由于植物生长条件十分苛刻，凡是用做防风林的坚实树木，栽植之初就不能选择苗木，最好移植长到一定程度的成树。这时，应格外注意移植的时机和方法。

城市中的用地，设防风林似乎必要性不大。可是，在预测到高层大厦周边区域可能有高楼风吹过或有裸露面被冬季北风袭扰的情况时，也要考虑采取防风对策。而且，出于遮蔽视线等外观上的理由，往往都想设置高高的围墙。我们给出的建议是，要注意到这样的围墙是否对通风和采光造成影响。透气性差的场所和空气停滞的场所，湿度会变大，对植物和土壤的健康将产生不利影响。适度的透气性有利于植物苗壮生长，甚至有助于增强植物的美观性。有鉴于此，在设置围墙时要仔细斟酌其材质和造型，在混凝土砌块、砖墙、木栅栏、铁栅栏和绿篱等种类中做出选择。

植物所受风害及其对策

风从植物枝叶夺走水分。非耐寒性植物和易受风害的植物，只要遭到风袭枝叶便会干燥，可能发生小枝和新芽的枯萎病或导致损伤。而且，浅根性树木还有被风刮倒的危险。一般情况下，生长越快的树种，其木质越软，其中一些特别容易受伤，如银叶枫、白杨、柳、阔叶柳、椰榆、百合等。这些软质树木，不可植于建筑物附近，以免倾覆后对建筑物造成威胁。此外，还要采取将小树植于建筑物与大树之间的方法。这样，即使大树一旦倾倒，也将在砸到屋顶造成严重后果之前先被小树承接住。当然，此处栽植的小树不能选择那些软质的树种。

植物在经常受到风侵扰的情况下，所需要的水量也将增大。而且，如

图8 引入风·岔开风

引入风

岔开风

图9 风的灌入·风的抽出

风的灌入

可将风抽出的结构

果不能及时补充水分，便会像沙漠植物那样生长十分缓慢，干和茎长得很粗，叶子却发育得很小。在比平时长得低矮的情况下，还要开花结子、繁衍后代，因此承受着很重的负担。在高温干燥的场所，会加剧这一现象的发生。在城市的行道树和屋顶花园等处，这样的现象屡见不鲜。这或许说明，连植物自己也知道在那样的地方活不长久的缘故吧。花费很大气力所做的绿化，竟然没活多久就枯死了，还需要重新来上一遍，结果既降低了能耗效率，又增加了支出费用。面对这种境况，除自然降雨外，只能再增加补水用的灌水计划了。

图10 滨海地区风的变化

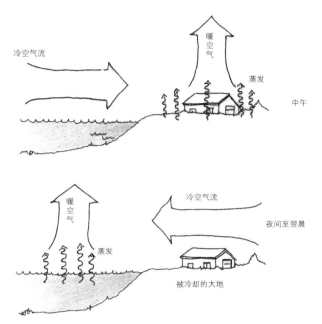

图11 障壁后出现的风势减缓的空间

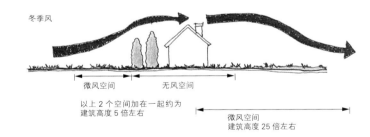

图12 因不同障壁材质造成风的流动差异

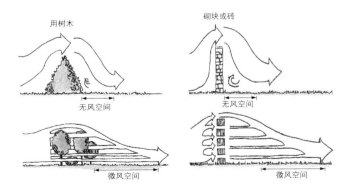

具有遮蔽、防范和防火功能的绿化技巧

山崎诚子（日本大学短期大学部）

构筑绿篱的遮蔽式绿化

想用绿篱将用地围起来，既要遮蔽视线及确保私密性，又要看上去比砖墙和混凝土墙更温馨。下面介绍的绿化手法便可以将这样的期待变成现实。

（1）只用植物个体严密地围住

用高度 1 ~ 7m 的树木构筑绿篱或将其列植，以遮住结构物和障碍物（表）。不过，刚刚栽植下去的树木叶子都比较稀疏，要成为像一堵结实的墙壁那样，还需要 2 ~ 3 年的时间。而且，在遮隐的物体是空调室外机或锅炉的情况下，要避开排出热风部位，相距至少应在 50cm 以上。

（2）高绿篱的功能（3m 以上）

在埼玉县和群马县，为了防御冬季从山中吹来的寒风，大都在用地的冬季风进入方向栽植白柞之类的常绿树作为高绿篱。高绿篱在建成数年后，不仅高度逐渐增加，甚至叶子也会伸展到邻舍院内去。因此，必须设置用于空中作业的管理动线。【推荐树种】土松（照片 1）、伊吹米登、日本伞松、雪松、乌冈栎、珊瑚树、白柞、山桃

（3）遮掩程度与绿化密度

要构筑结实的绿色围墙，栽植的树木应该生有常绿的叶子，树冠多少似伞状（图 1）。假如构筑较厚的绿色围墙，则须栽植 2 列以上的树木；而构筑那种对面依稀可见的绿墙，可少量混植落叶树，或将栽植间距适当放大。

如果绿化带不是很宽，也可以将藤类植物缠绕在结构物上使其成为绿墙（照片 2·参照 99 页）。市场上销售的藤类植物多为直径 9mm 的幼苗，蔓长 30cm 左右。因此，并不适合马上用于绿化较高的围墙。有的藤类品种，幼苗蔓长可达 1m 左右，但是价格要高一些。较密的绿篱，幼苗栽植间距设为 15 ~ 20cm；通常情况下，在 25 ~ 40cm 就可以（图 2）。

考虑到防范功能的绿化

如系以防范不法之徒侵入为目的，其实并无万全之策。不过，绿化也能起到一定的作用。

表 适合绿篱的树种一览

高度		0.5 ~ 1.3m	1.3 ~ 3.0m
密实的	常绿	红豆杉、侧柏、小叶山茶、草黄杨、茶树、中国柊、海桐花、白茶花、芦荻、枰木、平户杜鹃、欧卫矛等	土松、龙柏、伊吹米登、日本伞松、花柏、北美香柏、白柞、青冈栎、犬黄杨、乌冈栎、光叶石楠、木樨、月桂、杨桐、珊瑚树等
	落叶	白丁花、小檗	枳等
稀疏的	常绿	桃叶珊瑚、大花六道木、红花金缕梅等	桃叶珊瑚、夹竹桃、红花金缕梅等
	落叶	伪梅、金雀花、吊钟花、鬼箭羽、火棘属、木瓜、绣线菊、棣棠等	女贞、鸡爪枫、西洋女贞、火棘属、木槿等
赏花的	常绿	大花六道木、小叶山茶、红花金缕梅、平户杜鹃等	夹竹桃、木樨、山茶 *、杜鹃类
	落叶	金雀花、吊钟花、木瓜、绣线菊、棣棠等	木槿等
观果的	常绿	桃叶珊瑚、中国柊、火棘属等	珊瑚树、火棘属、冬青等
	落叶	伪梅、木瓜等	枳等
看红叶的	落叶	吊钟花、鬼箭羽等	罗文、枫等

※ 要注意山茶和海石榴类带有毒素

图1 绿篱和列植的间距

标准绿篱间距

1m 长 3 棵

每 1m 长栽植 3 棵高 1.8m、叶展 0.4m 的树木。如选择叶子稠密的苗木栽植、并且间距适当，一开始就可形成绿墙

近似列植的绿篱间距

1m 长 2 棵

每 1m 长栽植 2 棵高 1.8m、叶展 0.4m 的树木。虽间距较大，但只要植物生长条件适宜，过 3 年左右间距便会填满

照片 1　用土松筑成的高篱

在加宽绿化带（两层以上）构筑绿篱时，也要将支柱的间隔缩小，或将支柱造成方框状。这样，外人便不容易通过绿篱钻进来（图3）。而且，一些带刺的植物更会增加拨开的困难，使侵入者望而生畏。因此，提高栽植密度是个有效的方法。【推荐树种】野蔷薇、玫瑰（温暖地带不适宜栽植）、火棘属、木瓜、小檗、柊、南天竹。

可防止火灾蔓延的绿化

从阪神淡路大震灾发生时树木阻挡火势得到启发，人们懂得了树木可起到防止火灾蔓延的作用。可以说，那种有着稠密而又富含水分叶子的树种，效果会更加显著。在平面布置上，将绿化带设在那些风一吹便会落火星的地方，或者靠近邻舍的部分。绿化树木的叶子要十分繁茂，可一直伸展到建筑物的二层。【推荐树种】银杏、竹柏、桃叶珊瑚、粗构、木槿、白柞（照片3）、夹竹桃、杨桐、山茶、珊瑚树、弗吉尼亚栎、小叶榕、海石榴类、虎皮楠等。

容易养护的绿化方式

在养护方面无须花费太多精力的绿化，大体上可分为以下3种类型。

（1）以常绿树为主体的绿化

由于树木是以一年为一个生长周期，因此要比草花长得慢。其中的常绿树比落叶树的生长还要慢。要让树木长期保持一定的体量，最好采用以常绿树为主体的绿化方式。

（2）以针叶树为主体的绿化

针叶类病虫害少，生长比较慢，即使开花结果后也没什么变化。因此，可以说是管理简单的树种（照片4）。

（3）以外行也能管理的植物为主体的绿化

如果是剪枝不需要技术的树木，那么只要愿意随时都可收拾，也可以说不需要怎么管理。剪枝的技巧，在于修剪的时机和修剪的部位。落叶树在叶落时进行，常绿树的剪枝要避开酷暑和严寒季节。在剪枝还不熟练的情况下，可以专挑突出的枝和过密的枝剪掉。下面试举耐剪枝庭院树木的例子。【推荐树种】观叶树种／粗构、犬黄杨、光叶石楠、柃木、正木、利兰桧、矢车菊。观花树种／梅、木槿、海仙花、木槿、八仙花、梾木、大花六道木。观果树种／落霜红、火棘、紫式部、山樱桃。观彩叶树种／鸡爪枫、吊钟花、大叶黄杨。

照片4　针叶树花园。叶子呈现明亮的欧洲金颜色。树冠成铅笔状的不同叶色的针叶树立体组合搭配。将树叶纤细、树形花朵

照片2　使用卡罗来纳茉莉的墙面绿化

照片3　使用白柞的防止火灾蔓延绿化

图2 使用藤类植物构筑绿墙　　　　　**图3** 采用方框栅栏作支柱的方法

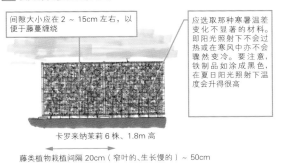

间隙大小应在2～15cm左右，以便于藤蔓缠绕

应选取那种寒暑温差变化不显著的材料。即阳光照射下不会过热或在寒风中亦不会骤然变冷。要注意，铁制品如涂成黑色，在夏日阳光照射下温度会升得很高

卡罗来纳茉莉6株、1.8m高

藤类植物栽植间隔20cm（窄叶的、生长慢的）～50cm
（大叶的、生长快的）

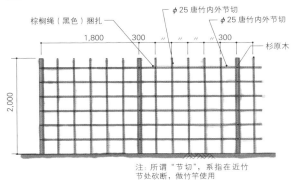

注：所谓"节切"，系指在近竹节处砍断，做竹竿使用

技巧 4

与用地形状和特殊环境对应的绿化

充分利用狭小地块、坡地和室内等特殊环境

山崎诚子（日本大学短期大学部）

狭小地块的有效绿化

这里介绍一下在狭小地块内有效进行绿化的技巧。

（1）构筑纵向狭长的绿化带

这是一种适于3层木结构建筑、树木直抵三层部分的绿化。在这种情况下，空间应满足栽植高度5m以上树木的要求；尽管直径因树种而有不同，但通常在2m左右。因栽植时多少有些勉强，故每隔1～2年都要做修剪处理。

①阳光充足的地方：孟宗竹

竹类植物单株占有面积很小，因此适合用在狭窄的地块上（图1）。不过，因常会在意想不到的地方长出竹笋，故在栽植范围已被限定的情况下，便须事先使用根茎调节材料＊进行处理。而且，竹类植物每隔7年便有根茎增殖，并从新的地方钻出。因此栽植伊始，即应预见到几年后的状态。

②日照不好的地方：银杏

树形纵向细长，非常耐修剪，具有很强的萌芽能力。因此，树形易于休整，很适合狭窄地块栽植。此外，还推荐美国崖柏、利兰桧、针叶类等。

（2）绿化平时不使用的停车场空间

还有一种方法，是在铺装表面的中间植入草皮或地被类，形成"铺装兼绿地"那样的绿化带；只是成功的例子并不多。究其原因，主要是日照不足和管理难度大。按理说，最好避免在日照不足的地方栽种草皮。符合此类绿化的条件主要是昼间停车场空间，并以那里每周有一半时间是空着的作为前提。然而，停车场空间即使有良好的日照，亦因绿化部分位于铺装表面中间，成为狭窄的一条，栽植起来比较困难，加之容易干燥，必须经常浇水。此外，也无法使用除草机修整，只能靠手工作业。还有一种方法是，连续栽植抗晒或耐阴的地被类植物构建出绿地。

在停车空间进行绿化时，要考虑到轮胎轨迹问题，不能让绿化覆盖全部地面（图2）。即使草皮不怕踩踏，也经不住汽车轮胎的反复碾压。【推荐树种】圆柳、常春

图1 纵向细长的绿化方法

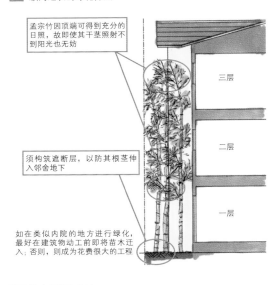

孟宗竹因顶端可得到充分的日照，故即使其干茎照射不到阳光也无妨

三层

二层

一层

须构筑遮断层，以防其根茎伸入邻舍地下

如在类似内院的地方进行绿化，最好在建筑物动工前即将苗木迁入；否则，则成为花费很大的工程

图2 停车场绿化方法

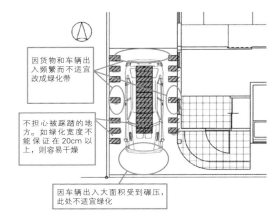

因货物和车辆出入频繁而不适宜改成绿化带

不担心被踩踏的地方。如绿化宽度不能保证在20cm以上，则容易干燥

因车辆出入大面积受到碾压，此处不适宜绿化

图3 沿道路构建开放空间的绿化方法

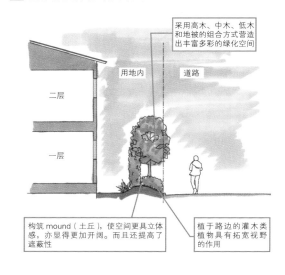

采用高木、中木、低木和地被的组合方式营造出丰富多彩的绿化空间

用地内　道路

二层

一层

构筑 mound（土丘），使空间更具立体感，亦显得更加开阔。而且还提高了遮蔽性

植于路边的灌木类植物具有拓宽视野的作用

＊所谓根茎调节材料，系指缠裹根部的无纺布，里面注有防止根部生长的药剂

藤类、剑兰（包括斑点剑兰）。

另外，在停车空间上部，也可以采用藤架等方式进行绿化。不过，这样的绿化方式也往往会带来诸如滴落树液、飘下枯叶以及藤架上野鸟的粪便污损车辆等问题。

沿道路两侧构建开放空间

道路两侧不以栅栏或挡土墙围绕，而是采用大小不同植物的组合方式筑成一道温馨的绿色墙壁。这样的绿化，不仅能够确保对应环境的私密性，还可营造出开放的氛围（图3）。

法面绿化

仅限于法面坡度适宜绿化的地方。绿化施工的难度和管理上的方便程度，则是其关注的重点。

（1）栽植高木，地块坡度应不大于15°，树高则不超过2m

高木可植于坡度不大于15°的法面上，要给进行斜面栽植的工人留出足够的作业空间。由于在斜面搬运十分困难，因此如系高木，应选择高2m左右的苗木级植物。

（2）栽植低木，地块坡度不大于30°

只要法面坡度小于30°，即可用于栽植低木。不过，坡顶（法面上部）和坡根（法面下部）的含水条件不同，坡顶更容易干燥，因此应栽植更耐干旱的植物（图4）。

（3）栽植地被类，地块坡度不大于45°

主要问题在于应将管理做到什么程度合适。凡坡度不超过45°的法面，均可使用地被类植物绿化。然而，因其坡度较陡，故栽植和管理作业都伴有一定危险。为此，应该选择如结缕草之类施工容易、管理简单的植物。

在室内生长的植物

室内环境全年温差变化不大，比较温暖，直射阳光又进不来，可以说很适合热带地区树林下的植物（所谓观叶植物）生长，只要能将室内温度保持在10℃以上，就没有一点儿问题（图5）。下面举几个在管理上较有乐趣的观叶植物例子。【推荐树种】树高1.2～2.5m/南洋杉、小果榕、观音竹、变叶木、咖啡树、橡胶树、棕榈竹、发财树等。树高1m以下/铁角蕨、海芋、条纹珊瑚、吊兰、花叶芋、笑翠鸟、变叶木。

培育观叶植物的技巧，就是要再现热带地区的气候，其中的日照、湿度和通风三大要素尤为关键。因室内更易让人感到干燥，故除了往植木钵中浇水，还要给叶子喷雾。

此外，对浇水、日照以及防治病虫害的消毒等问题要综合起来考虑，最好预先采用容器栽植方式。植物所需要的光量，如喜明亮处的木槿之类，则为2000 lx左右；而耐阴的广东万年青和龟背竹只需要300 lx。由于不同植物所需光量存在差异，因此必须根据获得光量的多少综合考虑绿化结构。

图4 法面绿化方法

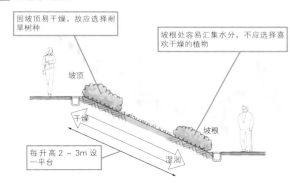

图5 室内绿化方法

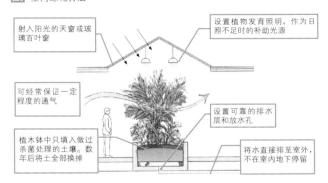

技巧 5

通过主题绿化方式烘托建筑物氛围

日式、西式、亚细亚风格，以及日西合璧式等多种表现手法

山崎诚子（日本大学短期学部）

绿化设计应该掌握这样的原则：了解绿化将使要营造的建筑物、店铺和庭院展现怎样的形象，以此为基础确定其风格。下面将要介绍的几种绿化模式，无不具有鲜明的形象特征，也与日本的气象和自然环境相适应。并且，设计都是围绕如何减轻管理负担的问题进行构思的。

（1）接近天然林的绿化

假如将过分体现自然风格的绿化布置在大城市的建筑物旁边，会显得很不协调。为了让绿化更好地融入环境，要在靠近建筑物的地方留出一定空间，随着与建筑物之间距离的增加，能更加感受自然风格的粗犷（图1）。具体说来，在建筑物周围栽种花叶鲜艳的品种和引进品种，这类植物都对养护管理有一定要求。随着与建筑物之间距离的增加，再不规则地植入山野中常见的栒树、米槠、日本紫珠和山杜鹃之类的植物。

（2）使用杜鹃和枫类的和风绿化

在大多数西式庭园里，见不到针叶树以外的常绿树木。因此，一旦进入英国的大型花园，如果眼前出现常绿的杜鹃和叶形纤细的槭之类的树木，你可能认为这是一座日本庭园。由此可知，和风庭园的大体结构是：以树形较好的常绿高木厚皮香、冬青和白柞等以及修整过的杜鹃类奠定坚实的常绿基础，然后再用枫类树木营造出秋日的风情（图2）。还有一种稍有变化的模式，即所谓杂木庭院。里面栽植的小橡子、柞、栒子和鹅耳枥之类的落叶树，营造出山野的氛围，由细竹类构成树下草。不过，一般杂木类都生长迅速，在由其营造山野氛围的同时，对修剪技术的要求也较高。而且，如果空间达不到一定程度，其氛围也展现不出来。

（3）西洋风绿化的南北差异

说到西洋风绿化，其形式也多种多样。如南欧风绿化多以常绿树和柑橘类、北欧风绿化常

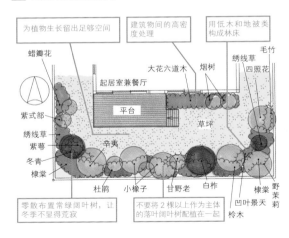

图1 自然风绿化配植模式

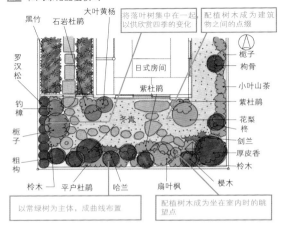

图2 和风绿化配植模式

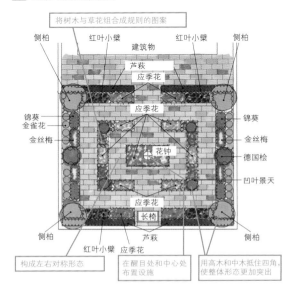

图3 西洋风绿化配植模式

用落叶树和苹果类构建整体形态。在配植上多采用那种左右对称的整形方式，以密植的黄杨类作为边缘线，树木均等距栽植（图3）。下面介绍西洋风绿化使用的树种。【推荐树种】南欧风（意大利、西班牙）：橄榄、夹竹桃、橙、迷迭香、枫（银荆）、柏、龙柏、锦葵。中欧风（法国、英国、德国等）：梨木（西洋酸橙变种）、红叶悬铃木、蔷薇类、挪威枫。北欧风（瑞典、挪威）：大型针叶类、雪松、冷杉、科罗拉多云杉等。

（4）富有情趣的亚细亚风绿化

商业设施内的亚细亚风绿化很受人们欢迎。那与其说是绿化，莫不如说多半是利用长椅、壁橱和植木钵等素材组成的造型。按照热带和亚热带的风貌布置的观叶植物，虽然与环境十分相配，但是仅限于可在户外栽植的品种。而且，树木高低错落，叶形均长得很大，再以盛开的鲜花点缀其间，烘托出气氛（图4）。配植采用随机方式。【推荐树种】树高1.5m以上：美国刺桐、宣纸树、棕榈、苏铁、唐棕榈、芭蕉、蓬莱竹、白发椰；树高1.0m以下：草芙蓉、纸莎草、哈兰、扶桑、白花蕨、紫御殿（均可在东京周围栽植）。

（5）要做到日西合璧

如果在日西合璧上花点儿工夫，便可以将风格迥然不同的庭院完美地组合起来。此种场合，可在庭院之间安排一个小型草坪广场，人们可在绿地中深吸一口气，再步入下一个空间（图5）；或用小的栅栏和绿篱划分出不同区块，再于边界处设拱门之类。人造的绿色边界虽然可以将空间划分成区块，但与前面的方法相比，会使空间显得狭小。因此，这样的方式只适用于宽阔的庭院。

令心情"有张有弛"的庭院

枯山水是日本特有的庭院形式。在用石块和砂砾铺装的庭院中，集中展现出岛屿、陆地、绿野和流水的形象。这样的场所，空间都显得很开阔，似乎藏有许多待解之谜，让人深深地陷入思索之中。这样，植物、土地、水稀少造成紧张感的庭园（图6）；相反，舒缓的庭园则是自然的绿色与大面积的水的空间。曲线的园路与植物的配置比直线的更加有进深感。

鲜花作为主角的庭院（宿根草和应季花）

最近，在勃然而兴的一股园艺热影响下，人们对以草花为主的庭院有了更高的要求。与树木相比，由于草花的管理更加简单，因此可根据自己在管理上所能支配的时间来决定引进的品种和数量。在设计方面需要注意花朵的颜色、开花时间、

图4 亚细亚风绿化配植模式

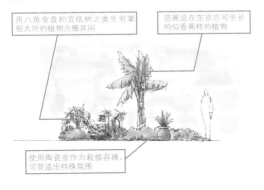

图5 连接日西两种风格庭院的绿化模式

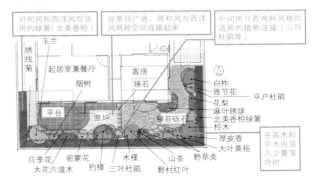

图6 令心情"有张有弛"的绿化模式

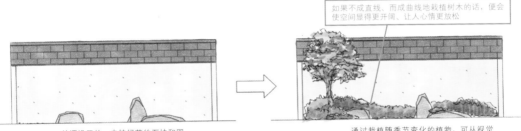

叶子的颜色及叶形等。配植的草花，应该选择那些随着季节推移花色和叶色不断变化的品种。英国花园中的主要花色为白、紫和黄，由偏淡的色调构成，尤其喜欢那种较鲜红色浅的桃红色花朵。在以类似颜色为主色调的同时，随着季节的演变，再加上红、橙等颜色的点缀，氛围就形成了。

至于草花的体量和结构，同种草花以 1m² 以上为单位，栽种时不要过于整齐划一（照片 1）。而且，因花期有限，故应将叶形及叶色看上去有趣的品种也掺杂其间。这样一来，即使在花谢季节，也仍然让人感到很美。

不见土壤的绿化方法

让绿化尽可能不见土壤，已成为很多人的期待。假如想一竣工就不见土壤，可采用以地表材料和铺装材料覆盖的方法。现在，介绍一下设计者不太熟悉的地表材料。

使用的材料有树皮和木屑等。树皮适合用于小面积绿化场地（照片 2）。虽然能够将土壤完全覆盖，但是经风吹雨淋后很容易移动，而且积水处还会发霉。纤维质的木屑要比树皮便宜，并且相互缠绕，即使受到风吹和水冲也不易流动。因此，更适于大面积绿化场所（照片 3）。不过，用木屑覆盖的地表，看上去与土壤近似，其美观性稍差。而且因其易燃，假如用在公共场所应格外慎重（也有不易燃的木屑制成品）。还需要注意的是，经年久变化的木屑会生成大量氮气，也为人们所诟病。除以上方法，也可使用砂砾和发泡炼石（水培等）覆盖。

再有就是高密度栽种植物遮盖土壤的方法。采用该方法应注意到，如果高木及其下面的植物（灌木、地被、草皮）连成一片，夏季补充水分时高木会与其下面的植物相互争夺，导致某一方的生长状况变坏。

绿化与照明的组合

你会发现，热衷于圣诞灯饰的住宅越来越多了；而且在树木上缠绕灯饰的形式也不鲜见。可是，通常植物夜间要休息，最好不要整夜地用灯光照射它。正常情况下，应该是叶表接受阳光，因此不能将灯光长时间地对着叶背。

另外，照明大多会伴随着热度，这不仅影响植物的生长，夜间还容易吸引蚊虫。所以，应该避免将灯光直接照向植物（图 7）。

照片 1　鲜花盛开的花园
（京王花卉园）

照片 2　树皮覆盖

照片 3　木屑覆盖

图7 绿化照明配置例

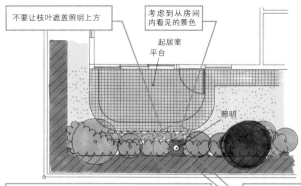

不要让枝叶遮盖照明上方

考虑到从房间内看见的景色

起居室平台

照明

为不让照明周围树木吸引蚊虫、并且避开灯光热度，应相距 20cm 左右

在照明旁植落叶树，以渲染灯光的通透感

技巧
6

现代日式室外空间设计手法

借鉴传统理论，做出正确安排

荒川淳良（岩城株式会社）

表现现代和风的庭院

盛行一时的园艺块绿化已经式微，人们又开始燃起在庭院中重现和风的热情。如同"和"字蕴含的意义一样，从日本人的本能来说，最让自己感到心情愉悦的所在莫过于和风的庭院了。

现代和风的庭院与传统的日本庭园，在构筑手法和设计理念上并无大的区别。日本庭园往往成为建筑不可分的一部分，无论今天还是过去，都始终没有改变庭园与建筑相互依存的关系。那么，在如今建筑正朝着简捷轻快方向发展的过程中，所谓现代和风庭院应该满足哪些条件呢？

可以说，主要有以下3点：①素朴，②有乐趣的养护，③适应狭小的空间。在考虑现代和风的设计时，亦要以借鉴传统日本庭园理论作为基础，然后再逐一对应上面的各项条件（照片1）。

照片1　室内和庭院使用相同的材料，构筑出素朴并更具进深感的空间

裸露地面与院内小庭园

现在，我们介绍一下传统日本庭园形式中与住宅密切相关的"裸露地面"和"院内小庭园"。

所谓"裸露地面"，系指茶室庭院（图1）。据说，原本是从用于进入茶室的特别通道"肋坪内"发展而来。作为入座前的路旁庭院确立为现在这样的格局，则是江户时代（1603～1867）以后的事。当然，裸露地面也

图1 传统和风裸露地面庭院构成例（S=1：200）

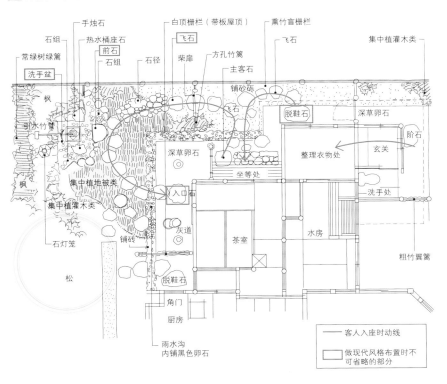

是一种赏心悦目的庭院；可是，它基本上是客人落座的所在，是具有使用功能的庭院。虽然在细节上不尽相同，但是可以说其最终形态都凝聚着自先辈那里传承下来的经验。

"院内小庭园"的历史比裸露地面还要久远。日文写成"坪庭"，原本相当于"壶"和"局"二字。含有被围起来的场所的意思。其中的"桐壶"，系指被建筑物环绕着的角落处植有一棵桐树，后来逐渐演变成"露地"（裸露地面）的原型"坪之内"。在形态上最具代表性的"院内小庭园"，当属京町家（京都临街房舍，多为商户——译注）的"坪庭"了。构筑在微暗细长町家内的空间，运用巧妙的手法确保了采光和通风的需要；那简约洒脱的庭院创意，让人感到素朴而又深邃（图2）。

现代和风的置景

"露地"（裸露地面）和"坪庭"（院内小庭园）的创意及其审美情趣，对于如今生活在密集狭小住宅中的我们来说，有着各种各样的启发。我们再介绍一下从中看到的传统庭院置景手法，以供读者参考。

（1）蹲踞

这是入座前蹲下洗手和漱口的地方。引水竹管的滴水声和清澈见底的水面，越发显出庭院的静寂和凉爽（图3）。按照设置场所和宾客人数，分开使用的天然石洗手盆和雕琢过的观赏石都有着丰富的创意。如果仅供观赏之用，即使大号的陶器之类，也可以塑造成活泼的形态（照片2、3）。

图2 现代和风庭院构成（S=1：50）

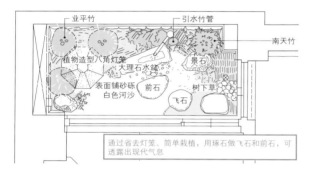

通过省去灯笼、简单栽植，用琢石做飞石和前石，可透露出现代气息

图3 蹲踞的构成

※蹲踞构成因茶道仪式有一定差异

图4 飞石和铺石的"真行草"

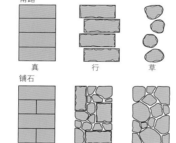

甬路
真　　行　　草

铺石
真　　行　　草

（2）甬路

为行走而构筑。庭院内的甬路和铺石等形式，可用"真行草"的说法分类（图4）。这原本是书法中的不同字体。"真"（楷书）系最高格意，"草"意指"随性"。在乡土气息浓郁的草庵式庭院内，基本都设裸露地面，但其中的甬路几乎没有采用"真"的形式的（照片4、5）。反之，在迎客的玄关等须注重礼仪的地方，如果使用飞石（"草"形式的甬路）也不能说很恰当。

（3）夹道和檐下雨水沟

这是一种不安装落雨管处理檐下滴水的手法。可通过在夹道与庭院之间挖的沟排出雨水，在沟内铺设大块砂砾（黑色卵石）以防止雨水飞溅（照片6）。夹道铺水洗砂砾，檐下雨水沟铺黑卵石，再用石块或瓦块砌出边缘。从而使庭院的景色特点显露无遗（照片7）。

（4）葺瓦

这是一种传统手法，系指将原来铺葺屋顶时换下的旧瓦，又重新用在庭院的建造上（照片8）。为满足不同创意情趣的需要，近年来市场上还出现了专用瓦，使应用范围得到进一步拓展。

现代日式绿化重点

从低维护成本角度看，所谓现代日式绿化并不局限于传统和样式，而是以更近于自然的形态来表现季节的变化（照片9）。

①使用生有美丽新叶或红叶的树木以及开花结果的树木，渲染出季节感

②在狭小的庭院内，使用几棵细株簇立的丛生树木，会有效地营造出树林一样的纵深感

③将树木与树下草组合在一起，实施近似天然林的绿化，并不需要花费太多的工夫

照片2 设有葺瓦凉台的庭院内小庭园。色彩鲜艳的陶制洗手盆十分醒目

照片3 蹲踞、石径的形态及色彩对比看上去很时尚

照片摄影（照片2）：目黑伸宣

④将树木成不等边三角形配置，除主树外，其余树木以 2～3 棵为一组，则可营造出自然的氛围

试举几种最近流行的树木

【叶子漂亮的树木】桂树、栎、圆叶树、枫、黄栌

【开花结果的树木】落霜红、荚蒾、野茉莉、唐棣草、小豆梨、卫矛、乌饭、四照花等

【丛生的树木】白蜡、青梭、鹅延龄、钓樟、冬青、榉木、斑蜡等

庭院四周有邻舍、围墙和绿篱等，虽说是南侧，但多数地方都脚下阴暗、湿度很高。能够在这样严酷的环境中顽强生长、并给庭院增光添彩的植物非树下草莫属。所谓树下草，系指采用园艺方法栽培的山野草类。作为装点庭院下部空间的植物，应该积极引进（照片 10）。

【可大面积使用的树下草】鸢尾花、沿阶草、细竹类、蝴蝶花、玉龙、富贵草、剑兰等

【开花结果的树下草】虾脊兰、荷包牡丹、秋海棠、大吴风草、花斑剑兰、灌木小杜鹃等

【叶子漂亮的树下草】紫萼、壶珊瑚、羊齿类、卷柏、哈兰等

【适于湿地生长的树下草】石菖蒲、木贼、半夏生虎耳草等

如在竹子下面栽种细竹和蝴蝶花之类长得较高的树下草时，则无需在意落叶的问题。而且，再以堆肥和腐叶土覆盖植入树下草的土壤表面，还可起到防止干燥和杂草生长的作用。栽植时多半都希望收到和风效果，可是和风还是西洋风并不取决于树木和草花本身。问题的关键在于，该采用何种配植方法和组合方式才能演绎出和风或西洋风。

照片 4　消失在景色中的甬路，增强了对庭院的期待感

照片 5　符合规制的门要配上符合规制的甬路

照片 6　天然石块和苔藓的质感淡化了夹道缘石的生硬感

照片 7　石径和砂砾采用相同色调，淡化了边缘，给人留下柔和的印象

照片 8　即使荷载有限的凉台也有效地运用葺瓦设计。呈现出波浪、半圆和一字形。通过配置及组合，葺瓦可展现出多种创意

照片 9　特意在庭院内构筑一个阴暗的角落，也是加强纵深感的一种手法。而且使花木和树下草有了用武之地。

照片 10　使用苔藓和树下草再现从大自然中切取下来的景色，也是庭院发展的新方向

选择与专家推荐植物相匹配的建筑外部材料

百濑 守（SOY 设计）

建筑外部周围的铺装，必须兼顾到功能性和设计性两个方面。而且，还要对铺装与绿化的搭配、与植物在质感上的相容性以及透水性之类功能上的问题予以注意。然而常见的情况是，对建筑外部没有像对建筑物那样重视。因此应转变观念，给予外部空间同建筑物一样的关注。下面，笔者介绍几种建筑外部铺装材料。

砂岩（Dinaston 株式会社 [1]）

沿着岩缝切割下来的粗糙石块使人感到亲切。而且，由于表面不平整，因此也可作为防滑材料使用。砂岩石材的规格从 200mm × 200mm~420mm × 570mm 不等，如果将尺寸不同的砂岩组合起来，也是很有趣的。

总体上看，米色是砂岩的主色调。由于采用硅藻土外墙和木制门窗设计的建筑越来越多，而且所用材料很容易与米色、茶色和薄荷色等近似于土地颜色的砂岩相配（照片 1）。

砂岩是种不太扎眼的石材，与植物的相容性也不错，能够彼此映照。与那种砂岩平台周围空无一物的安排相比，配置些绿色植物则会更充分地表现出砂岩的趣味。需要注意的是，采自不同地区的砂岩，材质硬度多少有些差别，也有的颜色可能逐渐变黑。不过，Dinaston 株式会社的产品尽可放心使用。至于价格，如系土褐色砂岩，约为 1.7 万日元 /m²，另加运费。

意大利斑岩铺石（石材家具 [2]）

这是一种产自意大利热那亚的斑岩铺石。如果联想到石材之乡意大利和遍布欧洲的石墙，你就知道会营造出什么样的氛围了。

意大利斑岩铺石，在石材中是硬度较高、比重较大的。规格为 10 × 10 × 10cm 左右，每块重量近 3kg，是较重的高品质石材。价格约在 370 日元 / 块上下，运费另计。这种石材与在家装中心等处常见的大理石铺石不同，未经休整的形状千差万别，凹坑处会呈现紫罗兰色。石材的表面形态也多种多样。这样的意大利石材，营造的氛围往往出人意料。

譬如，在如今已经过时、从前栽黄黄杨、红豆杉和山茶等的绿化带中，只要用这样的石材铺成小小的甬路，即可与过去栽植、至今仍存的植物相互融合。无论和风还是西洋风，均可利用意大利斑岩铺石将建筑物与植物融为一体，凸显其所具有的巨大魅力。

生态地球土（东京福幸 [3]）

一种以风化花岗岩土为主要原料的铺装材料。前面讲到的石制品，因造价较高，并非都能用得起。由于设计理念的不同，生态地球土的应用方法亦多种多样，被认为是比较经济的材料。起价约为 1800 日元 / 袋（25kg）左右。

此外，也买来用于对付不胜其烦的杂草。已进入老龄社会的今天，很多人都在谈论：一对老夫妇生活的庭院中，

照片 1　与涂有硅藻土的外墙和木制门扉相配的砂岩门廊

照片 2
在红豆杉类和风色彩较浓的树种以及透出优雅氛围的落叶杂木绿化带中，铺有意大利斑岩园路的庭院

照片 3　在生态地球土中加入耐火砖，建成色彩丰富的长园路。也起到透水和抑制杂草的作用

照片 4
雨水溶出的多酚成分会使其染色，在端面涂抹防水剂有一定效果

除杂草对他们来说实在力不可支，希望有法子解决这一问题；假如委托给造园工人，又要花去很多费用，甚至产生索性用混凝土封上的念头。对这样的现实，

不能一笑置之。凡此种场合，均可使用生态地球土。生态地球土不仅具有土的质感，而且透水性也很好，是一种使用方便、色彩自然的材料。用水拌合后使用，可以像混凝土那样牢固。但表面粗糙、又有透水性，可使阳光反射减弱。看上去和土差不多，不像混凝土那样没有一点儿生气。而且，即使成为废弃材料，粉碎后亦可还原成土壤，无须考虑是否会影响到

环境。所以，应该说是符合现代社会要求的材料。

由于在普通住宅中只用生态地球土会显得很单调，因此在设计上会加入瓦片和石块等元素，使平台和园路等处的形态更丰富。可根据各人的想法，提高材料的观赏效果（照片 3）。

平台材料的选择

最近，设平台的住宅多了起来。其中尤以使用木材建造的居多。在笔者看来，材料的选择也要根据预算情况，不能一概而论。如果预算比较宽裕，当然可以选择高品质的树种。例如，往往使用做过耐燃处理的木材或耐候性强的重蚁木、哈拉坤甸铁木等。尤为引人关注的是，其中的坤甸铁木 [4] 含有大量多酚成分，具有很强的防腐性能，无需再涂布药剂或浸泡在药剂中（照片 4）。另外，坤甸铁木较重，为了方便作业，长度以 3m 左右为宜。

*1 Dinaston 株式会社联络方式 TEL：03-3468-4169　※2 石材家具联络方式 TEL：0564-46-3781
*3 东京福幸联络方式 TEL：0556-22-3121　※4 弘平物产联络方式 TEL：072-237-9711

行道树的选择、配置方法

山崎诚子（日本大学短期学部）

直到数年前，人们还普遍将四照花作为行道树。这是因为它具有观赏植物的诸多优点：春天绽放美丽的花朵、秋季叶子变红并结出红色的果实、养护管理比较简单、叶子疏密适度且生长缓慢、主干长得不高（7m左右）、不像樱树那样频繁遭受病虫害；从供给的角度看，培育也很容易，价格相对低廉……

其实让人感到很意外，像四照花那样适合作行道树的树种并不多。一般树木生长都离不开水分，而且那种表面覆盖沥青等铺装材料、夏季阳光反射强烈的地方也不适合植物生长。因此，在气候逐渐变暖的城区绿化，将变得越来越困难。

在适应环境方面也是一样，作为行道树选择的树木，最好具有四照花那样的性质。

支柱·树木根周保护

街道空间的功能主要用于通行，因此加固行道树的支柱和树木根部的保护就显得十分重要（照片1、2）。不同的支柱各有优缺点，应该根据场所和树枝加以选择（表1）。

另外，各家供应商尽管名称各异，如"苗木连锁店"（福原商事[*1]）、"树木保护店"（长寿城镇景观[*2]）等，但都有树根保护材出售。因具有保护材面与铺装面基本一致、人可在上面行走的优点，故使空间显得很开阔。如在停车场内栽植具象征意义的树木，适合采用这样的方法。

行道树的树池格栅设计

前面讲到的树木根周保护材，与步道和广场等铺装空间形成一体状态。此外，采用树池格栅均衡配植高木和低木构筑绿化带的形式也不少见（表2）。如果采用较大的树池格栅，树根周围露土面积也大，则有利于植物生长，而且不易干燥。

道路（私家道路除外）附设的步道绿化带，未经特别许可不得设置长椅和垃圾箱等。假如设长椅的话，也可以将其作为一种树池格栅使用（照片3）。

照片1
用原木制成的人字形支柱。多用于大树和刮强风的地方（富士见女子学园）

照片2
地下加固。因地上不见支柱竣工后始街道空间便显得很开阔（圣·帕雷尔中央林间）

表1 支柱种类一览

	特点	造价	缺点
使用木材和竹子的支柱	标准形式系以木材做支柱。有门形和人字形等种类。门形占地不大，支柱不太扎眼，但抗风性不如人字形。根长成后，2年可撤掉	0.3～1万日元/m²左右	竣工后支柱凸显。风化后有碍观瞻
金属丝加固	似大树等不便设置支柱的场合，用金属丝将其固定在附近的结构物上。在街道空间很少使用。因其识别困难，最好不用在公共空间	5～15万日元/m²左右	有时强风会将其吹落
使用钢管的支柱	在构筑城市空间时使用。可与街灯等组合。也起到保护树干的作用。基本上，树根长成后也不再拆掉	7～25万日元/m²左右	树木枝干长粗后难以拆掉
地下加固	一种隐性支柱。系20年前引进，用金属丝等在土中固定根团。最近，还出现了一种能够还原为土的生态型固定用丝线	5～30万日元/m²左右	作业最费工夫。一旦完成，再想移动十分困难

表2 行道树树池格栅的规格尺寸

	树高	树池格栅直径	格栅厚度
高木类	3m左右	75cm以上	60cm以上
	4m左右	90cm以上	75cm以上
	5m左右	120cm以上	90cm以上
	6m左右	150cm以上	120cm以上
中木类	1.5～2.0m	60cm以上	50cm以上
低木类	0.3～1.2m	40cm以上	40cm以上
地被类	0.3m以上	20cm以上	30cm以上
草坪	0.2m以下	10cm以上	20cm以上

照片3 长椅兼格栅的树池

*1 福原商事联络方式 TEL：048-252-3351

*2 长寿城镇景观业务部联络方式 TEL：03-5280-5400

"地球之卵"计划给浜名湖引入新的水源

田濑理夫(TAGO 设计)

"地球之卵"不仅是一座 OM 太阳能[*1]式公司住宅,也是作为该公司的象征、研发基地和信息中心构想的设施(照片 1)。

利用浜名湖畔 1 万多坪(1 坪约合 3.3m² ——译注)的土地,建成的项目究竟什么样呢?最终,将造景定位在"湖岸的复苏"上。建筑则为"住宅"格局,实施了以 OM 太阳能为主的各种被动要素技术(表)。

规划用地位于静冈县浜名湖村枥半岛东部,是一块被高约 2.5m 砌石护岸环绕的鳗鱼养殖场遗址填埋地。泡沫经济时期,占地面积约为 32700m² 的鳗鱼池被废弃填埋。因被城市道路和砌石护岸分割成区块,使陆地至湖畔的原有地形和水系的连续性遭到破坏。

通过对浜名湖流域动植物生存状况长达 3 年的调查得知,这里原有的植被和生物为了寻求栖息的场所,已从用地周围迁移至流域的最上游处。由于喷洒除草剂和农药,在水田和休耕田的畔道上生长的植物都极其羸弱,没有一点儿生气。

照片 1 "地球之卵"全景

照片 2 观察池 1。观察水质

照片 3 提升池水的风车

在竹子的侵袭下,山林也逐渐退化成灌木丛。曾以盛产茶叶和柑橘自豪的浜名湖流域,喷洒农药造成的水质恶化仍然没有停止的迹象。在定点调查过程中,还能看到的无农药和除草剂的水田,仅限于浜名湖主流都田川水系最上游、近爱知县边缘的村落。在认清这一严峻现实的基础上,确定了本项目的目标:让该地成为浜名湖的新水源,并尝试重新构建流域环境。

构建形成水源的用地内水系

项目用地是鳗鱼养殖场遗址,地面约 2m 以下均为用于防水的黏土层。将黏土层全部挖掉后,使之成为蓄水池。再将挖出的黏土堆放在平坦的填埋地上,构筑成与用地西侧的陆上树林及北面远处的山峦相呼应的地形(图 1)。而且,还设有水沟、洼地和湿地等,使降落在地块内的雨水经由这些地方不断地流入蓄水池(图 2)。水沟、洼地、湿地和蓄水池

照片 4 植入原生种草皮的土堰

表 地球之卵项目引进的被动要素技术

被动要素技术	特点
生物厕所	由微生物对粪尿进行分解,因采用带自然蒸发处理装置的循环式水冲厕所,污水不流入蓄水池。处理水作为冲洗水循环使用。 氧化钛屏蔽
氧化钛屏蔽	走廊和办公室天窗设有带氧化钛光触媒涂层的屏幕,将水喷到屏幕上降低室温。用过的井水流入池内。
太阳能屋顶	将集热屋顶和处理装置等模块化的 OM 太阳能屋顶
越南换气扇	仅靠风力排出热气的风机。越南制造
草屋顶	用于凹室、阅览室和职员室门厅等处的草屋顶
土方工程植草土堰	将挖土放入网篮(参照 66 页)内作为墙面绿化用。环绕建筑物的土堰为植被覆盖,成为冬暖夏凉的绿色屏障

*1 专门从事被动式太阳能空气集热供暖系统等环境共生技术的推广。
"地球之卵"(OM 太阳能)联络方式 TEL:053-488-1700

图1 "地球之卵" 平面布置图

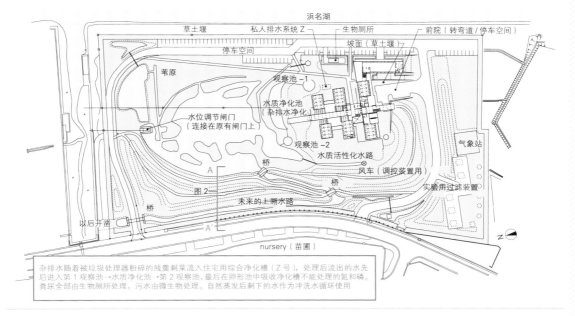

杂排水随着被垃圾处理器粉碎的残羹剩菜流入住宅用综合净化槽（Z号），处理后流出的水先后进入第1观察池→水质净化池·第2观察池，最后在卵形池中吸收净化槽不能处理的氮和磷。粪尿全部由生物厕所处理，污水由微生物处理。自然蒸发后剩下的水作为冲洗水循环使用

图2 "地球之卵" 截面图（S=1：300）

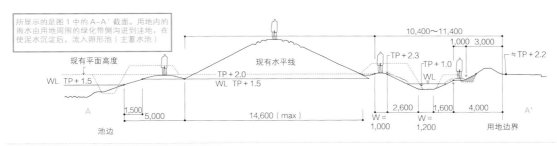

所显示的是图1中的A-A' 截面。用地内的雨水由用地周围的绿化带侧沟进入洼地，在使泥水沉淀后，流入卵形池（主蓄水池）

的滨水处是生长着繁茂的芦苇、苇草和白茅之类的草丛；在假山上栽植的是从浜名湖流域采集的实生苗或插木苗。只要被原生植物覆盖，这块用地便已具有作为水源地的功能："保存下来的水由植物和微生物净化后，再随着季节变化流出。"

设施的杂排水由被称为私人排水系统Z的综合处理净化槽处理。处理水经由水质观察池，再到水质净化池被芦苇和苇草净化后，通过自家用水田流入蓄水池（照片2）。另外，由扬水风车提升的蓄池水亦由香蒲和芦苇等水生植物进行植物净化，并通过安装有机酶（VEM）水处理设备的活性化水路使水活化，达到提高水质的目的（照片3）。

蓄水池在高出浜名湖水面1.8m的位置设有溢水口，在降暴雨时，多余的水会自水位调节闸门经管道排放到浜名湖内。从保持未来用地内水质稳定着眼，很快就要拆除一部分砌石护岸，通过开放的水路排水。并且，还将设置带纵断梯度的水路，以利于浜名湖中的生物溯水而上。如果鱼类能够上溯，可以说就达到了修复湖岸的目的。

橡果工程

这里所用的植物，除结缕草外的全部原生种，均由OM太阳能协会的员工从实生苗和插木培育而成，或者直接移植用地内的自生植物。多达46种以上的木本类母株砧木，基本是浜名湖及其周边的都田川水系自古就有的青冈栎和弗吉尼亚栎等栎种。这些树木的搭配被称为"橡果工程"，目前仍在进行中（照片4）。

根据浜松市的开发许可申请，绿化部分在项目竣工时（2004年6月）尚未完成，作业计划延至2006年。目前，已有野鸟、蜻蜓、蝗虫、蟹和青蛙等多种生物开始在"地球之卵"内栖息。随着原生植物的生长，从湖上望去，这里将与背后的山丘融为一体，最终形成真正的浜名湖岸风光。

仔细观察我们周围的状况，最终明白了：因完全被不知产地的建材所包围而产生热岛效应的城市、浸泡在化肥及农药中的乡村、因外来物种侵入而灌木丛化的山区环境，都已到了非修复不可的时候。在可无限度减轻建筑对环境压力的被动要素中，风景更具有自然多功能性和多样性的特点，通过逐年积累，其活性日益丰富，最终将彻底融入当地环境之中。

*2 建筑概要：建筑设计 / 永田昌人 +OM 研究所、设备设计 / 科学应用冷暖房研究所、景观 /TAGO 设计、施工期间 /2003 年 6 月～2004 年 5 月。相关图书 《新建筑》2004 年 10 月号（新建筑社刊）、《LANDSCAPE DESIGN》№ 39（马尔默出版社）

屏风住宅

　　住宅位于东京都国立市的一处安静地段（照片1）。排列整齐的西式建筑，正面朝着南侧道路，其余三面为邻舍围绕，是个规划得比较舒适的住宅区。东京的临街建筑，尽管天天都能看到，但却不晓得是属于哪个国家的，而且总是大门紧闭。出于防范的考虑，还建有高高的围墙。因为都想使住的房子更大些，所以建筑几乎将整个用地铺满。最后，甚至飘窗和大的开口部也被幕帘遮得严严实实，庭院里连栽棵树的地方都没有。

　　住宅设计正在朝着高绝热、高密封的方向发展，住宅结构的优劣则体现在其本身所具有的功能上。那么，岂不是只需考虑外墙内侧

伊礼 智（伊礼智设计室）

的设计就够了吗？这不由得让我们联想到，对住宅的结构都不如对临街建筑的结构考虑的那样周全。这里介绍的是冲绳常见的民居，四周被屏风围绕，使外部空间连续展开。

　　这里再解释一下屏风。此处所说的屏风，在冲绳地区就是位于小巷与院落之间的一道墙。屏风兼有遮蔽和辟邪的作用。隔开街道与院落，作为从街道（外部）至室内的空间过渡，也是屏风的功能之一（照片2）。

　　此外，如屏风弯向右侧，则为共用空间，内有单室和客房；屏风弯向左侧，便是日常生活空间，里面有厨房和水井。作为划分交往层级的装置，它不仅具有将空间从街道向室内过渡的功能，而且还构建出人们相互交流的秩序。其次，我认为这样构筑的空间也能与外面的街道产生互动。我觉得，如果能在城市中构筑这种冲绳民居常见的外部空间，将会使住宅与街区建立起密切的联系。

连接用地与街区的绿化

　　在贴着20mm厚木板（北美黄杉）的通透式栅栏外面形成的空间，被设计成备用停车场和自行车存放处。在街道两侧，植有高2.5m裸露树干的丛生木沙椤和同样高2.5m的四照花（图1）。备用车库地面浇筑的混凝土留有狭缝，在缝里填入泥土，可供业主栽种自己喜欢的草花。

　　木板墙再转向右侧，便构成玄关处的门廊，进而又自这里将玄关与边门隔开。

照片1　建有屏风住宅的地段

照片2　贴着北美黄杉木板的通透式屏风

木板墙转向左侧的地方是停车场，由这里延伸的步道可通往类似内院的平台处。在木板墙背面的内院里，植有高4m的丛生桂树，用于夏季防晒和遮蔽视线。在阳光照射下近乎透明的心形叶子不仅十分美丽，还能起到阻挡热浪的作用。桂树生长迅速，要不了几年就会长成大树。据说，建好的屏风住宅，在2年期间已经修剪一次。在屏风转向左右、近似翼端的内院入口处，栽植了高2.5m的鸡爪枫。结果便有了这样

的体验：只有穿过鸡爪枫形成的拱，才能够进入内院。桂树在夏季可以给平台处遮凉；鸡爪枫则成为秋天的美景。

　　在街道与室内之间，形成一个自外向内的空间过渡，树木被分梯次地植于该过渡空间内。并且，通过多条动线的重叠，使街道与建筑之间也具备了一定的功能。我认为，由屏风构筑出的空间，恰好成了缓冲区，在保护私密性的同时，也营造出那种热带岛屿

图1 屏风住宅平面图（S=1：200）

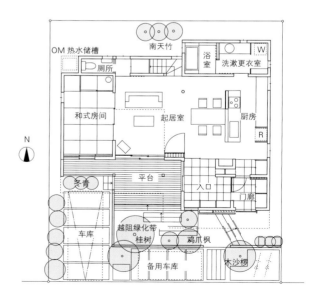

才有的轻松氛围。在做绿化设计时，人们往往都将注意力集中在树木的选择上；其实我觉得，构建与街区的关系，并为此考虑如何利用树木才是最重要的。

东京町家

建在东京都江户川区的这座房子，虽然占地面积很小，不过 60.72m²，可是却满足了建筑面积比 50%、容积率 100% 的苛刻条件（照片 3）。作为设定条件，要求设可停放 1 台车和 3 辆自行车的停车空间。在院内道路尽头，则是主妇娘家的住宅，主妇的老妈妈就像家庭成员一样经常往来其间。南侧有停车场，尽管视野还算开阔，但四周却被密集的住宅环绕着，而且站在什么角度看，也很难说这些住宅的布置符合规范的要求。去掉为确保停汽车和存放自行车的空间而占用的，剩下的一半土地约为 9 坪左右，刚好可以满足建筑面积比要求的条件。在这样狭小的范围内，究竟能够造一座什么样的住宅呢？只要想想，都会感到一筹莫展。

然而，在画出一张草图之后，又有了新的认识：如果只是将其当成一栋很普通的住宅来设计，说不定是可以做到的。事实上，业主本人并不希望标新立异；但在如此狭小的房屋里，只能仰仗主人的居住创意来生活。最终，一个地尽其用、空间颇显开阔和具有尺度感的合理设计完成了。

该住宅建成后，十分幸运地受到诸多同人的肯定。也掀起一股要建类似小住宅的热潮，并称其为"东京町家模式"。

城市住宅很容易成为封闭状态，如系狭小住宅则更甚之。东京町家的概念之一就是，重构建筑与街区的关系和保持适当距离。正因为是小房子，更需要保持与街区的关联，才会使居住者有个好心情。

用 1 棵树设定街区与住宅的距离

这座房子位于转角处。北侧一半建有住宅，南侧一半敞开。停车场地面密密地铺着枕木，车不在时成为一个平坦的小广场。亦即，将该地段转角对外敞开，让视野延伸包括道路在内的更远处（图 2）。通过这样的布置，近处也显得更加开阔，如同打开自己的视野，将小小的住宅放大了一样。夹道处摆放着木制长椅和植木钵，门厅步道尽头植有一棵高 3m 的桂树，树根周围爬满了常春藤（照片 4）。树木仅此 1 棵。

每天进出家门，都要从这棵桂树下穿过。尽管树木只有 1 棵，也会让人感觉到天气和季节的变化吧。桂树位于二层起居室兼餐厅的房间窗下，每当进餐的时候就会看见。要不了几年，桂树便可以长到与二层窗子一般高，不仅在夏天带来阴凉，而且还将起到二层固定位置（餐桌）与街道之间影壁的作用。在因将房屋造的很小而腾出的空地上，栽植一些树木，用来调节地块内的微气候。即通过斟酌（设计）街道与住宅的适当距离，构建出良好的身边环境。

采用上述手法建造的小住宅，任何人住进去都会感到惬意。"东京町家模式"的一个重要概念，就是用 1 棵树来确定街道与住宅的距离。

还有一个在"东京町家"实施绿化的例子，位于东京都杉并区。是一处占地面积 19 坪、建筑占地面积 10.75 坪的住宅（照片 5）。这座房屋同样三面被邻舍围绕，只有南侧面对道路。除了植物，在院内与街道之间没有任何屏障（照片 6）。作为遮蔽用的常绿树冬青，构成一道 2m 高的墙壁，甬路两侧配植的四照花和鸡爪枫像拱一样在空中交接着，使建筑立面完全为绿色覆盖。尽管如此，绿化部分也只是作为街道与住宅之间舒缓心情的过渡带存在，并借此将建筑的功能发挥到极致。由此可见，用植物给住宅披上一层绿色有多么重要！

照片 3　东京的商店住宅·江户川之家　　照片 4　桂树根部周围的常春藤

图2　东京町屋（江户川之家）（S＝1：200）

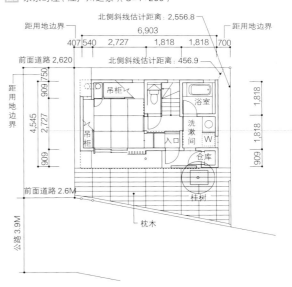

照片 5　东京町家·杉并之家　　照片 6　冬青遮蔽

用特色树木进行绿化，为孩子们构建童话式的广场

柳原博史（心象风景设计）

在京滨工业地带（系指以大田区、川崎市、横滨市为中心，包括东京都、神奈川县和埼玉县在内的工业地域，是日本四大工业地带和太平洋工业带的核心——译注）正中央，有座东京天然气环境能源馆"神奇船"，1998年对外开放。建筑本身就像一艘悬浮在空中的大船，它的设计概念是：孩子们可在其中参观有关环境与能源的展示，通过工作室亲自体验各种新发现，从而激发孩子们的好奇心。2003年秋天建成的室外运动场，与毗邻的休闲度假地连成一体，不仅成为孩子们进行环境学习和相互交流的场所，也被作为停车场使用（照片1~3）。

整个广场看上去如同漂浮着大船的海洋，配置在广场上的7座"山丘"便成为海洋中的大陆。构筑7座山丘的目的，在于给孩子们的各种发现活动创造条件。将来，也可根据情况变化做出适当调整。

作为暂定的主题，有"风"、"光"、"水"、"香"、"火"、"声"和"时"等。通过在原本没有一点起伏的填埋地上构筑出立体感，使景观产生变化，同时也给举行各种活动提供了很好的契机（图）。

这座广场，作为中景是从位于四层的展示设施主体观赏到的；在工业地带中凸显、给人以视觉冲击的绿色大山丘则成为远景。

如一条大河那样蜿蜒曲折的主步道在山丘之间穿行，草坪广场中央铺有通往停车场的甬路。卵石半露的甬路，采用了混凝土拉毛工艺。采用这种工艺，形状和拉毛方法是关键。毕竟图纸的表现能力有限，拉毛作业还要靠设计者到现场亲自划线指导（照片4）。

有主题和象征意义的树木

由于是滨海环境，所选的近100种高木和灌木均具耐潮性。除了布局上考虑到形成用地内的绿荫，还要分别在其中蕴含某种意义。

直径20cm、高3m、铺有草皮（六月禾）成开放状态的"风之丘"，周围栽植着被称为"活化石"的水杉，还有草坪广场上高耸的南洋杉，作为一种象征，无不让人联想到向日本提供天然气的东南亚和中近东地区。"时之丘"一带的柑橘、无花果、枇杷和石榴等，都是日常熟悉的果树。"声之丘"附近的月桂、桉、金木樨和银木樨均是散发特殊香气的树木。在广场周围，为了与临时停车场隔开，同时也出于遮蔽视线的考虑，绿化以常绿树木为主。另外，主步道两侧的梅、大岛樱、玉兰、七叶树、百日红和美洲刺桐等是在不同季节轮换扮演主角的花木（照片5）。

到了秋天，密植芒草（这里从养护角度考虑，选择常绿的潘帕斯草）火苗一样的草穗排列在"火之丘"的周围，里面栽植的杉、桐和扁柏等均可作为木材之类生活资料使用。在以泉水作为形象的"水之丘"周围，植有麻栎和辛夷等灌木，如同杂木林的样子。混植着迷迭香、百里香和朝鲜蓟等香草类的"香之丘"，通过四季变化和散发的香气引起

照片1 全景。中央的"风之丘"、其下面是兼作洗手处的"水之丘"，左侧为密植芒草的"火之丘"。旁边是卵石半露的甬路（混凝土拉毛铺装）。右侧则是像河流一样曲折穿行的主步道。再往上一点的停车场，由与广场一体化的草坪车库和彩色混凝土车道组成。在绿化上，除植有作为形象树的高木，还围绕每一主题构成具有一定体量的林带

照片2 设计上与背后广场形成一体的草坪停车场

照片3 整齐排列的针叶树在入口处形成一个迷宫似的广场

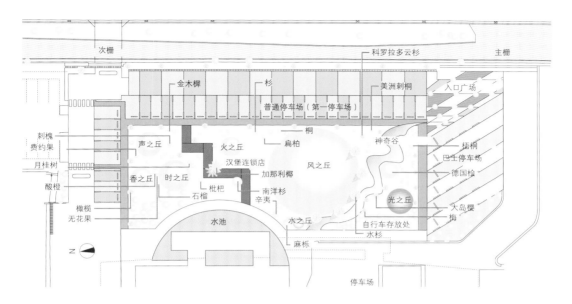

次栅　科罗拉多云杉　主栅

金木樨　杉　美洲刺桐　入口广场

普通停车场（第一停车场）

刺槐
费约果　桐

月桂树　火之丘　神奇谷　梧桐
巴士停车场

声之丘　汉堡连锁店　风之丘　德国栓

酸橙　香之丘　时之丘　加那利椰　光之丘　大岛樱
枇杷　梅

橄榄　石榴　南洋杉　自行车存放处
无花果　辛夷　水之丘　水杉

扁柏

水池　麻栎

停车场

人们对植物的兴趣（照片 6）。在"光之丘"，混植着金盏花、黄花波斯菊、蒲公英和向日葵等奔放型花卉。这里可供孩子们开展采撷和播种之类的活动，像这样花儿一拨接着一拨绽放的景色，也许再也找不到第二处了。

还有整体具有象征意义的科罗拉多云杉、梧桐、柏树以及在流传世界各地的故事中培育成的橄榄、费约果和刺槐。这些绿化植物构建出人类日常生活与植物世界沟通的渠道，不仅带来适宜填埋地的多样性，还渲染出怡人的氛围。

植物虽然需要养护，可是广场本身并不要求很高的完成度，而且一开始就将这样的状态作为设计概念，类似多少可以混入杂草的草坪。当然，对可能影响到广场功能的过密绿荫和枯损植物进行日常管理，还是

照片 4　混凝土拉毛甬路与加那利椰树　　照片 5　主步道与美洲刺桐

必要的。凡对使用不构成障碍的自然变化，都有别于建筑物，将会作为风景的一种形态存在。不过，应该每天进行观察，提防发生茶毒蛾和刺蛾，它们喜欢附在山茶树和枇杷树上，对孩子们有害。

与广场一体化的停车场

如何将停车场和儿童广场这样两个完全不相容的空间配置在一起，始终是一大课题。关键就在于，即使在无车状态下也不能破坏空间性。地上铺装的草皮和塑胶保护材料，给停车场地面质感带来柔性，再将车道铺上彩色混凝土，彻底颠覆了人们对停车场原有的印象。

由于要保持草坪的美观并非易事，因此通常对草坪保护材料都敬而

照片 6　"香之丘"上开花的朝鲜蓟　　照片 7　草坪停车场与时隐时现的保护材

远之。不过，因为此处平时停车不多，而且草坪的日照可以保证，所以业主鼓励采用之。此外，不要选择与草皮相近的绿色保护材料，应涂成紫色或橙色，使其在草坪中时隐时现。这样方可渲染出不同于草坪的氛围（照片 7）。

作为背景的建筑外部空间材料

在做总体设计过程中，自觉采用一些可再生品和低环境负荷品作为建筑外部空间材料。其中如铺在草坪停车场中间的塑胶草坪保护材，订货时特别要求在原料中最大限度掺入粉碎的废塑料管。

另外，停车场一侧的甬路铺装，则使用了由横滨市污水处理厂沉淀的污泥制成的砖*。

孩子们带来的变化

环境能源馆不仅具有公共性质，而且也是将场所性与孩子们的安全性、乐趣以及停车场功能等多个主题进行一体化整合的实例。不过，与其说以过分雕饰和很高完成度作为设计目标，莫不如将其看成一张白纸，白纸在孩子们使用过程中逐渐出现各种变化。

* 通称"横滨砖"。
照片提供：藤泽建筑写真事务所（照片 1），阿茉西奏·雷诺（照片 2、4、5、6、7），心象风景设计（照片 3）

利用花箱的"5 倍绿化"，产生立体造型绿化效果

柳原博史（象风景设计）

照片 1　通往 COURT HOUSE KUNITACHI 内院的引道

绿化立体造型手法的诞生

大约 10 年前，我们得到一个设计集体住宅内院的机会。建筑的一层和二层的一部分为画廊，再上面则是出租住宅，即那种整体 3 层的有天井住宅。地下层辟为停车场，内院及其引道均铺装厚木板。按照业主的要求，这里应该建成"绿色充盈的院落"。业主也不希望采取那种在人造地块上摊铺混凝土、固化后成为既干燥又冷冰冰的"广场"的做法。因为建筑物里面的画廊是用来展示各种美术作品的，所以并不想将内院设计成郁郁葱葱的庭园，只是用植物营造出绿色的空间。

经过反复斟酌，决定对细部设计采用这样的方案：将土壤填入花箱内，其上面和侧面全部栽种藤类植物，即所谓绿化的"立体造型手法"。住宅的引道和内院等均铺上厚木板，引道两侧栽上栎和银杏，形成小树林。就这样，COURT HOUSE KUNITACHI（国立市带天井集体住宅，1994 年竣工）便诞生了（照片 1）。

用铁丝[1]编织而成的"花箱（GABION）"，原本是在土木工程、特别是在河川护岸和治山施工中作为填装碎石的资材使用，再加上适当的内贴材料后，亦可往里填土。于是，就变成柔性结构的绿化块，使绿化从栽植地的平面向三维立体发展，进一步扩大了设计的对象。而且，由于花箱里填满了保水性很高的人工轻质土壤，因此绿化块并不重，完全能够与建筑设计融合在一起。尤其是类似屋面那样因存在防水层等而受到较多限制的环境，更加适宜采用花箱绿化。这已被许多实例所证明。

现在的城市环境，植物种类极少，与植物伴生的动物更是难得一见。因此，人们对于绿化植物的多样性以及复苏城市绿色生态链的可能性开始重视起来。在这里，我们将向读者介绍的"5 倍绿化（5 面生长植物）[2]"，就是花箱绿化立体造型手法的发展型之一。

所谓 5 倍绿化

在似长方形篮筐的花箱内填入人工的轻质"水族土壤"，栽植后的"5 面绿"为其基本形态（图 1）。通过采用这种方式，原来的栽培箱和植木钵无法利用的 4 个侧面也被栽上藤和结缕草之类的植物。结果，不仅将容器上面用于绿化，而且 4 个侧面亦成了绿化面。同样的设置面积，则可以实施相当于原来 5 倍的绿化。此即"5 倍绿化"叫法的由来。

将容积很小的花箱镶嵌在框架上，或在墙面上设置金属网，让植物爬满框架或金属网，最后会成为"绿色格栅"和"植物墙"（图 2）。进而再用强化金属网制成 L 形挡土墙，便可简单地造出草屋顶（照片 2）。除此之外，该手法还具有下面几个特点：

①因侧面为植物覆盖，故花箱本身也被绿化
②通过空间与设计的结合，可以制成各种形状和大小的绿化块（照片 3）
③因重量很轻，故可设置在屋面和阳台等处（照片 4）
④只要将其摆放在混凝土地面上，就可简单地构成"庭院"
⑤因便于重叠放置或利用墙壁，故可用于立体绿化
⑥因单用花箱即可构筑墙壁和绿色空间，故工程无需混凝土和砌块之类
⑦因只设置花箱，故绿化块容易移动（照片 5、6）

采用这种具有自由度和便利性的系统绿化手法，不仅在公共空间和大型设施中，而且也很容易在私人住宅的一座座阳台、屋面、屋顶和庭院构筑出山村的自然景观。5 倍绿化让更多的人足不出户便可观赏绿色，随着城市中的绿色植物越来越多，完全可能形成与丰富多彩的社会生活息息相关的系统。

从绿化 2～3 年之后开始，每年要修剪 1 次。以东京为例，对浇水要求不高的植物，夏季少雨期每隔 3 天浇水 1 次；冬季每周浇水 1 次。浇水需要充裕的时间，绿化块越大，浇水的次数越少。

城市与乡村的循环

5 倍绿化系统系以植物作为基础。当然，无论何种

图1　"5倍绿化"花箱结构

无纺布类内敷材
金属网和铁框架
水族土壤
藤蔓植物／结缕草
尺寸可自由设定

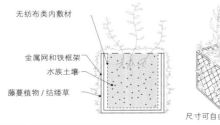

*1 有裸线、镀锌线和镀锌铝合金线等多种
*2 附设 5 倍绿化事业部联络方式 TEL：03-3280-2041、FAX：03-3280-2045 承接有意采用 5 倍绿化方式的项目。只要对我们的理念和系统表示认可，我们可与建筑师协作，从环境规划到施工和维护一包到底。此外，亦可利用落地式绿化块更简单地构筑绿色空间。"

植物，只要适应气候即能够栽植。然而，一旦将城市环境的复原和精神层面的疗养作为主题，我们对待绿化的基本抉择也就确定了。那就是日本经济高速成长期之前曾遍布山村和畦道的植被，它们在环境构建中发挥了很大作用。这些植物的最大特点是，长期适应日本气候风土，属于原生物种，而且单位面积的种类也呈现多样性。凡是自然生长的植物，都面临招来许多喜食种子的害虫和细菌的危险。为了预防和消除这种危险，几乎都要采取喷洒化学药剂的方法。结果，植物长得越苗壮，可能给环境造成的影响越恶劣。5倍绿化系统不是要对城市生活加以否定，而是要恢复日本原有的那种人与自然和谐共存的状态。

　　5倍绿化的基本形式是，在花箱的4个侧面植入茑萝之类的藤蔓植物和结缕草等，上面"地儿"的部分栽畦草（以畦道植被为模本培育的原生草本、木本类植物），"图"的部分则以原生种植物为主，再适当配植一些园艺植物。畦草和山村植物的生产地在福岛县的石川地区。在靠近东京都一带，这里是绝无仅有仍保留着山村原生植物多样性的地方。以原生物种为中心的园艺植物生产，则是在茨城县的筑波市进行的。

　　耕地面积减少和人口过疏化等原因导致原本被人们呵护着的山村和畦道渐渐荒废，不仅城市，整个日本的环境都在恶化。在城市里复原山村的自然，是关系到活跃原生植物产地经济，保护和发展山村自身的大事。

　　从北海道至冲绳，按照不同气候条件，大致可将日本的植被区分为10类。凡原生植物均应在归属区域就地生产和栽植，以达到恢复当地生态和景观的目的。

　　5倍绿化系统的目标，则是要双向复原城市和山村的环境。

图2 惠比寿内院截面图

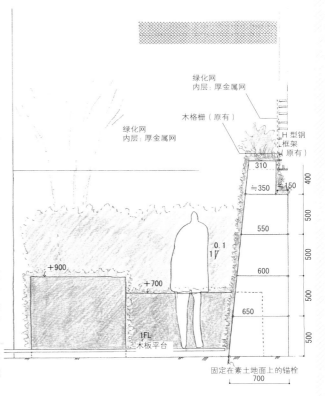

照片2　由5倍绿化的草土堰和草屋顶构成的景色

照片3　狭小地块临街住宅建造的2个庭院

照片5　在门厅周围的草土堰和阶梯处，可构筑出立体绿化效果

照片6　置于平台端头处的5倍绿化。与平台高度相同，将宽阔度成倍放大

照片4　车库上面的草屋顶。朝住宅一侧有坡度。草屋顶让人产生很多联想。庭院更展现出纵深感。

参考书目：《LANDSCAPE DESIGN》No.15（马尔默出版社）、《Detail》vol.151（都市生态状况初探）（彰国社出版）、《我的花园》2002年秋刊（马尔默出版社）

应该告诉业主的庭院树木养护方法

山崎诚子（日本大学短期大学部）

起步于庭院竣工时

庭园多半都是在绿化工程结束后，搁置一段时间才开始使用。因为植物生长有个过程，庭园达到完成形态是需要时间的。据说，英国庭园的理念之一，就是要看上去很古老。即使新造的东西，也要想尽办法做旧（Aging），特意使其透出一种沧桑感。一件半旧的红土陶，有时要比新品卖的价钱更高。

然而，并不是只要花上时间就可以了，必须精心进行管理，植物才能很好生长。尤其是春夏两季，浇水、防治病虫害、摘心、施肥、整枝和修剪等，根据不同植物特性和气象条件所进行的养护，对今后庭园好坏会起到决定性作用。

浇水是最基本的养护

如果接到电话，对方说"庭院里的植物干枯了"，首先就怀疑是浇水管理的问题。其次是土壤的问题，第三个问题也可能出在植物自身非常虚弱上。2010 年夏天，往年从未有过的酷暑持续了很长时间，行道树和公共空间的植物干枯至死的例子屡见不鲜。天气如此炎热，单靠雨水，植物已经无法熬过去了。在自然界中，滨水处、地下水、泉水和空气湿度，再加上降雨，各种水的要素会综合起来提供给植物。可是，在有着热岛效应的城市里，植物能够指望的只有雨水和人工浇水。在气候变化比较剧烈的当下，一旦忘记浇水，植物就会受到损伤。

长期不能满足对水的需求，植物将变得羸弱，很容易成为病虫害侵袭的对象。而且，浇得不彻底，大树也很难充分吸收到水分。例如，水浸入地下 1m 深左右，始相当于大树所需的吸水量。另外，一次充分的灌水之后，直至土壤干燥之前都无须再次灌水。根据植物强弱程度掌握灌水的时机和灌水的多少，非常重要。否则，在植物尚未干燥时便连续灌水，就会像豆芽那样，根系始终不发达，个子却长得很高。最终体质变弱，容易遭受病虫害。这一点要格外注意。

发挥自动灌水系统的辅助作用

在人工浇水十分困难的情况下，最好使用简单的自动灌水系统。浇水基本通过现场敷设的软管进行，太忙的时候，也可以采用人工与自动灌水系统结合的方式。最近，又出现一种由干电池驱动的简易型自动灌水系统，很容易买到（照片）。不过，这类系统几乎都要在地面敷设软管或将软管插入地下，水只能浸透植物的根，却淋不到叶和茎上。因此，在降雨较少的情况下，不能完全依赖自动灌水系统，还应采取自上而下让叶和茎也被浸湿的浇水方法。

应将养护方法告诉业主

每次庭院竣工后，笔者都要将类似植物管理说明书的"养护手册"与竣工图一道交给业主。手册中列出了各种植物的花期和特点，对容易发生的病虫害做了说明，并提出应对措施。

业主管理和委托专业人员管理

浇水之外，业主还能自己做的养护主要是清理树下草。对长成前的幼小植物进行养护，也充满乐趣。如被过多的树下草困扰，可以采用覆膜方法（参照 54 页）。其次能做的是小规模修剪；不过，也只能做到剪掉断枝和缠枝而已。一旦看到树木最后被剪成光秃秃的那副可怜相，不由惊呼"糟了"。当树木枝干受到阳光直射时，会被灼伤；而总是遭遇大风侵袭，则可能感冒。这几乎与人一样。

作为应对病虫害的措施，除了每天进行检查，尽早发现尽早处理之外，没有什么别的办法。其次关于施肥，提供果树所需养分的有机肥，应在春季或秋季施布，而且有机肥不要直接与根系接触。秋季，很多野草变成腐殖土后堆在树下，也能满足树木对有机肥的需求。

像这些简单的养护管理，均可由业主自己动手。可是，除此之外类似高空作业和消毒作业那样伴随危险的养护管理、移动树木之类的大负荷作业以及树木形态的矫正等，还是应该委托专业人员来做。

至于委托专业人员养护的费用标准，包括按作业天数及所用人数算出的劳务费、耗用消毒药剂费、剪枝处理费、交通费和养护等，以上各项费用之和即是所需的全部养护费。最近，很多地方政府都规定对垃圾处理实行收费制度，因此还不能漏掉处理垃圾的费用。

绿化养护费 = 劳务费 + 设备材料费（机械使用费和消毒药剂等）+ 垃圾处理费 + 其他费用（养护费、交通费等）。

一般来说，包括所有费用，每个工匠约为 3 ~ 5 万日元 / 日，若不用脚手架费用减半，用脚手架费用翻倍。

照片　使用干电池驱动的简易自动灌水系统。带水栓的滴灌喷嘴被固定在植物周围的土壤中

第3章

屋顶及墙面绿化

Introduction——景观建筑师大桥镐志先生访谈
了解今天屋顶绿化的实质

由点到面地推广

据说，建筑绿化空间的多层次、立体化概念系出自公元前的美索不达米亚巴比伦的空中花园。屋顶绿化，经历了作为古代建筑结构一部分的草屋顶以及伴随现代建筑发展、追求建筑单体同一性的时代。如今，因城市负荷的减轻及城市生态系统网络的形成等，人们又对构建可影响整个地区的环境同一性充满了期待。通过对诸多建筑物在景观处理、节能效果、施工成本以及维护管理等方面的研究和开发，提高了人工轻质土壤、给排水系统、各种植物素材和施工维护技术的水平。全面推广屋顶绿化的时机已经成熟。

然而，缓和热岛效应、贮留雨水和净化大气的效果，只有将点式的屋顶绿化连成线、进而再扩大到面才能实现。为此，应从自然科学角度制定城市规划，将建筑物配置、风的通道、大地土壤、地下水及河流等都作为考虑的对象。而且，还要充分考虑到包括屋顶部分的城市绿地布局、规模和品质等问题，掌握植物素材的选择、绿化方法和养护技术的要领。

怎样与人造地基相互融合

但凡刚刚竣工的人造地基，几乎都难以形成稳定的生态系统。可是，通过在规划设计阶段就考虑到将来的养护问题，便能够抑制各种不利因素。笔者在设计建筑外部空间时，曾在如今已承包养护的东京日航饭店做过试验，并在此基础上探索出一套可与人造地基相互融合的方法。

（1）存在天敌的意义

竣工后第三年，当土壤生态系统尚未稳定时，金龟子在没有天敌的土壤中大量繁殖，许多植物因叶和根被噬咬而遭受严重虫害。不过，饭店花园中收获的橄榄和香草等却仍然给客人带来很多乐趣（照片2）。其实并没有喷洒化学农药，而是将当时专供草坪的生物农药"昆虫寄生性线虫"试用在这样的普通绿地中。在线虫的使用上，要特别注意散布的时机、散布时的天气、气温、土质和散布前后的灌水状况等。经过2年的散布、调查、再散布过程，才能达到稳定状态。由于在养护中始终最大限度地控制化学农药的使用，现在已经有黑背鹡和绣眼鸟飞来，草地上也出现了蚯蚓和蟋蟀等。

（2）免维护是可能的吗？

景天类被看做廉价而又免维护的植物。的确，它不至因缺少雨水而干枯。可是，这并不意味着万事大吉。土壤层稍薄一点就可能杂草丛生。作为解决之道，应在设计伊始便将草地管理纳入概念之中。除那些过于茂盛、长得很高的杂草，其余的均可任其与结缕草和万年草共存（照片3、4）。中间留出的空隙，不只是便于管理，也是为了形成一种环境，以支撑生态系统。在这样的环境里，被看成杂草的酢浆草既是可供欣赏美丽黄花的野草，也是日本小灰蝶的食草。

赏心悦目的绿化

对于人类来说，可用于创建舒适环境的植物多种多样。强风、光害、干燥、日照不足、土壤有限和病虫害等严酷的环境，让建筑空间也承受着巨大压力。要想使绿化取得预期效果，先决条件是，充分了解各种植物的特点，营造最适合植物生长的环境。

人造地块是将绿色和野鸟吸引到大地上来、并使其焕发生机的一处新空间。人造地块的开发，在让我们真切看到大地本来面目的同时，也要将其改造成丰富多彩的环境，使之向着原点回归。为达此目的，屋顶绿化则不可或缺。这不仅为了赏心悦目，也是要满足人们对高品质生活的追求。

照片1 一般常见的屋顶绿化失败的例子。景天被覆变少，基层土壤流失，露出基底的网状体

照片2 人造地块上的实用庭院。收获的植物可供饭店餐厅使用。耐干旱和病虫害

照片3 通常被当做杂草除掉的酢浆草与结缕草、万年草和松叶菊共存，与草坪同时休整

照片4 荷载严格受限屋顶的设计。为与周边海岛景观融合，薄薄地均铺一层碎石，表面栽种松叶菊，看上去就像一座漂浮在海面的绿岛

照片提供：大桥镐志（69页·照片2、3、4）、绿化技研（照片1）

屋顶绿化设计技巧和设计资料

荷载、防水、排水、土壤、基底、树种等

藤田 茂（绿化技研）

屋顶绿化设计经验不足的现状

此前的屋顶绿化曾发生过一些事故，其中常见的并不是植物的根直接戳破防水层之类，而是屋面排水管堵塞，泥土甚至一直堆到排水竖管的上面，因疏忽导致的漏水事故。此外，如避难通道受阻、荷载过重、树木被大风吹倒或枝干飘飞等造成的危险也不少见。尽管屋顶绿化已被广泛认可，然而却大都是在对建筑物顶上的绿化知之甚少的情况下实施的。

新建时的屋顶绿化设计要领

下面，将详细说明新建时的屋顶绿化设计要点。

（1）绿化规划（目的、部位、荷载）

具体化的绿化规划，包括根据绿化目的所做的可最大发挥效果的设计、栽植地块和配植方案等。而且，还要按照超高层、高层和倾斜屋顶等不同绿化场所，设定与之适应的各种绿化形态、使用目的和可承受的绿化重量等。同时，要将可否进入其中、从室内能否眺望以及不同使用者的偏好之类的因素也考虑进去。

其次，根据屋顶荷载的绿化重量，能够用于绿化的植物及其配植方法都受到很大限制。制定规划时，大体上根据绿化重量来确定绿化形态，可减少因荷载过重造成的返工（照片、表1）。通常认为，RC、SRC结构的建筑物，只要做足功夫，可在经费增加不多的情况下加大荷载。根据测算可知，建筑面积1000m²的9层楼房，若从建筑基准法规定的屋面荷载最低标准180kgf/m²，提高到1000kgf/m²，建设费只增加1%。同样的建筑物，若将屋面荷载设为300kgf/m²，建设费仅增加0.1%。当然，如新建项目系以绿化为前提，则应在结构设计时便将绿化荷载作为固定荷载考虑进去。

（2）排水

即使在狭窄的屋顶，也至少要设2处屋面排水管。屋面排水管的管径被定为HASS-206*；若系中间层屋面，尚须考虑到与屋面相接的建筑物墙面的面积（90页图1，表2、3）。

（3）防水

在选择屋面防水层时应注意的要点是：水密性、耐久性、耐根性、抗冲击性、承重性、耐药性和耐菌性等。在单靠防水层不能确保防水的情况下，有必要采取其他任何能够满足性能要求的手段。无论在做大规模维护还是在实施绿化的时候，均应拆除原有防水层，尽可能以耐用年数长的规格更换之。从生命周期成本考虑，要确保简易绿化和正规绿化分别具有20年和50年的耐久性（图2）。

至于防水竖管的高度，假如其室内出

照片 荷载120kg/m²以下的屋顶绿化例

表1 根据绿化重量制定的绿化规划

绿化重量	绿化规划要点
60kg/m²以下	以景天类绿化为主，采用容器型草坪底面灌水法等可频繁进行灌水作业。设计上尽量采用极轻铺装材料，局部草花与灌木混植，可频繁进行灌水
120kg/m²以下	使用轻质土壤时，可进行以设有灌水装置的草坪为主的绿化。设计上尽量将中木分散布置，亦可使用灌木和草本类绿化
180kg/m²以下	使用轻质土壤，扩大草坪等处面积，分散配置乔木，亦可采用草本类进行设计。现有建筑物，即使减少使用屋顶的面积，亦以此为限
250kg/m²以下	使用轻质土壤，扩大草坪等处面积，亦可在周围列植乔木。可进行以灌木为主的绿化或辟为香草园、蔷薇园和地道的菜园等
500kg/m²以下	使用轻质土壤，可全部栽植约3m左右的乔木。若在设计上下点工夫，甚至可以建成生境池之类
1000kg/m²以下	使用轻质土壤，可全部栽植约5m左右的乔木。若在设计上下点工夫，甚至可以让屋顶绿化效果看上去有如大片的田野
1000kg/m²以上	可用长成大树的苗木绿化。使用轻质土壤，可栽植超过6m的乔木。甚至造成使用天然石材的日本庭园或像样的水池

※〔社团法人〕空调·给排水学会制定的给排水设备标准

入口一侧低于外周部分的话，屋顶一旦积水成为游泳池状态，水便有可能流入室内。因此，应将防水竖管室内出入口与外周设为一般高。当无法做到这一点时，应在较室内侧防水竖管低的位置安装溢流管，或者在靠近出入口位置增设排水用雨水斗（图 3）。如果采用密封防水和涂膜防水等外露防水施工法，在施工中和维护管理时有可能会伤及防水层，因此应设冲击保护层。

（4）防风对策

对于绿化无法应对的预估风荷载部分，可考虑设置防风栅栏等，从建筑方面采取措施。另外，在准备布置高木或具有一定高度的结构物时，可事先环绕建筑主体建造护墙。

（5）屋顶结构

如果从建筑规划初期便开始考虑屋顶绿化，可能会使屋顶结构的设计更加符合屋顶绿化的要求。可考虑采取嵌入式树坑、双重屋面和引道等方法。虽然设置引道是否符合屋顶利用的要求尚可斟酌，但只要将屋顶作为公开空地使用，就有必要设置不仅从建筑物内、亦可从外部进入其中的外楼梯。

此外，为屋顶利用者的安全着想，还应规定业主有义务设置防护用的栏杆。栏杆高度以 1.1m 以上为宜；当然，亦要根据利用目的以及利用者的年龄结构等因素确定之。

（6）供水、电气设备

不仅植物灌溉需要供水，清扫和冲洗等也离不开供水。供水管直径应在 13 ～ 20mm 之间，除灌水用阀门外，最好再设置 2 个散水和清扫用阀门。如装有洗手盆等设备，则需要敷设污水管。考虑到夜间作业的需要，应在屋顶设置电源。只要不设大型喷灌系统，通常 100V 就足够了。不过，一定要将户外用防水型电源插座安装在高于防水竖管的位置。

屋顶绿化系统厂家的选择

对于屋顶绿化来说，基层的轻量化最为重要。毫不夸张地说，有关屋顶绿化的技术及产品的开发也集中在这一点上。因此，各家生产商都从最下面的保护层开始、直到土壤及植物，将其作为系统开发，并力图做到高性能化。最近，开发出很多由景天类植物构成的轻量绿化系统。而且，到了平成时代（1989 ～），那种在现场安装的施工方法已由厂家制定出标准，采用绿化防水施工法等系统工艺的事例越来越多（表 4、图 4）。然而，在最近生产的系统中，采用景天类绿化的实例也出现过这样的情形：系统中的植物被风刮跑了一大部分。

图1 雨水排水管尺寸计算方法

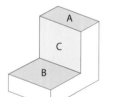

如系中间层屋顶（B），要将与屋顶相接的建筑墙面积（C）考虑进去。通常为墙面面积 1/2 与屋顶面积相加之和。结果，B 的计算雨水面积 =B 实际面积 +C/2。

表2 雨水竖管管径（HASS-206）

管径（mm）	50	65	75	100	125	150	200
允许最大屋顶面积（m²）	67	135	197	425	770	1,250	2,700

表3 雨水横管管径（HASS-206）

管径（mm）	允许最大屋顶面积（m²）			
	配管坡度			
	1 / 25	1 / 50	1 / 75	1 / 100
65	127	90	73	—
75	186	131	107	—
100	400	283	231	200
125	—	512	418	362
150	—	833	680	589
200	—	—	1,470	1,270
300	—	—	—	3,740

构筑绿化用基础层

用于屋顶绿化的人造基础层，包括保护防水层的防根层、冲击缓冲层、排水层、不让上面土壤进入排水层的过滤层以及填入土壤的畦缘或容器等，即要构成一个土壤组合体。下面，对其中特别重要的防根层和土壤详细加以阐述。

（1）防根层

植物的根一旦直接与防水层接触，有时会伤及防水层，尤其是在根系伸入密封接缝的情况下，随着根系生长，接缝被扩大，便发生漏水的危险。因此，必须用防根材料构筑成防

图2 绿化防水施工法结构

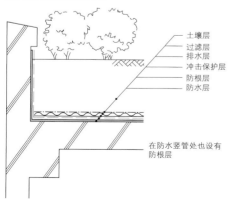

土壤层
过滤层
排水层
冲击保护层
防根层
防水层

在防水竖管处也设有防根层

图3 溢流管结构

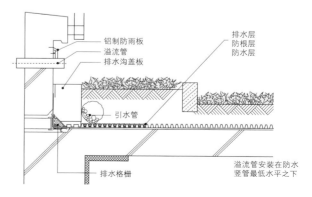

铝制防雨板
溢流管
排水沟盖板
引水管
排水格栅

排水层
防根层
防水层

溢流管安装在防水竖管最低水平之下

根层，以防止植物根系直接接触到防水层。如系透水性密封，将其敷设在排水层之上，亦可代替过滤层；不过，由于土壤品质的关系，有可能将透水微孔堵塞。因此，最好敷设在排水层下面。有种使用化学药品的密封材料，也能抑制根系生长，但与其他材料相比价格要高些。

防根材料的种类有非透水性防根材料、透水性物理防根材料和透水性化学防根材料等。在土木工程上，虽然也常被称为防根密封，但这只是一种防止粗根的密封，细小的根须照样可以通过。因而，不能将其用在屋顶绿化上。按理说，"防根密封"的叫法并不恰当，应该称为"抑根密封"更准确些。

（2）作为绿化基础的土壤

关于树木的重量，自然要预想到，其荷载将随着生长而不断增加。但是，所有承受重量的要素中，土壤最为重要。土壤的轻量化，可以说是屋顶绿化的关键。

在进行屋顶绿化时，需要解决保水与排水的矛盾。不过，如加厚土壤层，将会增大建筑结构的负荷，多少要受到制约。一定厚度的土壤是在其中生长的植物根系发达和功能充分的必要条件，如果土壤层过薄，水分和温度的变化就会剧烈，并产生无机盐类不足的现象。因此，在因荷载条件而减少土壤层厚度时，必须事先提升土壤本身的潜质（功能）。

土壤应具备如下功能：保持水分的能力、排出多余水分的能力、可确保通气的能力、可保持养分的能力、将养分顺畅传输给植物的能力以及能够始终保有一定量的养分等。

要根据使用场合和绿化目的，分别使用不同的土壤。如容器内土壤、庭园土壤、草坪土壤、菜园土壤、粗放管理草原土壤、粗放管理景天类土壤等，不同土壤的性能也不一样。过去，一直是将自然土壤加以改良，再作为绿化土壤使用。不过，近些年来，使用人工轻质土壤的例子日见增多。目前开发较多的人工轻质土壤，生产时都看重其物理上的保水性、通气性和透水性（表5）。而且，湿润比重为 0.6 ~ 0.9，轻到只有天然土壤 1/3 ~ 1/2 的样子。不过，也不能过轻，否则会产生土壤飞散和难以支撑树木的问题。按照其中所含成分，轻质人工土壤大体被分为无机系列、有机系列和有机无机混合系列。

选择植物的方法

在屋顶绿化中，植物大小是决定其他要素的关键。如栽植较大的树木，则要确保与之适宜的土壤量，再据此确定相应的挡土凸缘高度（表6）。还要设支柱以防止大树倾倒，而且亦应增加水的供给量。

确定树种的依据，主要是看其能否在既定环境中生长（表7、8）。关于环境条件，要考虑日照、温度、雨量、雨水可否淋到、风的强弱和有无海风等要素。其次，除作为遮蔽、渲染和造景之用以外，还可兼得实惠的果树、蔬菜和香草，以

表4 绿化系统选择标准

分类	系统名	类型	全厚 (cm)	所用植物	重量 (kg/m²) 各植物基础层	大致评价 耐踏性	耐久性	施工性	尺寸调整	灌水装置	管理性	注意事项
按植物分类	地被绿化	现场施工	3	地被类	30	△	△	△	○	无	△	地被鲜度
		板块	0.3 ~ 0.5	地被类	10	△	×	○	○	无	△	剥离板块时飞溅
		密封	1.5	地被类	15	△	×	○	○	无	△	剥离密封时飞溅
		单元	3	地被类	20	△	△	○	△	无	○	养护至成活、价高
		人造草坪	1	地被类	10	△	○	○	△	无	○	养护至成活、价高
	景天绿化	茎叶栽植	3 ~ 5	景天类	30 ~ 50	×	△	○	○	无	△	多需补植
		密封	3 ~ 5	景天类	30 ~ 50	×	△	○	○	无	△	剥离密封时飞溅
		插枝	3 ~ 5	景天类	30 ~ 50	△	△	○	○	无	△	
		盆栽	5 ~ 10	景天类	40 ~ 80	△	△	△	△	无	△	基础层厚度、重量
		单元	3 ~ 5	景天类	30 ~ 50	△	△	○	△	无	○	景天退化
		板块	3 ~ 5	景天类	30 ~ 50	△	△	○	×	无	△	景天退化
		组块	5 ~ 7	景天类	40 ~ 60	△	△	○	×	无	△	
	草坪绿化	单元	3 ~ 7	草坪类	30 ~ 100	○	△	○	△	有	△	过湿，西式草坪管理
		板块	5 ~ 10	草坪类	50 ~ 100	○	△	△	×	有	△	过湿，缓冲性
		嵌板	5 ~ 10	草坪类	50 ~ 100	○	△	○	×	有	△	结构与灌水一致性
	单元绿化	根茎单元	5 ~ 7	多年草、低木	50 ~ 100	×	○	○	×	有	×	精心灌水
		辅助材单元	5 ~ 7	多年草、低木	50 ~ 100	×	○	○	×	有	×	精心灌水
		无纺布＋土壤	3 ~ 5	多年草、低木	50 ~ 100	×	△	○	△	有	△	通常另外敷设基底
按基础层分类	单元板块基础	椰类	10 不到	草坪、多年草	60	×	△	○	△	有	△	内容物易飞散，排水
		有机质	5 ~ 10	草坪、多年草	40 ~ 80	△	×	○	△	有	△	年久膨胀变质
		加保水剂	7 ~ 10	草坪、多年草	60 ~ 100	△	△	○	△	有	△	过湿、排水
		固化土壤	5 ~ 10	草坪、多年草	40 ~ 100	△	○	△	△	有	○	原有土壤（有机质为主）品质
		袋状	10	多年草	80	△	△	○	△	有	△	割破口袋栽植，排水
	组块绿化	嵌板	5 ~ 10	草坪、多年草	50 ~ 100	○	○	○	×	有	△	结构与灌水一致性
		容器	10 ~ 20	草坪~低木	100 ~ 200	○	○	○	×	有	△	结构与灌水一致性
	薄层绿化	储水型	20 左右	草坪~低木	170	○	○	○	×	有	△	过去通常采用的绿化手法。要仔细检查基础层的各个部分
		非储水型	20 左右	草坪~低木	160	○	○	×	×	有	△	
	通用积层绿化	储水型	20 以上	所有植物	170 以上	○	○	○	×	有	△	
		非储水型	20 以上	所有植物	160 以上	○	○	×	×	有	△	
	屋顶绿化防水	沥青防水	20 以上	所有植物	170 以上	○	○	×	×	有	△	新建、改造时，从防水开始一体施工
		涂膜防水	10 ~ 20	草坪~低木	100 ~ 200	○	○	○	×	有	△	

注 绿化系统因生产厂家之不同而存在较大差异，必须经确认后方可使用。即使采用景天绿化，最好也安装灌水装置，以备在长时间无降水的情况下使用。

凡例 ○：优 △：稍差 ×：差

及具有调节微气候功能的植物等，亦应列为考虑的重点对象。并且，不仅要想到环境和应用，还应考虑到包括灌水在内的管理所需要的作业量有多大，然后选定适合拟绿化屋顶的植物。

绿化结构

设计绿化结构时应从以下方面考虑：环境条件及其缓冲作用、观赏性、绿化目的、要求的功能（防风、遮蔽等）和养护管理作业等。如果绿化地点较宽敞，可在其外周混合密植低木、中木和高木，这样风便不会吹到绿化地点当中来。外周的树木应选择耐干性和抗风性较强的常绿树，而将秋天大量落叶的树木以及耐干性和抗风性较弱的植物配植在中央部分。

在狭窄屋顶上进行绿化，不能勉强栽植较大树木，还是以中木、低木和草花之类构成为好。而且，为了不致使土壤表面裸露，可用地被植物或地膜材覆盖，也可起到防止土壤因干燥而流失和飞散的作用。

与管理协调

养护管理计划，除涉及绿化目的和利用形态等，也与管理体制、管理内容、绿化管理形态、绿化管理方法和绿化管理水准等有关。因此，必须与绿化计划同时制定。

（1）集约管理或者粗放管理

在养护管理方面，基本可分为集约管理和粗放管理两大类。不过，也有一种混合管理类型。各种管理类型尽管有些差异，但均须设定作业标准和作业频度。

（2）集约管理

庭园、菜园、花坛和草坪等都需要进行细致的管理。一般的屋顶绿化尽管程度不同，但均以集约方式进行管理。虽然生境之类，因粗放管理无法达成目标也需要集约管理，但通过志愿者的合作以及教育方面的普及和彻底，也可以将管理作业本身作为目标。

（3）粗放管理

景天类虽是一种可大量减少管理作业的植物，但因系生产物，故仍需最低限度的管理。如施肥（并非每年都需要）、摘除长得过大的植物、冬季割掉枯草、全部枯死后的再植以及碰到连续极端无雨天气时的灌水作业等。

表5 屋顶绿化用土壤选定评价项目及标准

评价项目		单位标准	天然土壤目标值	人工土壤性能指标	评价标准			
					优	良	较差	差
土壤物理性	移入重量	kg/m^3			$0.2 >$	~ 0.5	~ 1.0	$1.0 <$
	湿润重量	$pF1.5t/m^3$		轻质土 =1.0 >	$0.7 >$	~ 1.0	~ 1.5	$1.5 <$
	加压压缩率	%	（施工时损耗量）		$10\% >$	$20\% >$	$30\% >$	$30\% <$
	有效水分保持量（保水性）	$pF1.5 \sim 3.0 \frac{V}{V} /m^3$	$80 \sim 300$	$100 < 200 <$优	$200 <$	~ 120	~ 80	$80 >$
	饱和透水系数（透气、透水性）	m/sec	$1 \times 10^{-3} \sim 1 \times 10^{-6}$	$1 \times 10^{-5} >$	$1 \times 10^{-3} <$	$\sim 1 \times 10^{-4}$	$\sim 1 \times 10^{-5}$	$1 \times 10^{-5} >$
土壤化学性	pH		$4.5 \sim 7.5$	$5.0 \sim 7.5$	$5.6 \sim 6.8$	$5.0 \sim$	$4.5 \sim$	$4.5 >$
						~ 7.5	~ 8.0	$8.0 <$
	氯基交换容量（CEC、保肥性）	me/100g	6 以上	（对施肥间隔有影响）	$20 <$	~ 10	~ 6	$6 >$
	导电率	E C dS/m	（决定 EC 的物质存在、肥料和氯类）		$0.8 \sim 1.2$	$0.5 \sim$	$0.1 \sim$	$0.1 >$
						~ 1.5	~ 2.0	$2.0 <$
其他	拆袋时飞散		（发生施工事故的主要原因）		无	有	多	极多
	悬浮颗粒		（降雨时土壤流失）		全部沉淀	少数浮起	大部浮起	全部浮起
	树木支撑力度		（与重量和土壤黏性有关）		优	良	一般	差
	踩踏减量	减 %	草坪被用于踩踏场合		$10\% >$	$20\% >$	$30\% >$	$30\% <$
	性质变化		（物理性、化学性变化）		无	有	多	极多
	耐久性		（减量和性质变化所用时间）		20 年以上	20 年左右	10 年左右	不到 10 年
	施工性		（容易挖掘的程度等）		优	良	一般	差
	初期散水量	土壤体积比 %	（为使土壤水分达到 pF1.5 左右所需要的水量）		$20\% >$	$40\% >$	$80\% >$	$80\% <$

表6 植物大小与土壤厚度及重量的指标

		景天类	草坪	低草花	中位草花	灌木	中木	高木
植物高度（cm）		5～10	5～10	10～50	50～100	50～100	100～200	200～400
土壤厚度（cm）		5	10	15	20	25	30	40
土壤荷载	天然土壤	—	160	240	320	400	480	640
	轻质土壤（kg/m²）	40	80	120	160	200	240	320
	超轻质土壤（kg/m²）	30	60	90	120	150	180	240

注 可满足灌水需要的最低限度土壤厚（景天类无需灌水）。天然土壤、轻质土壤、超轻质土壤的比重分别按 1.6、0.8 和 0.6 计。荷载只是土壤部分的重量，再根据项目实施情况加上排水层、边缘材、植物及其他部分，计算出总荷载

表7 适于屋顶绿化的植物

植物名称	生长类型	理论耐干性	抗风性	耐阴性	病虫害	市场性	耐无降雨性	备注
百子莲	常绿草本	△	○	△	少	□	◎	不同品种差别很大。数年分株一次
大花六道木	常绿低木	○	△	○	少	○	◎	吸引蝴蝶
矾菊	常绿草本	○	○	×	少	○	◎	
大叶景天	常绿草本	○	△	△	少	○	◎	以明亮蜡质光泽的绿叶和桃红花色为特征
大叶剑兰	常绿草本	○	○	△	少	○	◎	亦称花斑剑兰
紫萼	冬枯草本	△	△	○	多	○	中	有多个品种。也有叶子带斑点的
高丽草	常绿草本	○	○	△	少	○	中	耐潮性强。每年修剪3次以上。匍匐性
枸子类	常绿低木 匍匐茎	○	○	△	少	○	◎	其形状和生长性因品种而各异。诱鸟
德国鸢尾	冬枯草本	○	○	△	少	○	◎	其花色因品种而各异
常春藤	常绿木本	○	○	○	少	○	◎	有斑点、叶子变化等诸多品种
景天类	常绿草本	◎	○	×	少	○	中	耐干性特强。生长类型和花期因品种而各异
耐寒松叶	常绿草本	○	○	△	少	○	◎	匍匐性
百里香类	常绿小低木	○	○	△	少	○	◎	耐热性弱。烹调用香草
樱桃鼠尾草	常绿草本	○	○	△	少	○	◎	长得过高时要修剪
长春蔓	常绿草本 匍匐茎	○	○	○	少	○	◎	有大叶的主种和小叶的次种。亦可使其下垂
扶芳藤	常绿木本 攀援性	○	○	○	少	○	◎	带斑点的品种，颜色可由白到红地变化
结缕草	冬枯草本	○	○	×	中	○	◎	耐潮湿性强。每年至少割草1次
垂岩杜松	常绿针叶树	○	○	×	少	○	◎	耐潮湿性。匍匐性
紫花地丁类	常绿低木	○	○	△	少	○	◎	其形状和性质因品种而略有差异
火棘属	常绿低木	○	○	△	少	○	◎	有刺、诱鸟
萱草	常绿草本	○	○	△	多	○	◎	有多个品种。花朵一天一谢，接连开放如营养充分，开花甚多，十分醒目
剑兰	常绿草本	○	○	△	少	○	◎	
绣线菊	落叶低木	○	△	△	少	○	◎	连续干燥时，虽落叶但不枯死
迷迭香	常绿低木	○	○	△	少	○	◎	有匍匐性品种。叶有香气。烹调用香草
忍冬箭竹	常绿木本	○	○	△	少	○	◎	叶子稠密繁茂

注 市场性：□ = 园艺界内流通 耐无降雨性：◎ = 土壤厚15cm，在无降雨30日以上时仍可生长的品种

表8 不适于屋顶绿化的植物

生长迅速荷载增加的树木					由鸟和风搬运种子生长迅速的树木		
刺槐类	常绿	易被风吹倒树木	刺槐类	常绿	野梧桐	落叶	鸟
银杏	落叶		卡罗来纳白杨	落叶	饭桐	落叶	鸟
樟	常绿		金翠园	常绿	楮	落叶	鸟
榉	落叶		垂柳	落叶	桐	落叶	风
樱类	落叶		白桦	落叶	樟	常绿	鸟
日本女贞	常绿		梧桐	落叶	榉	落叶	风
七叶树	落叶		桉类	常绿	樱类	落叶	鸟
雪杉	常绿		百合	落叶	臭椿	落叶	风
法国梧桐	落叶	其他	细竹类	常绿	女贞	常绿	鸟
糙叶树	落叶		苔藓类	落叶	黄栌	落叶	鸟
水杉	落叶		洋槐	落叶	糙叶树	落叶	鸟
桉类	常绿				百合	落叶	风

对原有建筑物进行绿化时的注意事项

要充分了解原有建筑物的主体结构、防水标准、可承受荷载、风荷载、可利用空间、详细自然条件以及周边环境等。并且，还要掌握避难通道、安全管理综合规定、与邻舍关系等情况。而对建筑物自身的调查和诊断，则尤为重要。

（1）关于建筑物的调查和诊断项目

未设安全栏杆的斜坡屋顶及平屋顶，基本都不能采用需要人进出其中的菜园绿化方式。房龄超过 15 年的建筑物，则需要对屋面防水层进行改造。这时，大都采用不拆掉旧防水层、直接覆盖新防水层的裸露施工法。

（2）注意新抗震法实施前完成的建筑

应根据现在的地震荷载、梁载和楼面荷载等核实建筑物竣工年份。在日本 1950 年施行的建筑基准法（旧抗震法）中，对荷载做了专门规定；但 1981 年的新抗震法又做了修改。旧抗震法与新抗震法关于地震后建筑物存续程度的规定差别很大，因此在设计时应该对 1981 年以前竣工的建筑物进行仔细检查。

（3）可利用空间和不可利用空间

位于屋面和阳台的空间不见得能够全部使用。常常可以看到那上面安装着配电室、空调室外机、给水用蓄水槽和太阳能光电板之类的设施。因此，必须事先对这些空间的状况、如其中的配管等调查清楚。因要确保外墙清扫吊兰移动通道，从而导致屋面空间无法利用的例子比比皆是。

（4）与设备的关联

要确认是否会影响水、电等与设备相关的供给以及电源插座和水栓的位置等。还应确认供水系统的给水管径和水压；如果可以利用中水和雨水，则要掌握水质和供给量等情况。与电气相关的，需要确切知道供电的功率和电压等。

向有经验者学习独立住宅的屋顶绿化设计

目的各不相同的独立住宅屋顶绿化及其结构设计要点

善养寺幸子（株式会社 eco-elab）

独立住宅的屋顶绿化

自 1996 年从事屋顶绿化工作起，笔者开始对生态住宅有了兴趣。在附近商业区人口集中地，为了实现拥有庭院的愿望，我们在这座 S 结构建筑物上做了屋顶绿化的尝试。当时，对跳层建筑的屋顶进行了绿化，使之成为在起居室延长线上有内院的建筑（照片 1）。首先填入厚 40cm 的人工土壤，上面再铺 5cm 后的黑土，最后将杏树植入其中。这样，一座日照不算很好的内院便建成了。8 年过去了，如今树上结出的果实，每年都能够做几大瓶果酱的。当初的屋顶绿化，其目的原本是要构建一座观赏庭院。可是，超出想象的是，还让人切身感受到了屋顶绿化改善建筑物温度环境的效果，作为建筑物的环境构建要素，它所发挥的作用竟让人喜出望外。而且，在通风方面，与那种风自阳台穿过带来的凉意不同，屋顶绿化后内院下面房间的温度环境可始终保持稳定。

照片 1　将内院建在"墨田之家"跳层屋顶上。人工土壤有较好的保水性，由于来自墙面反光的热辐射，不适于金翠园之类的欧洲植物生长

植物选择 1：如以减轻暑热为目的

如果要问到笔者绿化的目的究竟是什么，我认为主要是一种应对夏日暑热的手段。屋顶绿化作为隔热层起到辐射冷却的作用，减缓了建筑物的温度上升过程。其次是为了应对冬季的严寒。屋顶绿化可防止建筑物直接的敷设冷却，同样起到隔热作用。从这一点考虑，屋顶绿化也出现各种不同形式。如仅以隔热为目的，只要遮住阳光使表面温度不升高就可以。但要将辐射冷却效果作为追求的目标，则必须在其中栽植可释放大量水分的植物。如果再进一步要求冬季能够隔热，土壤量的多少就显得很重要了。土壤厚度不少于 15cm，20cm 以上更为理想，然后以冬季也不会干枯的植物覆盖其表面。

说到所要求的性能，景天类虽有隔热效果，但对辐射冷却起不了多大作用。在获取辐射冷却效果方面，还是草坪的性能最佳。凡能够起到辐射冷却作用的植物，自然都含有大量水分。如果让地衣类经常含有水分，将其当做散热器使用，或许也有效果。但不管怎么样，在很薄的土壤层上实施的绿化，只能用来作为夏季对策。要想夏冬两季兼用，则必须加厚土壤层。

植物选择 2：如以免养护为目的

（1）植物修整

从免养护角度看，草坪不是适宜的选项。假如修剪不当，或者让割掉的草叶放在原地，草坪往往会生病，以致全部死掉。而且，景天也并非那种完全可以不予理会的植物。笔者还碰到过这样的情形：过上一段时间之后，绿化当初栽植的景天几乎都处于死寂状态，而在毫不相干的近处自生的景天却鲜花怒放。这甚至让我产生一种破坏邻舍生态系统的罪恶感。地衣类植物即使在干枯以后也能够保水、直至复苏，因此被看成最理想的免养护植物。然而，单靠这样的植物又无法实现绿化的根本目标。

（2）不栽植任何植物的屋顶绿化

特意建造的庭院，被不请自来的客人搞乱，栽下的植物也枯死了。为什么会发生这样糟糕

照片　杉并之家的屋顶菜园。遗憾的是，因没有看住乌鸦，使蔬菜受害（竹村工业）

菜园使屋顶绿化妙趣横生

善养寺幸子（株式会社 eco-elab）

从经济角度上说，要想在城市中得到一处拥有庭院的用地环境很困难。而且，住宅密集区等处的庭院，也都存在日照不充分、植物难以生长的问题。鉴于此种状况，人们向往的"屋顶菜园"绿化事例也应运而生（照片）。

人们对此充满了期待，因为终于每天都可以到屋顶上来了。对于屋顶绿化来说，在目光所及之处防止发生较大的麻烦是件很重要的事。不管考虑得如何周到，但毕竟是以自然界中的动植物为对象。除了要考虑到因排水堵塞而出现漏水的可能性，还得想到积水可能造成的过载。经常观察才会发现各种变化，只有不断维护才能不产生麻烦。重要的是，如何使屋顶绿化妙趣横生。

COLUMN

照片 2　川崎之家 使用了将木屑水泥板废材粉碎制成的土壤

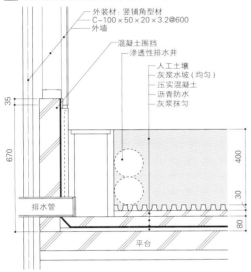

图2 S结构屋顶绿化部分截面图（S=1：60）

外装材：竖铺角型材
C-100×50×20×3.2@600
外墙
混凝土围挡
渗透性排水井
人工土壤
灰浆水坡（均匀）
压实混凝土
沥青防水
灰浆抹匀

排水管
平台

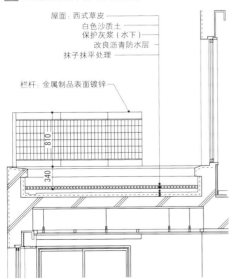

图3 RC结构屋顶绿化部分截面图(S=1：60)

屋面：西式草皮
白色沙质土
保护灰浆（水下）
改良沥青防水层
抹子抹平处理

栏杆：金属制品表面镀锌

的事呢？原因就在于选择的植物不适应生态和环境。即使第一年勉强生存下来，由于植物吸收营养继续生长，土壤环境则开始发生变化。假如不对此进行调节以维持原有状态，同样的植物将无法生存。要解决这类问题，必须掌握多方面的知识，可我们又都是门外汉。大家提倡的少养护绿化只是问题的一个方面，我们倒是建议现在可以选择不栽植任何植物的屋顶绿化方式。

实际上，这样的方法最适于植物生长。说不上什么时候，适应环境的植物就会轮番来这里随便落脚。如果将等不到植物前来看做绿化没有完成，那么只要有一棵植物来到这里都让人感到极大的满足。即使在同一座城市内，不同区域的植物生长状况也有一定差异。而且，其中培育的植物约有 20 种之多，体量也相当大。仔细一看，才知道这恰恰是用地内植被的现状。其中，似乎外来物种更多一些。

无论坡面屋顶还是平屋顶，假如只铺土壤、不栽植什么的话，就成了一座完全被杂草绿化的住宅（照片 2）。将人造土壤与黑土混合，铺成厚 20cm 的土壤层，施工过去数周后，表面开始生出有着小小双叶的嫩芽 *。

独立住宅屋顶绿化设计要点

无论木结构、S 结构、还是 RC 结构的住宅，屋顶绿化的设计都有普遍的经验可循。最旧的物件已有 10 年以上的历史，我亲眼见证了它由新变旧的过程。防水＋绿化的组合，几乎是迄今为止自己最常用的形式，思考方法也十分单纯。首先，要将防水层做到即使当做泳池来用也没问题的程度。其次，再考虑排水方法。细部应该满足排水口维修的需要。然后考虑雨水的溢流问题。接下来，我们按照以上思路，对各种结构建筑物的屋顶绿化设计要点分别进行讲解。

（1）木结构建筑

笔者在木结构建筑上所做的屋顶绿化，采用了传统的施工方法，即混合土壤铺在不锈钢接缝防水层上（95 页图 1）。排水口设有倒扣着的冲孔金属板箱笼，以防止土壤随着排水流失。

采用该法施工的部分，迄今尚未发现漏水。进而，在防水方面还经常做泄漏测试。将防水部分的施工交给专业防水人员，土壤、绿化部分可由业主自己来做或委托造园业者。

另外，如在木结构建筑屋顶铺 20cm 厚的人工土壤，可将其活荷载设想为 180kg/m²，灌水时为 200kg/m²。而且据此

图1 木结构屋顶绿化部分截面图(S=1：60)

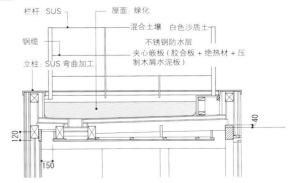

栏杆：SUS
屋面：绿化
混合土壤 白色沙质土
不锈钢防水层
钢缆
夹心嵌板（胶合板＋绝热材＋压制木屑水泥板）
立柱：SUS 弯曲加工

※ 可能有点儿离题，关于这个事例还有一段插曲，即向行政补助制度提出申请。通过现场审查，官方给予了这样的答复："由于单靠杂草达成目标，没有栽植其他植物，因此不能将其认定为屋顶绿化。"那么，补助金究竟由何种目的？难道抑制热岛效应不是它的目的吗？尽管如此，却得用杂草起不到屋顶绿化作用的结论。作为职能部门的公园绿地课，竟对绿化不甚了了，想起了就觉得气愤。最终的结果是，似乎看出业主真的生气了，到底还是支付了补助金

进行结构计算，以确认安全系数。

至于土壤的运入，则必须在建筑竣工之后才能进行。理由是，搬运土壤的过程中，必然会在室内撒的满地都是，还要再去收拾，而且也妨碍内装施工。土壤的搬运，有时单靠人力，有时则可利用吊车直接从卡车上运往屋顶。在以人力搬运时，通常都是10kg装的小袋土壤。搬运时难免会有土洒落，将室内弄脏。搬运倒是很容易，但考虑到搬运结束后还要彻底收拾，建议在可能的条件下，尽量使用吊车直接从卡车上运往屋顶。

（2）S结构建筑

最早在S结构建筑上所做的屋顶绿化曾碰到过麻烦。因黑土渗水性差，一旦有集中暴雨，屋顶即形成积水。此时作为应急措施，业主会冒着大雨用伞一下一下地戳土壤表面，让积水渗入人工土壤中去。后来做了改进，将排水口盖改成格栅状，使溢出的雨水直接流进去。

此处构成楼面的楼板采用如下方法制成：将QL金属板作为楼板的连接板，在不与钢筋连接的位置构筑围挡，成为一个浴桶状的楼板，再使用沥青将内面做防水处理（95页图2）。仅从造价上看，也应该优先选择沥青防水。

（3）RC结构建筑

就屋顶绿化来说，RC结构建筑与S结构建筑大致相同。如设围挡、做沥青防水或无机防水等。将四周排水口造成网状；土壤的层结构基本形式是：最下面铺大粒径珍珠岩，将人工土壤铺在其上面，人工土壤之上再铺一层黑土作为表土（95页图3）。RC结构建筑也是一样，但假如成本允许，可考虑用不锈钢做防水处理。至于耐根层，究竟会起到多大作用，目前还无定论。不过，如系RC建筑，为慎重起见，还是铺上耐根层好些。

提防屋顶绿化暗孔处的"漏水事故"

善养寺幸子（株式会社 eco-elab）

善养寺幸子（株式会社 eco-elab）

COLUMN

因防水施工不善造成的漏水事故

照片　围挡处发现渗漏

施工初期使用的工艺标准，完全是从绿化专业公司那里照搬过来的。在系统方面，采用了藤田兼三工业的不锈钢防水施工法。该施工法，又分为坡面屋顶工法和平面屋顶工法。因有些物件系二者通用，故较难把握。为防止工程出现问题，决定在平面屋顶和坡面屋顶上采用一套工法。

结果，平面屋顶部分出现漏水。尽管也存在作业上的瑕疵，但主要还是工法的问题。当时在坡面屋顶和平面屋顶上都采用了折叠工法，即将金属板弯曲折叠后咬口连接。因此，内角、外角和凸起等处很难通过折叠密封成形，最后还要做填缝处理（照片）。而且，在折叠咬合不紧的部位以及金属板因热收缩崩开的地方，也会有水自缝隙中渗透出来。

发生事故后专业公司采取的措施

发生事故后，专业公司解释说，未设排水沟是造成漏水的原因。随后便进行改造，增设了排水沟。从他们带来的施工图上看，排水沟的形式只适用于普通的屋顶檐头和檐沟，其深度不过8cm左右。在降集中暴雨时，就见水直接从檐头仰瓦上流下来。有鉴于此，我们曾建议不用折叠工法、而用焊接手段连接，确保在土壤表面灌水时底层不致渗漏。可是，这样的建议却没有被对方采纳。此外，我们还提出要求，希望能够更换已经被渗水浸湿的隔热层，也同样被拒绝："用不着换新的，直接再铺上一层就行了。"就这样眼睁睁着时间一点点地流逝。

尽管是保用10年的系统，却有名无实。最后，看到已给业主造成不小的麻烦，只好承担了全部损失，并采用其他工法做了补救。这是发生事故后才获得的经验，此外再无用此工法做平屋顶木结构建筑和S结构建筑防水的例子。实践证明，该工法只能用于RC结构阳台的防水。除了防水，它只有一点容器的功能，用来承装耐根层和填土。

相对于新建时包括防水和栏杆在内的屋顶绿化费用200万日元，此次事故所造成的损失，包括脚手架、解体拆除、补修处理、木工工程和内装破损等，费用高达580万日元。如果再加上律师费，则无异于一场灾难。因此稍不留神，就可能不仅是屋顶绿化的问题，因为保用10年的责任往往会落到设计者和监理者身上，所以建议最好先给工程上个保险。

"空中的温馨庭院"东京农业大学附属第一中学高中部的屋顶绿化

近藤三雄(东京农业大学造园科学科) 佐藤健二(绿地设计)

该屋顶绿化项目，系作为东京农业大学附属第一中学构建高中教育环境的一环实施的（照片1）。校方希望"这里成为学生们课外休憩的场所，而且预算最好控制在1.7万日元/m² 以内"。假如不能成为一处总是人见人爱的庭院，那屋顶绿化就没有未来。每天都在考虑该怎样改变以往简易屋顶绿化的模式，最终构思的概念成型了。

确定的概念被命名为"空中的温馨庭院"，并将以下6点作为主线：①学生们感到赏心悦目、②使心境平和、③充分借鉴被称为日本屋顶绿化原点的"草坪建筑"及"原秋田商会大厦*1"的设计风格和积累的经验、④表现四季的色彩变化、⑤采用最新技术成果、⑥成为今后屋顶绿化的典范。

可让心境平和的屋顶回游庭园

这是一座RC结构、部分S结构的建筑，地上5层，屋顶拟绿化部分的面积约为300m²，从全部镶嵌玻璃的图书室里望去，是位置极佳的空间（照片2）。设定荷载400kg/m²（实际265kg/m²），土层厚度近处为10cm，最里面70cm。周边没有建筑物遮挡，整个地块受风的影响很大。

基于上述条件，将庭院整体风格设计成日本庭园，配置了石灯笼、洗手钵和石径等（98页图1、照片3）；另外还设有甬路和踏石，可让人心定气闲地环游整个庭院。为了遮蔽夏日炎热的阳光，又造了一座真正木结构的凉亭，在里面会感到很放松。在总体设计方面，很重视从全玻璃图书室里眺望庭园的效果，图书室的大玻璃窗就成了画框，庭园便可称为画框庭园。

绿化设计及其大的尝试

作为形成庭院景观的主树，移植了7棵已生长120年的盆栽五针松*2，高约2m左右。这模仿了原秋田商会大厦的形式。秋田商会大厦的草坪庭院是日本最古老的屋顶庭园，草坪庭院则是明治时期日本庭园的标准形态，其中也用盆栽的五针松和黑松作为主树。盆栽的树木都要修剪根系，根钵较浅，很适于薄层栽植基盘的屋顶绿化。

作为主树的背景和造景，搭配了鸡爪枫、蓝皮冬青、白蜡、扭转木、大叶黄杨、四照花、山茱萸、冬青等。这些树木或开花结果，或生有美丽的红叶，平添了庭园的山野色彩。通过栽植以上树木，遮挡住给水贮槽和大牌匾，使这里成为一个具有纵深感、显得十分宽敞的空间。

树下草都是民居装饰葺草屋顶常用的鸢尾、卷柏、紫萼、羊齿类和砂苔等，进一步营造出静寂的氛围。此外，庭园里到处分布着仙客来等色彩鲜艳的洋花，则是按季节轮换栽植的（照片4）。

为了建成草坪庭院，使用了厚层日本草皮（高丽草）。这种草皮的厚度约为5cm，是普通草皮厚度的2～3倍，其根茎可充分发育。如切成1m×1m的方块，重量可达50kg。草皮一直铺到主树五针松的根周处，靠其重量压住树木

照片2　从图书室望去成为画框庭园的造园设计

照片3　可让心境平和的洗手钵

照片1　让人想不到是屋顶的日式庭园。参与造园作业的研究室学生，利用此次屋顶绿化，做了"人工轻质土壤种类与砂苔生长的关系"、"高中学生和高中教师对屋顶绿化的评价"等课题的研究

*1 位于山口县下关市、大正四年（1915）竣工的现存建筑物
*2 东京都内的老铺创业者系以移植树木和造园工程为主业，特别请他们提供了100年前栽下的苗木

图1 屋顶庭园平面图

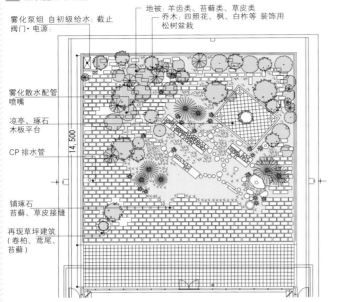

雾化泵组 自初级给水·截止
阀门·电源

地被：羊齿类、苔藓类、草皮类
乔木：四照花、枫、白栎 等 装饰用
松树盆栽

雾化散水配管
喷嘴

凉亭·琢石
木板平台

CP排水管

铺琢石
苔藓·草皮接缝

再现草坪建筑
（卷柏、鸢尾、
苔藓）

14,500

图2 栽植基盘截面图(S=1：60)

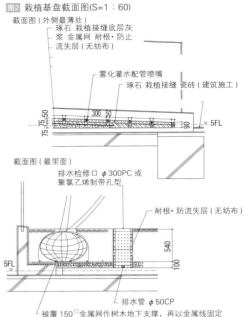

截面图（外侧最薄处）

琢石 栽植接缝底层灰
浆 金属网 耐根·防止
流失层（无纺布）

雾化灌水配管喷嘴

琢石 栽植接缝 瓷砖（建筑施工）

300 50
75 75 50
90
5FL

截面图（最里面）

排水检修口 φ300PC 或
聚氯乙烯制带孔型

耐根·防流失层（无纺布）

540

5FL

100

排水管 φ50CP

被覆 150□金属网作树木地下支撑，再以金属线固定

根团，使其成为防止树木被风吹倒的加固材。亦可将其切成长条状，用在铺石的接缝处。

栽植基盘建造概述

　　栽植基盘的大体结构是，在做过防水处理的平板表面铺上耐根层，作为排水对策，还要埋设排水管。施工时，为了防止被风吹散，直接用装满黑曜石珍珠岩的生物降解性纸袋铺成10cm厚的排水层（图2）；为了防止堵塞，再铺一层无纺布；再往上，则根据要栽的植物，分开填入 3 种人工轻质土壤[*3]。使用 3 种土壤的目的，是为了让日本庭园产生微妙的变化，而且从施工性上讲，这样的土壤配置也受到好评。

用水雾和陶罐营造空间氛围

　　作为一种新的尝试，引进了从埋设管喷雾的装置[*4]。由此产生的铺管费用，约 253 日元 /m^2（照片 5）。除用于灌水，水雾还能够夺走夏日的汽化热，产生降低庭院和建筑物表面温度的效果。定时升起的水雾，也具有渲染空间氛围的作用。

　　作为庭院的造景物件配置的陶制水罐，高达 1.5m，十分醒目。往里面填入土壤后，植入草坪建筑常用的鸢尾之类，其周围再栽植卷柏等作为背景（照片 6）。

密切合作的协同作业

　　整整 25 天，从设计到施工，全部由研究室学生、毕业生和教师自己完成。建成后的树木剪枝、草坪修整、草花的重植和灌水等养护管理也由学生亲自动手。至于资材，也多半由本校毕业生无偿提供。因此，实际花费只有正常预算的三分之一左右。自施工始，9 个月过去了。尽管五针松没有使用支柱，可是在施工后遇到 2 次接近 30m/s 强风的情况下，仍毫发未损。估计是厚层日本草皮的重压起了作用。此外，冬青类树木的果实可随时被鸟儿吃掉，鸟儿的粪便或可严重污损屋面等，类似这些何种植物可适于屋顶绿化的知识，也懂得了不少。

　　竣工后看到参与施工作业的学生们脸上自豪的神情以及项目吸引了众多学者来访，令人感到十分欣慰，这所庭院改变了以往那种僵化的形式，成为一座典型的人见人爱的庭院。如果能借此对高中生起到些微教育作用，则更让人喜出望外。

照片 4　按照日本庭园作家中濑操所说"洋花作为日本庭园的点缀，可起到绝妙的景观渲染作用"，栽植了仙客来和蓝丹参等

照片 5　自埋设装置喷出水雾一瞬

照片 6　陶制水罐中栽种的鸢尾

*3 使用"天空之城"生态土壤（日比谷 AMENIS）、湿性多孔质人工土壤（东邦莱奥）、花园沙质土（株式会社 createrra）
*4 水压相当于供水系统管压的 35 倍，即 70kg/cm^2，从专用喷嘴喷出 n 道细达微米级的水雾。使用的装置与过去的洒水器不同，而且消耗的水量也很少

墙面绿化的演变及避免失误的设计方法

将永久性墙面绿化作为目标

大桥镐志（M＆N环境规划研究所）

从平面思考到立体思考

建筑物的檐下、前院、穿堂、采光井、走廊、阳台等中间领域，不仅是与外界（街道和自然生态系统）连接的空间，而且通过其与周边环境的相互沟通，还会对建筑内外产生很大影响。关于这些空间的墙面绿化，在营造其作为移动空间的动线景观的同时，还要确保其遮蔽视线及防范侵入者等的私密性，根据使用者的要求发挥最大作用，使之成为可调节日照、采光、风量和风向等环境的空间。为此，除了要真正把握绿化的目的，还应选择最适于绿化目的的植物，以进一步提高绿化效果。

墙面绿化设计要点

墙面绿化的主角是植物。设计时很重要的一点，是应以自然科学的眼光，从植物角度进行构思，并具有创建新空间的精神。对墙面这样一个特殊环境中的绿化场所，有关植物和栽植

表1 墙面绿化所用栽植基盘种类

	特点	适于绿化部位	成本
土地	最稳定的栽植基盘。因场所状况，有时须考虑土壤改良、移入客土和排水设备等。因通常栽植苗木，故需要3、5年或10年。但如果土壤生态系统稳定，植物根系分布范围不受限制，可适于大面积墙面和永久性绿化	从普通住宅到超级大厦，应用范围广。不过，因场所条件或仅限于用在地面	初始成本和运行成本均低于其他方法
人工基盘	通过尽可能保存土壤容量，可接近大地栽植的状况，但有一定限度。经过较长时间，因根系过密和土壤结构变化，需要换土。因与建筑结构密切相关，后处理相对困难	荷载受限，但建筑上层空间的绿化自由度高	通常，可按地面绿化的3倍计算
容器	可制成植木钵、栽培箱等大小不同的各种形态。由于土量有限，因此植物种类、栽植方法和寿命等也受限。但因具有可移动的优点，故可将在别的场所培育的草花和树木很方便地搬运到要绿化的地方	即使在日阴、檐下等处，亦可随时更换，可在向阳处生长	因容器的材质和形状不同，成本存在很大差异
栽植板块	该工法系将人工土壤装入袋子或容器，制成可移动的栽植块和植木钵，在工厂等处预先栽入植物，待其长到一定程度后安装于墙面和立框上。优点是可在早期同时绿化整个墙面，但容器可装入的土壤量也同样有限。安装用立框、栽植板块以及自动散水装置的运行成本都较高。根据安装场所条件，亦可采用有效利用雨水系统。如以长期绿化和永久性绿化为目的，栽植板块的土壤层厚度至少应在300mm以上，考虑到搬运和安装的便利性和安全性，有必要设法使单独的板块形成一体化	竣工时完成度高，适于园艺博览会和对外展示等有时间限制的早期绿化	在4～15万日元/m² 范围内

基盘的选择等所做的设计（表1），必须建立在把握诸多条件的基础上，如日照、雨水、夜露、风势、气温等气象条件，还有来自空调机及风道的风、汽车消声器排出的热风等环境压以及植物所需要的养护管理等。而且，最好也将确保安全的作业平台和通道等列入计划当中，以便于今后对建筑和植物进行维护。

具有代表性的墙面绿化设计变异形式，可举出墙面攀援型、格子攀援型、果树墙和下垂型等（表2）。无论哪种类型，要使墙面绿化取得成功，栽植基盘与土壤、墙面与植物、以及给排水设备等技术备份系统都是重要的因素。进而，照明和散水装置用的初级电源供给等，亦应与建筑规划设计同时考虑。随着计划的进展，竣工时的绿化完成度、成本、绿化规模及形态、养护的难易度、植物及栽植基盘的寿命等，也会产生很大变化。因此，应该根据项目的目的区别对待。

（1）栽植基盘的种类

栽植基盘分为接近自然基盘的土地和人工栽植基盘（人工基盘、容器、栽植板块等）两大类（表1、图）。土地可贮存雨水、调节气温，是植物赖以长期落脚的"生长环境"；与此相对，人工栽植基盘是"可生存环境"，多半都需要承担较大的费用，如大量灌水和运行成本等。我们应该尽可能将关注的重点放在构筑"生长环境"上，让植物可依靠自己的力量生长。

表2 墙面绿化设计要点

墙面绿化手法	特点	适用树木	
墙面攀援型 (Climbing)	植物利用吸附根自行匍匐于粗糙墙面类型。从栽入苗木开始。尽管因墙面湿滑或植物种类也有不能攀援者，但只要是RC浇筑的粗糙表面均可吸附。如系砖墙，可吸附在1～2m高的瓷砖接缝处，再往上就很困难了。要注意灌水可能造成墙面湿滑。与爬山虎混植将提高攀援的可能性	常绿：薜、常春藤、部分常春藤类落叶：绣球藤、爬山虎	
格子攀援型 (Trellis,Screen)	弯曲的枝蔓、卷须和细刺等匍匐在网格和栅栏上攀爬的类型。因植物种类不同，绿化植物有可能具有爬至2～3m高度的攀援性。亦可缠绕在建筑墙面装饰的带孔金属板、膨胀金属板和桁架等各种结构上。设计时，要考虑到在墙面与植物间留有一定距离，以便于对建筑墙壁和植物双方进行养护	常绿：野木瓜、咖喱藤、卡罗来纳茉莉、南五味子、木香花（半常绿）、莴萝、莴八手、西番莲（东京以南）、马铃薯藤、小金银花（东京以南）落叶：通草、金银花、南蛇藤、爬藤蔷薇、铁线莲、覆盆子、藤、加州杜鹃	
果树墙型 (Espalier)	Esuparia型。原意系指将果树集中排列成一道墙。亦可使用普通树木。栽下苗木后，再根据用途，长期修剪成相应的形态和图案。因此，要将固定或牵引枝蔓用的金属钩及金属线与墙面上的锚栓连接起来	常绿：火棘属、冬青、白柞、粗构、玉兰、金宝树等落叶：藤、葡萄、花梨、花海棠、海仙花、石榴、紫薇、爬蔓蔷薇、木瓜、金链花等	
下垂型 (Hanging)	具有卷曲力不强的攀援性，让匍匐性植物自上方垂下的类型。在风大的地方用金属线牵拉，亦可固定住下垂过长的部分。如用可移动的容器、吊篮和栽植板块等，可利用多种草花在多种场合进行绿化	常绿：蔓桔梗、莴萝、常春藤、枸子属、初雪葛、虎杖	

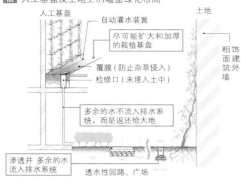

图 人工基盘及土地上的墙面绿化布局

人工基盘 土地

自动灌水装置

尽可能扩大和加厚的栽植基盘

覆膜（防止杂草侵入）

检修口（未埋入土中）

多余的水不流入排水系统，而是返还给大地

粗饰面建筑外墙

渗透井 多余的水流入排水系统

透水性园路、广场

（2）土壤

为了不超出建筑荷载限制和便于搬运，人工栽植基盘使用了轻质人工土壤。这种土壤几乎全都是以岩石为原料的无机质土壤，依靠土中微生物使物质循环的机能很差，不能称为活性土壤。所谓活性土壤，是指具有稳定土壤生态系统、可抑制病虫害异常发生、利用细菌加快有机质肥料的分解、蚯蚓类土中动物能够繁衍生息的土壤。因此，不要单独使用轻质人工土壤，应在其中混入有机质泥炭土、腐叶土和树皮堆肥等。而且，要增加使用量，尽可能加大土壤的厚度和面积。

（3）给排水设备

与大地分离的栽植基盘与植木钵一样，也需要灌水。依靠雨水有效利用系统、保水层和添加保水剂，可减少灌水的频度，但这还不够。在散水装置中，系统形式多种多样。一般常用的，有管上带孔的滴灌方式[1]、多孔质橡胶制软管渗灌方式、在容器和植物根部逐个配置细管分别进行灌水的分灌方式等。

虽然供水系统全都能够用于散水装置，但为了防止逆流，应该先将水提升至屋面水槽，再将其与次级连接。而且，在利用中水的情况下，那种水向空中飞溅的喷灌和喷射方式，从卫生角度讲，有可能影响到人的健康。因此，设计时要征求卫生保健部门的意见，并对初级给水系统给予充分注意。

关于排水，应在栽植基盘底部设保水层，以尽量将灌水时使用的水贮存起来。其次还采用了多余的水不直接流入排水系统而返还给大地的渗透方式（101页图）。除此之外再余下的水，则流入排水系统，用以滋润干渴的城市大地，对缓解热岛效应也多少起点儿作用。

而且，在设计人工基盘的屋面排水系统时，要考虑到平时检修的方便。如排水系统与土壤靠得过近，微细的沙土颗粒和吸收水分的根系可能将其堵塞。另外，一定要设置检修口和排水沟盖。（101页图）

养护是必不可少的

一般树木的养护，包括灌水、防治病虫害、施肥、修剪和清扫等。这里，列出了特殊条件下的养护要点（表3）。如果在设计上动动脑筋，有希望实现低养护，但要做到免养护是不可能的。这是因为，在多少有些潮气的地方，必然会有杂草进入。

另外，由于人工基盘的防水耐久年数与建筑自身寿命息息相关，因此栽植基盘的养护应该与建筑物的维护同时进行。

表3 特殊条件下的养护要点

目的	对策
栽植基盘	·为在有限的土壤内使根系的数量和分布更为充分，根据情况抑制根系向地面伸展 ·在根系密度超过土壤密度前修剪根系，并每隔5～10年将部分土壤置换和补充1次 ·如系人工基盘，防水耐久年数与建筑寿命密切相关，除应做寿命长的防水外，还要将栽植基盘的养护与建筑维护结合起来进行
使根蔓肥大和伸长	·屋面排水不能完全掩盖起来，这样才便于平时检修 ·施工时用煤渣混凝土做可靠保护，以避免防水层与根系直接接触，并可防止被锹铲碰伤。钉入插筋和锚栓时注意不要伤及防水层 ·伸入砖瓦或石块地面深拼缝以及建筑间隙的根系和藤蔓，长得过于肥大时则会对其周边产生破坏作用。要在养护过程中经常加以调节
灌水	·在土地上栽植2年后，根系发达，自然降雨可满足对水分的要求。但要注意枯水期 ·10年后滴灌老化，管路和过滤器亦可能堵塞。为保证正常运行，应加强日常检修 ·定时散水装置可根据植物生长状况和季节分别设为早晨、中午、傍晚和夜间等，并可调节运行时间，以达到节能高效的目的 ·冬季为避免冻结，整个上午均要灌水；夏季为减轻烈日的伤害，灌水应在早晨进行
除草	·将人工土壤装入容器或袋子固定在垂直框架上的栽植基盘，竣工1年后没问题；但过2、3年后杂草即侵入，尤其高处墙面的除草很困难。设计时便要预想到这一点 ·杂草分春草、夏草和秋草，各类杂草在其种子落地前除之效果最好
修剪·整枝	·绿化作业的范围，系指利用梯子、高空作业车、建筑内部以及特设养护作业平台等可触及之处。凡在此范围以外的藤蔓等应尽早除去 ·离开墙面伸展的枝蔓亦应尽早剪掉

再介绍一下笔者办公室所在建筑物墙面绿化成图案的例子[2]。

绿化的北侧墙面，系由 RC 浇筑，不仅无窗，而且看上去十分呆板。因与道路边界之间的空隙只有 28cm，故不可能设置一般的绿篱。为此，栽植了火棘属苗木（高 30cm），将其处理成格子状。

由被牵引固定的枝干形成的骨架，在墙面上纵横交叉成边长 60cm 的方块，钻孔后钉入 9cm 长的膨胀螺栓。然后再将被覆聚乙烯的支柱（直径 10mm）[3] 挂上去，成格子状。为了能在距墙面 5cm、高出地面 1m 左右范围内相互连接成为一道绿篱，苗木栽植的间隔要在 30cm 左右。

在 1m 高的位置，只选定一根靠近格子、且生长良好的枝条，捆扎起来使其沿纵向伸展。

在第一个春季，再选出一根靠近格子的横向枝条，引导其沿水平方向伸展（照片 1）。伸入格子中间的枝条，只要长到 5cm 便连根剪掉。到了第二个春季，绿化的图案基本成形（照片 2），路上的行人也能够欣赏到洁白的花朵和嫣红的果实了。

照片 1　第一年。火棘属耐日阴　照片 2　第二年
照片 3　5 月开出白花、11 月～翌年 1 月结出红色果实

*1 在外径 17mm 左右的管上，间隔 30～50mm 钻出小孔

*2 该图案绿化形式在世田谷区绿化竞赛中获奖

*3 支柱购自园艺店

住宅绿化 100 种技巧

[凡例] 各个标题下的■表示第 1 章 实际大小绿化用植物例内容
树高按乔木 4m 以上、中高木 2 ~ 3m、中木 1.5 ~ 2m、灌木 0.3 ~ 1.2m 的标准划分

照片：代官山 BESS 展馆

发挥绿色形态作用的35种技巧

从树木叶子透过的阳光，使庭院变成具有透明感的空间。只要栽上叶形各异的树木，便会产生活泼的律动感。这里要介绍的是，利用叶、花和枝干的颜色、形状及质感等进行绿化设计的35种方法。

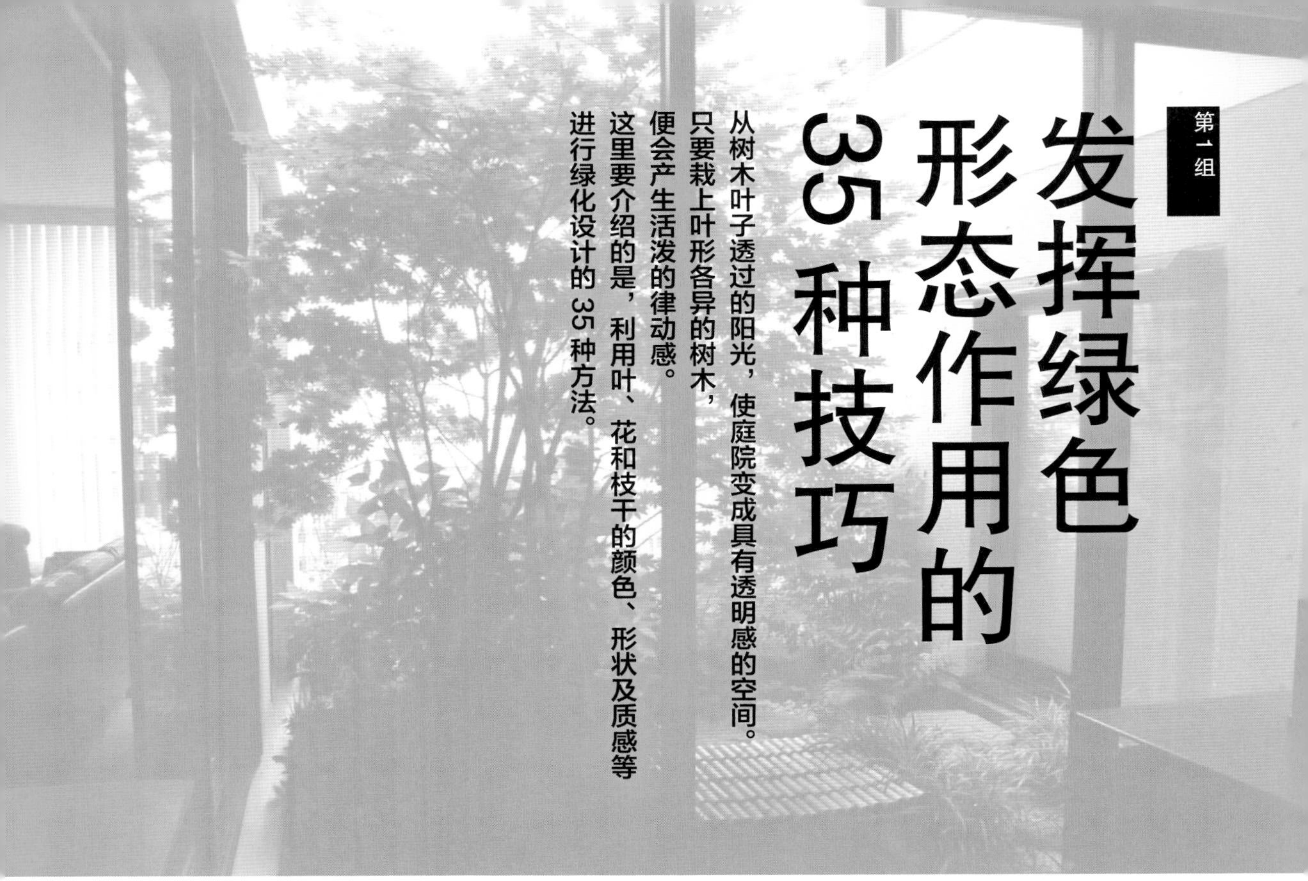

图2 透光配植的重点

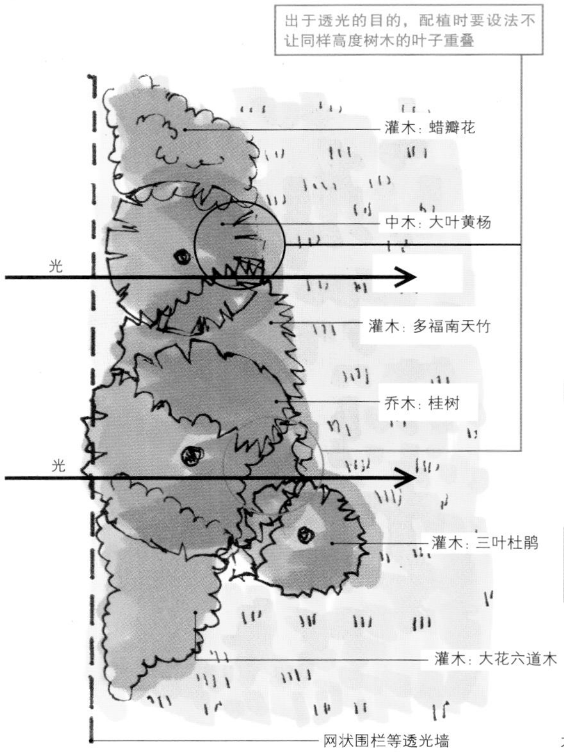

出于透光的目的，配植时要设法不让同样高度树木的叶子重叠

- 灌木：蜡瓣花
- 中木：大叶黄杨
- 灌木：多福南天竹
- 乔木：桂树
- 灌木：三叶杜鹃
- 灌木：大花六道木

光

光

网状围栏等透光墙

利用透明叶子营造庭院 >>p.010

如果用生有透明叶子的树木构建庭院，庭院则会给人留下活泼明亮的印象。类似乌桕和白云木等叶片较薄的树木，特别容易透光。尽管不同树种也存在差异，但几乎所有落叶树的叶片都比较薄。因此，为了使庭院活泼明亮，用好落叶树是个关键。

让光线透过叶片，可分为两种情形考虑：像上午的太阳那样由东至南、或如午后的太阳那样由南至西投入光线。由于采用的光线不同，将使庭院面貌发生很大变化。要透过柔和的光线，使构建的庭院显得更幽静，配植树木时，利用上午的阳光要比下午的阳光更合适。

图1 设法让光线充分透过叶子

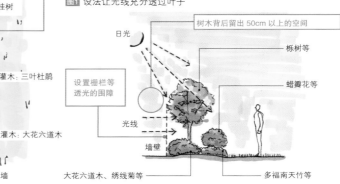

树木背后留出50cm以上的空间

日光

栎树等

蜡瓣花等

设置栅栏等透光的围障

光线

墙壁

大花六道木、绣线菊等

多福南天竹等

树木释要 四手 落叶中高木。因嫩芽及新叶密布白色短毛，故别名"白手" | 美国跳岩南天竹 常绿低木。常用其带斑种，叶面有白、黄或红等不规则斑点，被称为"彩虹"种 | 金丝桃 常绿低木。细长美丽的叶子也像柳树那样下垂。6～7月开黄色花，直径约3～6cm，长长的雄蕊成簇而立

出于充分展现叶片透明感的目的，在叶子透光树木的背后栽植其他树木或设置墙壁时，应留出 50cm 以上的间隔，以使光线可照射到整个树木（图 1）。

还应注意到，配植的树木较多时，在观树位置和透光线上，要设法不让同样高度树木的叶子重叠（图 2）。

感似皮革的叶子（照叶树），看上去闪闪发光。关于照叶树，本书在 110 页将涉及到，这里的内容仅限于因叶色亮度使人产生的不同印象。

假如用白桦之类生有淡色叶子的树木构建庭院，庭院会显得很明亮，给人留下活泼的印象。譬如，即使在建筑物北侧阴暗的空间里，只要栽上叶子明亮的树木，也会让人觉得有些光亮透了进来（图 3）。

生有亮色叶子的树种，其中有 coloris aurei[1] 和带斑[2]的。例如，花柏的园艺种黄芩和白斑小蜡（西洋女贞带斑者）即相当于此类树种[3]。

代表性树种
中高木
栎、油沥青、四手、野茉莉、桂、枫类、钓樟、级木、白浆果、大叶黄杨、乌桕、白云木
灌木·地被
大花六道木、多福南天竹、金丝梅、金丝桃、蜡瓣花、绣线菊、棣棠

代表性树种
中高木
光叶石楠、白桦、正木
灌木·地被
美国跳岩南天竹、平户杜鹃
金色（黄色）类
金正木、金眼黄杨、黄芩
带斑类
金边胡颓子、白斑小蜡、斑点青木、斑点剑兰、加那利常春藤

利用发光的叶子营造庭院

 >>p.090

由于绽开鲜花和生出红叶，树木一年中显露出不同的色彩；但在这期间却几乎一直长着绿叶。因此，在考虑到绿叶亮度的基础上进行配植设计便显得尤为重要。

叶的亮度除了取决于叶色的明度和彩度，亦与其是否具有易反光的叶质密切相关。叶色愈淡，反光愈强，亦显得更加明亮。如表面质

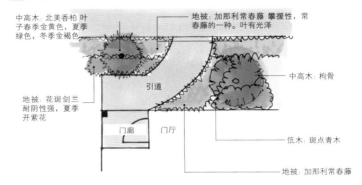

图3 用明亮叶子点缀庭院的绿化例（西北面庭院）

中高木：北美香柏 叶子春季金黄色，夏季绿色，冬季金褐色

地被：加那利常春藤 攀援性，常春藤的一种。叶有光泽

地被：花斑剑兰 耐阴性强，夏季开紫花

引道

门廊　门厅

中高木：枸骨

低木：斑点青木

地被：加那利常春藤

利用深色叶子营造庭院

如果使用生有浓绿色叶子的树木较多，会使庭院显得很安静[3]；但要注意的是，叶色较浓的树木用得过多，亦将使庭院整体氛围愈加凝滞，容易变成阴气笼罩的空间。在全部庭院树木中，叶色浓的树木不应超过 80%。

通过合理配植有浓绿色叶子的树木，亦可使狭窄庭院现出纵深感。譬如，以看到庭院内部的位置作为基准，在最里面栽植土松类叶色暗的树木，向外依次栽植木樨等叶色明亮的树种，则会使庭院看上去宽敞些[4]（图 4）。

图4 利用叶色浓淡营造出纵深感

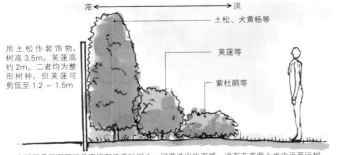

浓 —————→ 淡

土松、犬黄杨等

英蒾等

紫杜鹃等

用土松作装饰物，树高 3.5m。英蒾高约 2m。二者均为整形树种，但英蒾可剪低至 1.2～1.5m

代表性树种
中高木
粗构、犬黄杨、土松、月桂、弗吉尼亚栎、玉兰
灌木·地被
黑龙、玉粒、芦荻、哈兰、小黄杨、沿阶草

自视野最里面至近前逐级配植亮叶树木，可营造出纵深感。进而在高度上也由近至远树木逐渐抬高，则效果更佳

※1：coloris aurei，拉丁文"金色"意。参照本书 110 页
※2：带斑系指叶面有白色和黄色的斑点或条纹。带斑的叶子，参照本书 107 页
※3：这些树种的叶色本来不太明亮，系由于突变现象或通过杂交使其成了园艺品种
※4：利用浓绿色叶子点缀的庭院，近似于和风庭院。假如栽植了土松和沿阶草等，即使不再增设石灯笼之类的造景物，亦同样表现出和风庭院的特色。关于和风庭院的绿化，参照本书 155 页

图1 红叶景观配植例

枫类

厚皮香、冬青：构成绿色背景的常绿树

平户杜鹃：鲜绿色常绿树，杜鹃中的大叶品种

紫杜鹃：初冬开始红叶渐显

大叶黄杨、吊钟花：色彩鲜艳的红叶

如以常绿树等在背后构成绿墙，色彩的对比更加鲜明

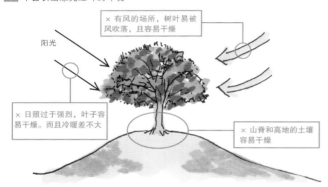

图2 不会长出漂亮红叶的环境

× 有风的场所，树叶易被风吹落，且容易干燥

阳光

× 日照过于强烈，叶子容易干燥。而且冷暖差不大

× 山脊和高地的土壤容易干燥

可观赏红叶和黄叶的庭院　　>>p.024

　　秋天红叶停留的时间要比春天的花期更长些，因此也成为庭院设计的重要元素。实际上，大多数日本庭园的配植，与春季开花相比，则更重视秋天展现的景色。

　　尽管叫做红叶，但亦可大致分成 2 种：红色的"红叶"和黄色的"黄叶"。如果再细致区分的话，还有叶子泛红褐色（带斑紫薇）、紫铜色（柿树）和豆绿色（金漆树）等的树木。

　　绿化时，不仅是同色系浓淡有别的颜色、亦可将红色和黄色等不同的颜色混和起来做立体化配置，形成一种被称为"彩缎"那样的空间。另外，再将常绿树木配植于红叶和黄叶的背后，会形成强烈的色彩对比，使观赏效果更佳（图 1）。

　　让树木长出美丽红叶的诀窍就在于，一天当中昼夜要有冷暖温差，而且土壤中还应保持充足的水分等。绿化时要注意，那种不分昼夜始终供暖和照明的场所，以及比较干燥的地方，都不会长出好看的红叶（图 2）。

由新芽装扮成的美丽庭院

　　落叶树的新芽多半都呈鲜艳的淡绿色。因此在营造由新芽装点的庭院时，可以将落叶树作为基本构成要素。尤其是枫类的叶子，叶片的分角和厚薄千差万别，显得更加漂亮。

　　为了突出新芽的美感，关键是树木的配植，要选择看树木时新芽总能得到日照的场所（图 3）。但是，并非说只要有了日照就万事大吉。如将这样的树木植于屋顶花园上，由于新芽很薄，十分羸弱，在屋顶容易被风吹干，颜色不会变得很漂亮。

　　新芽的颜色不只有绿色，也有其他颜色。例如，枫的园艺种姜黄[1]自萌芽时起，整个春季都呈黄色，到了夏季又变成绿色。另外，同为枫园艺种的饭岛砂子，萌芽时为红色，进入夏季后，日阴处的叶子则有点儿发绿。如果能将以上这些树木配植在庭院中，用来观赏新芽色彩的变化，也是件很有趣的事[2]。

代表性树种
红色
鸡爪枫、柿树、七度灶、中国乌桕、大叶黄杨、黄栌、四照花、日光槭、山枫
黄色
五角枫、银杏、桂树、泥木、金缕梅
红褐色
带斑紫薇、落叶松、水杉

代表性树种
中高木
刺槐、榉、弗拉明戈香椿、光叶石楠、西洋光叶石楠
灌木·地被
八仙花、马醉木、饭岛砂子、溲疏、南天竹、蜡瓣花、棣棠、绣线菊

图3 可长出漂亮新芽的环境

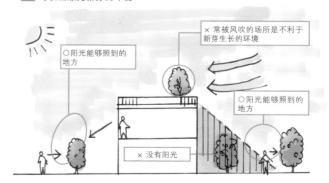

× 常被风吹的场所是不利于新芽生长的环境

○ 阳光能够照到的地方

○ 阳光能够照到的地方

× 没有阳光

*1：名称系由中文"郁金"二字读音变化而来。中文原意为"鲜艳的黄色"
*2：常绿阔叶树中的光叶石楠和西洋光叶石楠，春季叶子即变成红色，因此也产生了春季红叶的用法
*3：有的日本人不太喜欢彩色叶子，因为让树木看上去似生病或不健壮的样子。在做绿化设计时，应事先对业主讲清各种树木的特征，以免事后发生纠纷
*4：关于针叶树花园，可参照本书 150 页内容

可经常观赏叶色的庭院

树木叶子的颜色并不是只有绿色。在日本庭园中，虽然很少配植，但是也有像秋天的枫类那样一年当中生有红色或黄色叶子的树木。这些叶子被称为"彩色叶子"，在欧洲庭园中经常使用。日本也是一样，自从英式花园受到青睐以后，也比较喜欢用彩色叶子了[*3]。

彩色叶子的颜色系统，大致可分成蓝色系、银色系、黄色系和红色系等4种（表）。严格地讲，即使红色系实际上也可再分成铜色和紫色等。不过，作为私人住宅规模的绿化，4个颜色系统已经足够了。

应该掌握的要点是，只能将少量彩色叶子搭配在绿色叶子之间。通过颜色对比，可使绿叶显得更加鲜艳（图4）。而且，在靠近围墙的地方，集中栽植后犹如平面绿墙一样的场所，由于加入彩色叶子而显现出立体效果。

针叶树因叶色种类繁多，故适于作为以色彩为主题的庭院栽植的树种[*4]。杜英樟松和莴萝大片的红叶，给人绚丽的印象。

可观赏叶子图案的庭院

栽植叶子带有斑点等图案的树木，如同对待开花的树木一样，也要将其混植于常绿树之间（图5）。这样才能使以常绿树为主、显得阴暗滞重的庭院在色彩上有些变化，庭院的氛围也会显得明朗和活泼。

叶斑的形态多种多样（图6），有的叶缘则呈绿以外的颜色，如大叶常春藤（白色）和金边胡颓子（黄色）等。此外还有一些树木，如叶子中间带点儿或条纹的桃叶珊瑚、叶子一半呈白色的半夏生和叶色泛白或浅红的初雪葛等。

代表性树种
中高木
三色女贞、复叶槭、白露锦、金正木
灌木·地被
凤尾竹、金边胡颓子、桃叶珊瑚、初雪葛、半夏生、斑点青木、斑点定家葛、杂色长春花、斑点剑兰、迎春花

表 彩色叶子的4系统及其代表性树种

颜色	中高木	灌木·地被
蓝色系	火箭树（针叶）、刺柏（针叶）	蓝色太平洋（针叶）
银色系	科罗拉多云杉（针叶）、银叶刺槐	晨雾草、棉花薰衣草、牛毛草、兔耳草
黄色系	刺槐、北美香柏（针叶）	金边绣线菊、斑叶黄芩（针叶）
红色系	铜叶烟树、挪威国王枫、红枝垂红叶、红叶李	红叶小檗、鸢尾花、剑兰、红花金缕梅、紫露草

图4 颜色产生对比的配植例

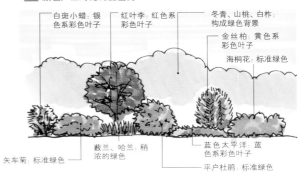

白斑小蜡：银色系彩色叶子
红叶李：红色系彩色叶子
冬青、山桃、白栎：构成绿色背景
金丝柏：黄色系彩色叶子
海桐花：标准绿色
矢车菊：标准绿色
薮兰、哈兰，稍浓的绿色
蓝色太平洋：蓝色系彩色叶子
平户杜鹃：标准绿色

图5 斑叶树木配植例

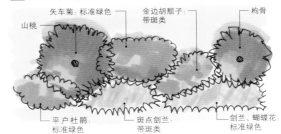

山桃
矢车菊：标准绿色
金边胡颓子：带斑类
枸骨
平户杜鹃：标准绿色
斑点剑兰：带斑类
剑兰、蝴蝶花：标准绿色

图6 代表性叶斑形态

①叶缘带斑
a 金边胡颓子（参照本书91页）、斑点长春花

②叶中间带斑
b 桃叶珊瑚（参照本书108页）

③叶脉带斑
c 斑点定家葛

④叶缘及叶脉均带斑
d 斑点剑兰、凤尾竹

树木释要 刺槐 生有亮绿色漂亮叶子的落叶中高木 | 马醉木 常绿低木的白斑品种，嫩叶先后依红色、粉色、奶油色和绿色的顺序变化 | 溲疏 落叶低木。5～6月开有许多下垂的白花 | 香椿 落叶中高木。在中国，嫩叶可食。新叶呈深绿色，随着生长次次变为奶油色、绿色

可观赏叶子形状的庭院 >>p.018

很多树木的叶子，椭圆形中间部分膨出近似于卵形（尤以阔叶树居多）。其实，除此之外还有各种各样的叶形，如圆形的、细长的、边缘带锯齿的和枫叶那样分角的等等（表）。如果在绿化设计上充分利用这些形状特征，会使庭院面貌发生很大改变。

1 心形叶

栽植心形叶（图1①）树木的庭院，让人觉得优雅和温馨。不过，到处都是清一色的心形叶也稍显单调。因此，应该在地面配植些剑兰[1]之类生有细长线形叶的树种，制造一点儿紧张气氛，使之多少有些变化（图2）。

而且，在御神木等特殊场合也会用到此类树木，其中不少树木是有来历的，因此很适于作为形象树营造主题型庭院[2]。

2 圆形叶

与心形叶一样，圆形叶（图1②）亦可用来营造温馨的氛围。在地面覆盖和树根加固中，会用到小熊竹草[3]等看上去较坚韧的树种，背景树则配植山桃等叶色浓绿的常绿树，这样一来就变得更加醒目。

3 椭圆形叶

西式庭院中经常使用的橄榄和费约果[4]等都生着椭圆形叶（图1③）。因叶前端圆润，故给人以优雅的印象。

4 垂卵形叶

普通的卵形叶靠近树枝处膨出，但垂卵形叶（图1④）则相反，叶前端较肥大。由于垂卵形叶醒目的叶前端比卵形叶要宽，因此即使叶子大小相同，也显得更大些。

5 锯齿形叶

经常作为庭院树木使用的白柞、染井吉野樱、榉和柊等树种的叶子（图3）。柊木樨之类叶子较硬的常绿树，用于构建绿篱可起到防范作用。

6 披针形叶

如将其细长的叶形进一步分类，则可分为披针形和狭披针形（图4①②）。日本山毛榉和玉兰等树木的披针形叶子较大，规整的几何形态如同人工制成；而金丝桃等的披针形叶则较小，显得很尖锐；落叶树的披针叶随风摇曳，看上去比较温柔。竹和柳多属于这一类型。

7 羽形叶

羽形叶（图5）多见于合欢等豆科树木。因叶整体呈羽毛状，故给人以飘逸的印象。豆科以外，如漆树和楤树等也长着羽形叶。

热带国家的行道树多生有此种形态的叶子，如在庭院中大量使用，同样会显现出一种热带情调。

8 三叉叶

分角的叶子有五裂（枫香）和七裂（鸡爪枫）等。三裂的叶子（图6），与其他分角相比，种类更多[5]。

类似枸骨那样生着三裂大叶的树木，作为观叶植物可营造出热带风格；而像三手枫

*1：叶有光泽、叶色浓绿，呈长 30～50cm 线形。茂密的叶子自地面成簇立起。

*2：关于形象树，请参照本书 148 页

*3：山白竹小型种。如不管理可长至 30cm 左右，春季进行修剪始终保持 10cm 左右的高度

*4：原产于南美的常绿低木。5～6 月开白花，中间长出成簇的红色长蕊。有香气的果实可食

图1 呈圆形的叶子

①心形
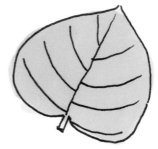
野梧桐、饭桐、梅树、桂树、黄栌

②圆形

大叶红橡木、白云木、紫荆

③椭圆形

橄榄、大叶冬青、海桐花、费约果

④垂卵形

粗构、黄心树、小橡子、厚林

图2 心形叶树木配植例

冬青、山桃：叶色浓绿的背景树
桂树、级木：心形（圆形）叶
蜡瓣花：卵形叶
蝴蝶花、哈兰、剑兰：线形叶地被
平户杜鹃：生有披针形叶的低木

图3 锯齿形叶

柊木樨、白柞

那样生着三分角小叶的树木，则给人留下纤细的印象。

9 掌形叶

　　五裂的叶子像手掌一样展开 [6]（图7）。如八角金盘之类的大叶，更表现出丛林植物的特点，可用于塑造热带风格。鸡爪枫之类小叶，则给人以纤巧的印象。分角的叶形看上去似人工剪裁而成，只要将它们组合在一起，便可营造出风格独特的庭院（图8）。

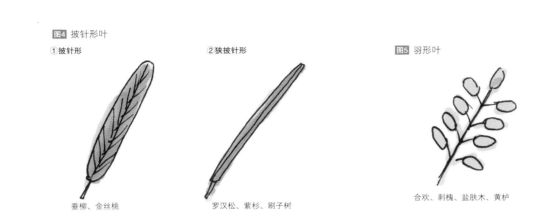

图4 披针形叶

①披针形

②狭披针形

垂柳、金丝桃

罗汉松、紫杉、刷子树

图5 羽形叶

合欢、刺槐、盐肤木、黄栌

图7 掌形叶

鸡爪枫、大红叶、八角金盘

图6 三分角叶

冬槭、檀香梅

图8 分角叶树木配植例

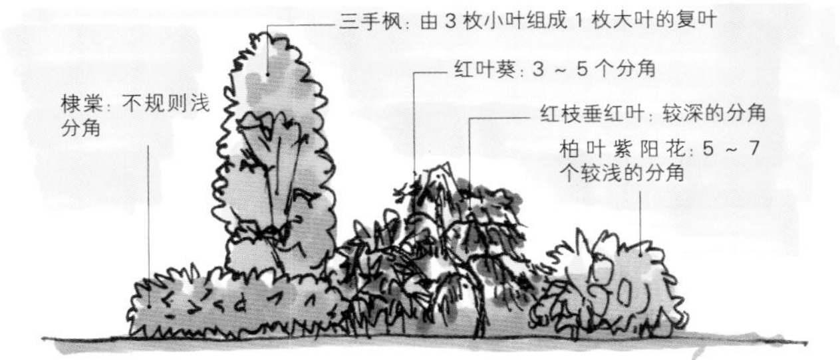

棣棠：不规则浅分角

红叶葵：3～5个分角

三手枫：由3枚小叶组成1枚大叶的复叶

红枝垂红叶：较深的分角

柏叶紫阳花：5～7个较浅的分角

几何图形似的叶子排列起来，如人工制成

表 叶形及其代表性树木

叶形	中高木	灌木·地被
心形	野梧桐、饭桐、梅、桂、黄栌、白桦、	红花金缕梅、野姜、秋海棠、
圆形	级木、夏酸橙、冬酸橙	山茱萸、蜡瓣花、大吴风草、虎耳草
椭圆形	橄榄、费约果、大叶冬青	土佐水木、蜡瓣花、金盏菊、大吴风草、虎耳草
垂卵形	粗构、黄心树、小橡子、厚朴、水栎	吊钟花
锯齿形	英蒾、西洋柊、柊、柊木樨	桂竹
披针形	垂柳、白桦、玉兰、竹类、橄榄、山桃、虎皮楠、刷子树	紫杜鹃、细竹类、瑞香、金丝桃、绣线菊、连翘
羽状	漆树、槐、日本核桃、乌山椒、银叶刺槐、花椒树、蓝花楹、苏铁、椤树、蜡木、合欢、刺槐、盐肤木	山胡枝子、胡枝子
三裂	枸骨、桐、冬槭、三手枫、百合	葡萄、檀香梅
掌形	枫类、山楂、橡木、八角金盘	柏叶紫阳花、曲溲疏、醋栗、牡丹、木通、常春藤类

*5：二分角叶有羊蹄木，适于栽植冲绳以南地区

*6：橡木和通草之类的叶子虽无分角，但多枚叶子聚成一簇，看上去亦如手掌状

被发光叶子照亮的庭院 ◖◗ >>p.012

只要使用那种不仅叶色具有较高明度、而且叶面还因反光发亮的树木，便可以营造出一座四处通明的庭院。

反光效果较好的树木多是叶面质感如皮革[*1]的常绿阔叶树，即被称为照叶树、叶面有光泽的种类。其中代表性的树种是山茶类和茶梅类。尤其在和风庭院作为背景树使用的厚皮香，叶子可反射光线。

理想的状态是，这种庭院成为光线照到树木上便能够看得见的场所（图1）。尤其适合阳光充足的庭院北侧、东侧和西侧。

此外，像金边胡颓子和金正木那样叶子带黄色斑纹的树木，即使照不到阳光也让人觉得闪闪发亮。在不能确保有充足阳光的庭院中，通过使用叶面带黄色斑纹或生着黄色叶子的aurum（金色）[*2]系树种，不依赖光线可以获得同样的效果。与柳树相似的银泥[*3]，其叶背也覆盖一层雪白的绒毛，叶子随风摇曳，叶面的绿色和叶背的白色相互交映，成为一种闪闪发亮的树木。

图1 让叶子闪光的配植

在背阴处使用照明时，不要将发热的照明器具与树木靠得过近，以免伤及树木

在向阳处配植

铁冬青

山茶类

代表性树种
中高木
金正木、银泥、铁冬青、茶梅、檀、冬青、大叶冬青、山茶类、厚皮香
灌木·地被
桃叶珊瑚、金边胡颓子、斑点青木、斑点剑兰、大叶常春藤

可听到叶子摩擦声的庭院

微风吹来，细枝与叶子摩擦作响。在炎热夏季的午后，树间回荡的阵阵风声，营造出凉爽的氛围。

叶子容易摩擦作响的树种，或是叶片较厚，或是叶子在树枝上重叠生长，再不就是支撑叶子的叶柄较软（图2）。其中最具代表性的树木是冬青。冬青（ソヨゴ）是与日语中的"战斗（ソヨグ）"有着相同语源的树木，据说它的名称便来源于其坚硬的叶子在风中摇曳时飒飒作响。

其他如枝条较软并下垂的白杨和垂柳、长着稠密细叶的刚竹和黑竹等竹类，也是容易发出声响的树种。全手叶椎的叶子较大，也容易发出声响，但似乎不太适于有强风的场所。

不过，如果全都是容易发出声响的树种，将会起反作用，让庭院变得讨厌。因此，应该将此类树木的数量控制在占全部配植树木的三分之一左右为宜（图3）。

图2 易摩擦作响叶子的特征

稍厚

叶子密度达到一动就相互摩擦的程度

叶柄较软和较长

代表性树种
中高木
大花六道木、木樨、黑竹、冬青、东亚唐棣、垂柳、刚竹、全手叶椎、白杨、椰类
灌木·地被
大花六道木、云南黄梅、铺地柏、三叶杜鹃、山胡枝子

图3 设法产生叶子摩擦作响的效果

树木间距可保证枝叶被风吹动

木樨

根据气象数据确认风向

三叶杜鹃

通风的栅栏和围墙　　大花六道木　　铺地柏

---

*1：叶片稍厚，叶质柔韧似皮革

*2：aurum，拉丁文"金色"意。作为金色系树种，包括地被类、常绿低木中的金色含羞草（合欢类）、月桂以及常绿针叶树中的朝鲜杉等。尤其地被中的福禄考，是一种原产于欧洲、生长迅速的宿根草。耐寒暑，适于湿润土壤。叶色鲜艳明亮，晚春开黄花，夏季，叶子易被阳光灼伤

*3：与白杨同类的落叶高木，日语亦将其称为白杨。耐寒性非常强，但耐热性差，因此不能植于日本四国以南地区（参照本书91页）

能嗅到叶子芳香的庭院

能嗅到叶子芳香的庭院，可以作为观赏功能以外的备选造园方案提交给业主。

叶子并不像花那样自然散发香气，几乎都是在相互摩擦时才有香气散出。因此，关键就是要将其配植在身体经常接触的场所。例如，将百里香[*4]之类的地被配植在经常踩踏的场所便容易收到散发香气的效果。此外，像通风的道路以及叶子经常因风吹相互摩擦的场所也适于栽植（图4）。不过，相比之下，类似迷迭香那样的植物，不分时间场合总是散发着强烈的香气，还是那种不经意地碰到身体一部分才能嗅到芳香的效果显得更好些。

能嗅到叶子香气的代表性树种是樟树。樟也是提取樟脑（Camphor）的原料树，叶子一碰便散发出独特的香气。在樟科树木中有很多能嗅到香气的树种，如钓樟和月桂等。

此外，有的树木的枯叶也会发出香气。桂树的枯叶便有种甘甜的气味；樱树的枯叶只要被踩到便会发出一股樱饼似的气味。

代表性树种
中高木
桂树、乌山椒、榧子、樟、钓樟、月桂、樱类、花椒树、扁柏、梓
灌木·地被
百里香、西洋人参木、薰衣草、法国薰衣草、马樱丹、迷迭香

图4 能嗅到叶子香气的配植例

迷迭香：可植于手易接触的场所

百里香：植于走路时可能踩踏的散步空间

月桂

美国岩柏：较密地栽植，风吹来叶子相互摩擦

美国岩柏：植于临风处

月桂：植于手够得到的地方

风

迷迭香：植于走路时偶尔踩踏的位置

百里香：植于步行时踩踏位置

以质感相似的叶子营造的庭院

如果栽植叶子质感相似的树木，则可以使庭院显得协调统一。但是，也很容易让人感到庭院景色单调。因此，尽管眼光和印象相似，可只要将开花时间、果实的形状及颜色各不相同的树木组合在一起，便会使庭院产生一些变化（表）。

例如，使用针叶树的针叶花园，到了冬天会出现若干红叶，虽然叶子不落，但也见不到鲜艳的花朵，花园里几乎全年都是同样的景色。通过混植叶子具有相同质感的其他树种，则可以将鲜花和红叶这样的元素融入庭院内。

作为与针叶树种相近的阔叶树，有叶子很细的黑蕊埃里卡[*5]，很像针叶树；还有刷子树和柽柳[*6]等。通过植入此类树木，则扩大了叶子质感的变化。而且黑蕊埃里卡、柽柳和迷迭香都是开花的植物，因此也给针叶花园增添了色彩上的变化（图5）。

表 叶子质感相似树种的组合

组合的树种	各自不同点
针叶类 埃里卡类 迷迭香 柽柳	全部树种的叶子都如针一样细。埃里卡类和柽柳开粉色花，迷迭香开紫色花。迷迭香叶子香气强烈，柽柳的叶根稍粗
棣棠 白山吹	4～5月棣棠开黄色花，白山吹开白色花。白山吹结黑色果实
金丝桃 杞柳	金丝桃6～7月开黄色大花（直径约5～6cm）。杞柳则于3～5月开泛黑色的花
木通 野木瓜	木通和野木瓜均在10月前后结出卵形果实。但是，木通的果实一成熟即沿纵向裂开，野木瓜的果实则不开裂。而且，木通是落叶的，而野木瓜到了冬天叶子也不脱落

图5 用叶子质感相似的树木让庭院产生变化的配植例

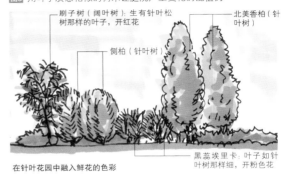

刷子树（阔叶树）：生有针叶松树那样的叶子，开红花

北美香柏（针叶树）

侧柏（针叶树）

黑蕊埃里卡：叶子如针叶树那样细，开粉色花

在针叶花园中融入鲜花的色彩

*4：紫苏科呼吸铃子香属耐寒性宿根草。春季成簇开放极小的球状花，特别强壮，能够很好地覆盖地面
*5：原产南非的常绿低木。高度可达2m的杜鹃科树木，粉色钟形小花自冬季开放，直至翌年春，花期很长。比较怕热，但耐干旱
*6：常绿高木。5月和9月，淡红色小花布满枝头。树高3～5m，因体量很大，如用于狭窄庭院须慎重

观花时间长的庭院

希望看到庭院树木开花的业主肯定不少。然而，几乎所有开花树种的花期都很短暂[*1]。下面将要重点介绍的庭院，则尽可能地延长了观赏鲜花的时间。

要构建可长时间观赏鲜花的庭院，或者栽植花期较长的树木，再不就设法让庭院里不断地有花儿绽放。关于后者，将会在本书的114页谈到，这里仅就花期较长的树木加以介绍。

花期较长的树木多在夏季开花，而且是自生于温暖地区的植物[*2]。在中高木中，木槿和芙蓉等树木的花期较长。

低木中的大花六道木花期最长，差不多半年时间都开着花。其他低木和地被因不耐酷暑和梅雨，只能在春秋两季开花。不过，像四季开花的蔷薇（照片）和公主花[*3]等，则可称为长花期的树种。

不过，花儿从绽放到凋零的整个过程能够被我们看到，也是树木所具有的魅力之一。假如全部配植花期长的树木，往往会使花的价值和魅力大打折扣。因此，不能只栽花期长的树木，而应该将其控制在占全部树木的二分之一左右，这样才能使庭院协调和匀称（图1）。

照片 薰衣草

蔷薇科。开淡紫色小轮花。抗病能力强，管理简单

图1 观花时间长的庭院配植例

石楠：春季开花　　辛夷：早春开花

木槿：夏季开花。花期长

北美香柏绿篱：全年深绿色

紫杜鹃：春季开花

大花六道木：由春到秋开花　　小叶山茶：冬季开花

代表性树种

中高木

夹竹桃、茶梅、百日红、糊空木、木槿、栀子

灌木·地被

八仙花、大花六道木、公主花、绣线草、蔷薇、密蒙花、芙蓉、绣线菊属、萱草

鲜花醒目的庭院

除了要让鲜花醒目，更重要的是花木与其背后景物之间的色彩关系。鲜花背后的树木和墙壁的颜色，使同样的花给人以不同的印象。

就像四照花、染井吉野樱和绣线菊一类开花后长出新叶的树木，假如在其背后栽植常绿树，或者墙壁和围墙不涂成土色，它们也不突出（图2）。这时，墙壁和围墙的颜色与花色的对比越强烈，花才会越醒目。如果花呈色彩较浓的粉色、红色和黄色，其背后的混凝土浇筑墙等呈暗色，将起到很好的衬托作用。色彩鲜艳的蔷薇、木槿和山茶，更适合与发白的墙壁相配。反之，

如果是白花，白色与混凝土颜色相近，则显得朴实无华。

此外，像山茶那样的常绿树木，结出的花朵也十分醒目；或者像山茱萸那样，先长叶后开花。类似情形，不仅要考虑花与叶的对比，还应想到叶子大小的平衡问题，并以此为基础构建周边环境及其背景（图3）。一般说来，凡开大花的树种叶子也较大。要注意的是，如果单靠花与叶的颜色对比来选择树木，待花朵凋谢后，突出的大叶子则有可能破坏庭院整体上

图2 让花醒目的方法

①背景是树木

月桂、北美香柏、罗汉松：全年背景呈绿色

石楠、山茶：开红色、白色等色彩鲜艳的大花

②背景是墙壁

背景为黑、褐等深色

三叶杜鹃、四手辛夷：先开花后生叶的树木

---

*1：按植物图鉴等资料记载，期间的时间跨度为2～3个月；这已经考虑到了地域差别。如限定在单个庭院的范围内考虑这一问题，开花期间的长短虽与树种有关，但也不过一周左右
*2：因日本的气候逐年变暖，故从大范围上看似乎花期在延长
*3：野牡丹科大叶牡丹属。原产于中南美洲的热带花木。汉字写成"紫绀野牡丹"。如其名称，由夏至秋绽放美丽的紫色花朵。耐寒性较强，如气温达到一定程度，冬季也会开花。亦称蜘蛛花，因其雄蕊生长过程中如蜘蛛脚足一样弯曲而得名

的平衡状态。

但是，应该将环境作为选择和配植花木的前提条件，即考虑环境能否将开放的鲜花衬托得更漂亮。

所谓能够开放出漂亮鲜花的环境系指，无论土壤还是日照都适于该植物的生长（图4）。几乎所有花木都喜阳光充足的场所，因此应确认日照能否得到可靠保障[4]。

另外，因树木在开花期间特别需要水分，故应设法不让土壤干燥。几乎所有花木都不太需要施肥，只要将熟透的腐叶土[5]混入表土中就可以了[6]。

代表性树种
中高木
银叶刺槐、辛夷、樱类、山茶、百日红、山茶类、木槿

灌木·地被
八仙花、小叶山茶、麻叶绣球、石楠、杜鹃类、密蒙花、芙蓉、臭牡丹、绣线菊、连翘

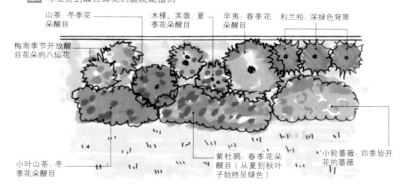

图3 可观赏到醒目鲜花的庭院配植例

山茶：冬季花朵醒目　木槿、芙蓉：夏季花朵醒目　辛夷：春季花朵醒目　利兰柏：深绿色背景

梅雨季节开放醒目花朵的八仙花

小叶山茶：冬季花朵醒目

紫杜鹃：春季花朵醒目（从夏到秋叶子始终呈绿色）

小轮蔷薇：四季皆开花的蔷薇

图4 可开放漂亮花朵的条件

阳光充足的地方鲜花盛开

能排水

不积水

水路

土壤有排水性和保水性，富含有机质

可嗅到花香的庭院

可嗅到花香的庭院，要在树木配植上便于人们靠近和用手接触。在门厅和步道两侧配植树木的最好方式，是可让路过的人闻到花香。另外，再好的香气，如果不停地散发也会让人昏昏欲醉，因此应避免将其配植在寝室等人员集中的场所。

乔木中秋季开花的金木樨、灌木中春季开花的瑞香，都是常用的树木。然而，这两种树木因香气过于强烈，如栽植的太多往往会让人生厌。固然要根据庭院大小来确定栽植的数量，但最好控制在1棵/5m² 的样子。

乔木中的银木樨和淡黄木樨与金木樨相比，香气要多少柔和些。辛夷、木兰和广玉兰等玉兰系（有花香的）树木以及低木中的蔷薇属也多是花香怡人的树种（图5）。

灌木中的柊开放的白花，有着与金木樨相似的芳香。常用于绿篱的柊木樨，开放的花朵也有类似的香气。除此之外，低木的大花六道木和密蒙花，可让我们嗅到一股蜜香[7]。

北海道春季里随处可见的花木紫丁香，也开放出香气扑鼻的花朵。不过花期很短，而且不耐暑热，夏季在炎热地区易生虫，这也是它的不足之处。

代表性树种
中高木
淡黄木樨、金木樨、银木樨、辛夷、广玉兰、柳叶玉兰、柊、柊木樨、厚朴、紫丁香

灌木·地被
大花六道木、瑞香、蔷薇类、密蒙花、蜡梅

图5 可嗅到花香庭院的配植例

北美香柏：叶子一碰便散发香气

玉兰：早春有花香

金木樨：秋季有花香

法国薰衣草：叶子一碰便散发香气

栀子：初夏有花香

瑞香：早春有花香

蔷薇·博尼塔（四季开花）：春至秋有花香

---

*4：山茶和茶梅等，即使日照不充足也可以绽出美丽的花朵
*5：让落叶树叶子发酵到完全看不出叶形程度的土壤。常与腐叶土同时使用的树皮堆肥，即树皮的堆肥化
*6：长出像蔷薇那样漂亮花朵的树木以及像果树那样可观赏果实的树木，要在开花前半年施肥
*7：散发蜜香的树木易招蝶虫

春季赏花的庭院

　　在绿色成为主色调的绿化设计中，花朵是色彩搭配上的重要元素。由于不同季节开放的花儿也各异，因此最好按照季节配植庭院中的花木。

　　春天是许多树木开花的季节。到了春天，满院鲜花同时绽放的情景美不胜收。

　　作为庭院的观赏者，都希望赏花的时间尽可能地长一些。因此，构建庭院的关键就是，应该充分利用开花树木种类较多的春季，选择3～5月逐次开花的树种进行配植（表·图1）。

　　可是，相同颜色的花儿即使连续开放，观赏者可能也感觉不到明显的变化。因此，树种选择的关键就在于，始终不能忘记不要将相同的花色排列在一起[1]。春季开花代表性树种的花色和花期：红色系石岩杜鹃（4月中旬前后）、紫色系密蒙花（4月上旬）、黄色系连翘（3月下旬）和白色系辛夷（3月下旬）等。

表 春季开花的代表性树种

	中高木	灌木·地被
3月末前后开花	银叶合欢、辛夷、山茱萸、染井吉野樱、木瓜、金缕梅、山樱	楼木、瑞香、蜡瓣花、结香、绣线菊、连翘
4月前后开花	石楠、白浆果、大花海棠、紫荆、四照花、紫丁香	大紫杜鹃、石岩杜鹃、久留米杜鹃、矢车菊、麻叶绣球、棣棠、
5月前后开花	蝴蝶戏珠花、金链花、山溲疏	溲疏、山月桂、小月杜鹃、红花金缕梅

图1 观赏春季鲜花庭院的配植例

辛夷：3月末前后开白花
光叶石楠绿篱：3月末前后长出红色新芽
石楠：4月前后开红花
蝴蝶戏珠花：5月前后开白花
大紫杜鹃：4月前后开紫花
绣线菊：3月末前后开白花

夏季赏花的庭院

　　花木都喜阳光充足的场所。尤其是百日红和芙蓉等夏季开花的树种，原来大都生长在炎热地区。因此，即便是南侧和阳光充足的场所，亦要保证树木整体都能接受阳光才更加理想（图2）。此类树木即使能够得到日照，仍然耐不住寒冷的北风吹袭，因此应该避免将其植于冬季寒风经过的场所。

　　至于屋顶庭园，如果能以栅栏或围墙等防护设施遮挡寒风，而且树木整体又可以接受充足阳光的话，则很适合作为夏季赏花的庭院。

　　夏季开花的树种，基本上与112页讲过的花期较长树木相同，都适于营造庭院（图3）。然而即使花期再长，考虑到单只花的寿命，也大都会在1～2天凋谢，花柄和花瓣更是每天都在脱落。假设就让落下的花瓣等堆积在地面上，下雨后便要腐烂，从而形成了易引起病虫害的环境。尤其在从梅雨季节开始的暑热天气里，因为是病虫害的高发期，所以在栽植夏季开花树木的场所，比起其他季节来，清扫落地的花柄和花瓣应该更经常、更彻底。

图2 夏季开花树木栽植条件

屋顶可看做树木整体接受充足阳光的场所；但因风大，要用栅栏或围墙等缓冲设施防风
建筑物的背阴处不适宜栽植夏季开花树木
建筑物
整个树木都能照射到阳光最为理想

图3 夏季赏花庭院的配植例

百日红：红花
木瓜：白色或粉色花
如叶子绿色过浓，可用简洁的栅栏作为背景
木瓜：白色或粉色花
大花六道木：白花
斑点剑兰：紫花
海桐花：红色果实

树木释要 楼木 常绿低木。3～4月枝头开出筒状白花。参照本书97页 | 连翘 落叶低木。3～4月自前一年生的树枝叶根部开出许多淡黄色花朵 | 山月桂 原产于北美的常绿低木。5～7月开出长约15～25mm的杯形花。亦被称为"美洲石楠" | 金链花 落叶高木。与藤花相似的黄色花朵有毒

代表性树种
中高木
夹竹桃、百日红、带斑紫薇、中国七叶（娑罗树）、乌饭、刷子树、木瓜、山茱萸、栀子
灌木·地被
八仙花、默特尔、金丝桃、密蒙花、芙蓉、粉团

秋季赏花的庭院

　　秋季开花的树种很有限，但假如能将其与红叶的色彩很好地搭配起来加以利用，会使秋季庭院的绿化设计变得更有魅力。

　　秋季开花的代表性树种有金木樨、比金木樨颜色及香气更柔和的银木樨和淡黄木樨等。宣告冬季到来的茶梅，开出的花朵颜色从白到红逐渐变化，而且花瓣也从一重（江户茶梅等）到八重（少女茶梅）不等，品种相当丰富，是一种在日式庭院和西式庭院的绿化设计中均不妨使用的树种（图4）。

　　秋季开花的地被有茶树、胡枝子类以及在温暖地区海岸边可见到的大吴风草[*2]。由于大吴风草和茶树也耐日阴，因此如将它们植于秋季满布日阴的庭院里，庭院顿时变得生机勃勃，也是一种有趣的创意（图5）。

代表性树种
中高木
淡黄木樨、金木樨、银木樨、茶梅
灌木·地被
桃叶珊瑚、茶树、大吴风草、吊钟花、大叶黄杨、胡枝子类（白花胡枝子、圆叶胡枝子、山胡枝子）、蜡瓣花

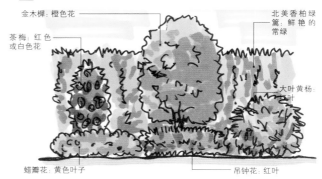

图4 秋日下赏花庭院的配植例

金木樨：橙色花　北美香柏绿篱：鲜艳的常绿
茶梅：红色或白色花　大叶黄杨
蜡瓣花：黄色叶子　吊钟花：红叶

图5 秋季日阴中赏花庭院的配植例

通风良好的栅栏式围障。配叶色深的树种
鸡爪枫：红叶　南天竹：红色果实
桃叶珊瑚：红色果实
桂竹：黄花　大吴风草：黄花　茶树：白花

冬季赏花的庭院

　　冬季开花的代表性树种，基本上都是日本人自古以来喜欢用作庭院树木的山茶之类[*3]。山茶类树木花期早自12月前后开始，迟至5月左右才结束，赏花的时间很长。

　　山茶类作为冬季的主角，应该说是日西两种形式庭院咸宜的树种。除此之外，12月前后开花的腊梅、1月前后开白花的枇杷和2月前后开花的梅树等，都是可给冬季的庭院增添生机的花木（图6）。

　　灌木中与茶梅近似的小叶山茶，最好植于树木根部周围，或者经修剪后与杜鹃一起栽植。在直立型树木中，有高度1.5m左右的直立小叶山茶。开放的花朵与梅花相似的海棠，花期从1月末开始，至2月结束。

代表性树种
中高木
梅树、瑞香、山茶类（少女山茶、金鱼山茶、野山茶、雪山茶[寒地用]、侘助山茶）、枇杷、细叶桂竹、腊梅
灌木·地被
小叶山茶、圣诞蔷薇

图6 冬季赏花庭院的配植例

粗构、珊瑚树：鲜艳的绿色
梅树：白花、红花　山茶类：黄花、粉花
腊梅：黄花　圣诞蔷薇：白花、粉花

*1：花色参照本书117页表
*2：菊科款冬属冬草。10～11月开黄花。叶与款冬相似呈圆形，表面有光泽。即使没有开花的时候，也会给庭院带来一些变化。日语汉字写成"艳叶蕗"
*3：园艺种的山茶，系以自生于日本山中的野山茶和雪山茶为原种培育而成。有大轮花的，也有像蔷薇那样花瓣很多的，种类不少。可是，山茶类树木易寄生茶毒蛾等害虫，因此在春夏期间要对其细致入微的观察，一旦发现害虫必须立刻清除或做消毒处理。这一点，务必对业主交代清楚

被红花衬托的庭院

作为开红花的庭院树木有杜鹃、山茶和四季开花的蔷薇；刷子树开的红花也很有特点（表）。配植红花树木时，绿色背景可以起到很好的衬托作用。尤其是栽植厚皮香和冬青等叶色鲜艳的树木，效果更佳（图1）。

红花色彩鲜艳夺目，在很大程度上决定着庭院给人的印象。特别是这种情形：全部树木都是开红花的扶桑、光叶子花和凤凰木[*1]等原产于热带的花木，单靠开出的花朵便可以使庭院整体上洋溢着热带风情，因此建议适当配植。

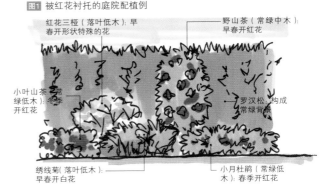

图1 被红花衬托的庭院配植例

红花三桠（落叶低木）：早春开形状特殊的花

野山茶（常绿中木）：早春开红花

小叶山茶（常绿低木）：冬季开红花

罗汉松：构成常绿背景

绣线菊（落叶低木）：早春开白花

小月杜鹃（常绿低木）：春季开红花

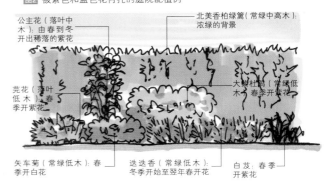

图2 被紫色和蓝色花衬托的庭院配植例

公主花（落叶中木）：由春到冬开出稀落的紫花

北美香柏绿篱（常绿中高木）：浓绿的背景

芫花（落叶低木）：春季开紫花

大柄杜鹃（常绿低木）：春季开紫花

矢车菊（常绿低木）：春季开白花

迷迭香（常绿低木）：冬季开始至翌年春开花

白芨：春季开紫花

被紫色和蓝色花朵衬托的庭院

紫花树木的花期多半都在春末至冬初，赏花的时间比较长。

说到庭院树木开紫花的，在高木中自古以来就常常使用紫木莲。在西洋杜鹃中，也有开漂亮紫花的品种（表）。

至于中木，适合西式庭院的密蒙花以及和式庭院也可使用的公主花等开都很漂亮。低木中的杜鹃类，也以开紫色花的居多。地被类中的凹叶景天[*2]、百子莲[*3]、老鼠簕[*4]和白芨[*5]春季开紫花；剑兰和斑点剑兰夏季开紫花。以上这些树木，在管理上都比较简单。

紫花虽然看上去朴实无华，但与绿色调起来，却可以营造出具有安定存在感的氛围。因此，容易与其他颜色搭配（图2）。而且，即使只植上薰衣草这一种紫色调植物，亦可对庭院起到衬托作用。

再有就是蓝色花。日本经常使用的庭院树木，几乎没有开蓝色花朵的。即使在英国，虽然存在一种全部由蓝花构成、被称为"蓝色花圃"的庭园，但主要栽种的是淡紫色系统的草本植物。要想栽植开蓝色花的树木，只能从花朵呈浅淡蓝紫色调的树木中选择。

花朵呈浅淡蓝紫色调的代表性树种是八仙花[*6]。由蓝色花构成的庭院显得沉稳和安定。配植时，可在其中混植开白花的树种，或者搭配相反色调的开黄花树木，会越发凸显蓝花的存在。

被粉红色花朵衬托的庭院

粉色的花朵，既有像樱类那样的浅粉色，也有如山茶类那样的深粉色，色调幅度很宽（表）。如果配植花色浅淡的树种，会使作为背景的浓绿色树木或黑色围墙等显得更加沉稳和安定[*7]。

无论开深粉色花的树种、还是由开白花的珍珠绣线菊改良而成的开浅粉色花[*8]的树种，如果栽植时在其周围或中间多少配上一些开白花的树木，则能够使白花和粉花都凸显出来（图3）。

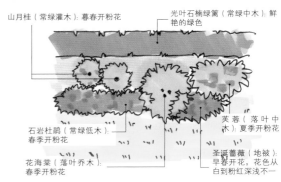

图3 被粉红色花朵衬托的庭院配植例

山月桂（常绿灌木）：暮春开粉花

光叶石楠绿篱（常绿中木）：鲜艳的绿色

石岩杜鹃（常绿低木）：春季开粉花

芙蓉（落叶中木）：夏季开粉花

花海棠（落叶乔木）：春季开粉花

圣诞蔷薇（地被）：早春开花，花色从白到粉红深浅不一

*1：苏木亚科凤凰木属的落叶高木。原产于马达加斯加岛。三大热带开花树木之一，从初夏至秋季开着鲜艳的红色花朵。在日本仅适于栽植冲绳地区。在关东地区的室外，能够栽植的开红花热带树木只有鸡冠刺桐之类
*2：紫苏科筋骨草属。4～5月前后绽放出层层叠叠的蓝紫色小花
*3：百合科百子莲属。原产于南美。6～7月梅雨季节开放出大量小花
*4：爵床科老鼠簕属。叶形独特。花期为6～7月
*5：兰科白芨属。喜排水好粘土质半日阴处。5～6月前后开紫色和白色的花。栽植时间一长，花势渐衰。因此每隔几年即应分株或重植

被黄色和橙色花朵衬托的庭院

开黄色花或橙色花的低木有棣棠、连翘和腊梅，但在温带地区，开黄花或橙花的高木并不太多。因此，在日本还没有用开黄花或橙花的中高木作庭院树木的。不过，最近因受使用紫色和黄色花的英式花园影响，也开始栽植开黄花的树木，以期给庭院增添一些别样的风情（图4）。

因有红叶 [9] 的昵称而被人们喜爱的银叶合欢、银荆和匍匐状的金链花，花色都很鲜艳，开花时像有光线照射，将庭院映衬得十分明亮。金寿玉兰和伊丽莎白玉兰与开黄花的木兰同类，近年来常常使用。樱类中的姜黄（山樱的一种），自江户时代开始就为人所喜爱（表）。

此外，还有一些很少见的橙色花的树种，如杜鹃中的日本杜鹃、攀缘植物中的金银花、球根植物中的橙色水仙 [10] 和萱草 [11]。用其中的任何一种植物进行绿化，都会使庭院显露出热带风情。

被白色花朵衬托的庭院

使用开白花树木营造庭院有两种方法，一是像英式花园那样让花儿同时开放，而且花期保持一致；再就是花儿逐次绽放的配植方法。日本与英国不同，从春季至高温的初夏，季节变化很剧烈，很容易缩短花期。因此，采取花儿逐次绽放的形式才能使赏花的时间变得更长些（图5）。

开白色大花的代表性树种，有可让人们感受春天气息的玉兰和辛夷、以及继樱花之后开放的四照花（表）。另外，常绿树中的广玉兰，在5月前后也会开出非常美丽的花朵。

春季开花的珍珠绣线菊是低木中的代表性树种。还有与棣棠酷似、但系别种的白山吹，以及花儿十分可爱、近似于梅花的矢车菊等。野蔷薇也开白花，它长得很结实，是日本山野中常见的落叶灌木。

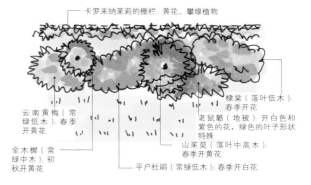

图4 被黄色和橙色花朵衬托的庭院配植例

卡罗来纳茉莉的栅栏：黄花、攀缘植物
云南黄梅（常绿低木）：春季开黄花
金木樨（常绿中木）：初秋开黄花
平户杜鹃（常绿低木）：春季开白花
棣棠（落叶低木）：春季开花
老鼠簕（地被）：开白色和紫色的花，绿色的叶子形状特殊
山茱萸（落叶中高木）：春季开黄花

图5 被白色花朵衬托的庭院配植例

木槿（落叶中木）：夏季开白花
构成浓绿背景的常绿罗汉松
辛夷（落叶高木）：春季开白花
大花六道木（常绿低木）：6～11月长时间开花
小叶杜鹃（常绿低木）：冬季开白花
连翘（落叶低木）：春季开白花
石岩杜鹃（常绿低木）：春季开白花

表 花的颜色及代表性庭院树木

花的颜色	中高木	灌木·地被
红	鸡冠刺桐、梅、西洋杜鹃、直立小叶山茶、刺桐（暖地）、箭杜鹃（暖地）、木槿（暖地）、光叶子花（暖地）、刷子树、凤凰木（暖地）、野山茶	小叶山茶、草木瓜、天竺葵、樱桃鼠尾草、杜鹃类、蔷薇类、红叶葵
紫·蓝	紫木莲、公主花、西洋杜鹃（大轮种的"贵妇人"等）、西洋人参木、紫荆、密蒙花、臭牡丹、木槿、紫丁香	百子莲、老鼠簕、八仙花、凹叶景天、龙爪柳、杜鹃类、蔷薇类、小长春花、斑点剑兰、藤、芫花、剑兰、薰衣草、琉璃茉莉、迷迭香
粉红	樱类（江户彼岸、关山、垂樱、染井吉野樱、普贤像）、绸缎玉兰、西洋杜鹃、山茶类（少女山茶、侘助山茶）、花海棠、红花苏合香、红花七叶树、红花山茱萸、木槿、桃	绣线草、蛇眼埃里卡、瑞香、杜鹃类、庭梅、庭樱、蔷薇类、绣线菊属
黄·橙	银叶合欢、樱类（姜黄）、山茱萸、银荆、金寿玉兰、伊丽莎白玉兰、栾树	云南黄梅、金雀花、金丝桃、小金银花、大吴风草、金银花、紫花地丁、金丝桃、萱草、小檗、木香花、橙色水仙、棣棠、连翘、日本杜鹃、腊梅
白	杏、梅、野茉莉、大岛樱、蝴蝶戏珠花、辛夷、茶梅、广玉兰、橡木、梨、花楸、梣木、白云木、白木莲、四照花、手帕树、火棘属、厚朴	梣木、忍冬荚莲、柏叶紫阳花、麻叶绣球、新娘花环、白山吹、矢车菊、杜鹃类、珍珠蔷薇类、绣线菊

*6：八仙花系园艺名，原称龙爪柳。八仙花的花朵部分实际是花萼，植于酸性土壤中后，这部分即变成蓝色
*7：染井吉野樱等的花色较淡，如在阴天里的颜色很难分辨，因此应在其背后配植浓绿的树木
*8：夜茉莉和樱木的红花，是一种浅淡的桃红色
*9：银荆和银叶合欢等豆科含羞草属开花造园树木的俗称。原本系指豆科含羞草总称的拉丁文名称
*10：菖蒲剑兰山属。虽原产于南美，但具耐寒性。6～9月开橙色和红色的花
*11：百合科萱草属。是一种耐寒性较强的宿根草。虽结出的花蕾很多，但每朵花仅开放1天。花期为5～9月

根据树高选择树木

对于绿化来说，要栽植的树木会长到多大是树种选择的一个要素。大型树木具有视觉冲击力，常被用作建筑物和庭院的形象树。此外，建筑物中体量较大的集体住宅等，如果栽植的树木大小与其尺寸相称，则可影响到建筑物的风格。

反之，在用地不宽裕的情况下，假如栽植太大的树木，将会出现各种各样的问题。譬如，随着树木的生长，房子或将处于树荫下，致使居住环境变差；还有，当树木伸展的枝条将屋顶覆盖，落在屋顶上的叶子也可能堵塞屋顶排水管等。

为了避免出现类似的问题，在用地不宽裕的场所栽植树木时，应该先对以下两点加以确认，然后再据此选择树木。

第一点是要配植的树木"将会长到多大"。

通常都按树木的高度（树高）进行分类，分别被称为"高木"、"中高木"、"中木"、"低木[*1]"和"地被"等（图1）。各个类别并无准确的定义，本书设定一个大致的标准：高木4m以上、中高木2～3m左右、中木1.5～2m上下、低木0.3～1.2m以下、地被0.1～0.5m以下。代表性树种及其各自的高度分类见表1[*2]。

2层独立住宅，一般高度在8～9m之间，如要栽植较大的树木，高度10m以上的亦应排除在考虑范围之外，可以从2～3m的中高木中选择比较大的。不过，即使高木如白柞之类，修剪起来也比较方便，有的体量并不大，很容易配置。

长大后的树木，其枝条和根系亦会向周围伸展[*3]。因此，树木与檐端的距离至少要保持在树高的1/4以上（图2）。

第二点是选择的树木"生长速度怎样"（表1）。

譬如山桃和小叶榕，都是能够长大、但生长缓慢的树种。即使不用每年修剪几次，其高度的增加也十分有限。因此，这样的树木也很适宜植于狭窄的地块内。

另外如悬铃木，是一种从很早开始就被用作行道树的树种。几乎所有的悬铃木生长得很快，其中的大多数又长得很高。因此，不应选择此类树木用于狭窄的庭院内[*4]（表2）。小型针叶树[*5]中颇受欢迎的金翠园，生长非常迅速，而且又长得相当大，如将其作为选定目标，则应将后期管理方面的注意事项对业主交代清楚。

图1 树木高度标准比较

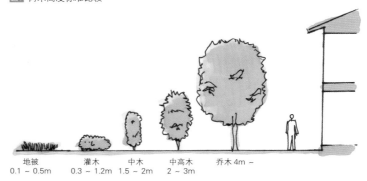

地被	灌木	中木	中高木	乔木4m～
0.1～0.5m	0.3～1.2m	1.5～2m	2～3m	

表1 树木高度及其主要树种

乔木 4m～	栎、红松、椰榆、银杏、四手、罗汉松、鸡爪枫、朴、桂、楠、铁冬青、黑松、月桂、榉、龙柏、垂樱、垂柳、白蜡、白柞、杉、苦楝、染井吉野樱、广玉兰、小叶榕、橡、合欢、红枫、桧、雪杉、灯台树、水杉、山桃、虎皮楠
中高木 2～3m	粗构、杞柳、梅、野茉莉、橄榄、柿、枸骨、花梨、柑橘类、臭木、塔莫（白蜡）、杨梅、石榴、檬、四手辛夷、白浆果、泥木、梨、娑罗、七度灶、梣木、四照花、流苏树、小叶虎皮楠、沙果、枇杷、小樱桃、橙椁、冬青、厚皮香、山茱萸、栀子
中木 1.5～2m	犬黄杨、淡黄木樨、光叶石楠、英蓬属、唐种招灵木、夹竹桃、金木樨、茶梅、花椒、公主花、石楠、西洋人参木、山茶类、北美香柏类、绣球穿心莲、花海棠、柊、桂竹、费约果、密蒙花、牡丹花、金宝树、木槿、八角金盘、扇骨木
灌木 0.3～1.2m	八仙花、大花六道木、大紫杜鹃、龙爪柳、小叶山茶、常绿红豆杉、石岩杜鹃、金丝梅、栀子、麻叶绣球、紫杜鹃、车轮梅、瑞香、茶树、海桐花、南天竹、花茄子、芦荻、柃木、蜡瓣花、金丝桃、平户杜鹃、小黄杨、三叶杜鹃、小檗、棣棠、珍珠绣线菊、连翘、迷迭香
地被 0.1～0.5m	老鼠簕、百子莲、多福南天竹、紫萼、圣诞蔷薇、细竹类、络石、蝴蝶花、白芨、美国岩竹、玉粒、斑点剑兰、富贵草、常春藤类、紫金牛、剑兰、沿阶草

图2 树木与建筑物的间隔

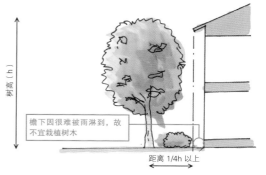

檐下因难被雨淋到，故不宜栽植树木

树高（h）

距离 1/4h 以上

*1：同样高度，有的也将其称为"灌木"。东京都等地区的绿化申请文件则统一称为"低木"，本书亦循此例称"低木"

*2：此处的高度，系指作为庭院树木（造园木）使用时的指标。一般载于植物图鉴中的高度，则指山野中自然生长的成树高度。造园木系经修剪处理后，再根据人工管理方法和用地大小等环境条件确定树高的指标

*3：树高与枝展和根展的关系，请参照本书159页图4

用长不高的小树营造庭院

私人住宅的庭院，通常空间都不大。尽管如此，希望将其按照庭院的规格来布置的业主仍然很多。

类似这种空间有限的庭院，基本都选择那些不太生长、长不高的树木。可是，虽然树木不大，也希望它能起到一定的烘托作用。为此，在这样的庭院中，可以充分运用"缩景"的手法。

缩景是日本庭园中常用的手法，不要认为很难，姑且当做"用盆景技巧营造庭院"就是了。具体说来，就是要将中木看成高木、低木看成中木、地被看成低木。重点是不要使用过多树种，尽量让庭院的结构简洁明快（图3）。

庭院树木中最高的，如选自2m左右的中高木，也只能算是中木。高度2m左右、树形较好的有野茉莉、枸骨、枫类中的小叶团扇枫及多向山[*6]、竹类中的四方竹[*7]等。

针叶类中的银杏也是树形很好的树木。虽然银杏中体量较大者高度可达20m左右，但因其生长缓慢，故在移植数年后仍可观赏那不太变的形态。

低木中常用的树种有枨木、吊钟花和石岩杜鹃等杜鹃类。

市场上出售的枨木和吊钟花，有的高度在1.5m以上，加之本来就是不再长大的树种，因此若将其作为庭院树木使用，哪怕再过几年，看到的还是大小不变的体量。

新年插花常用的草珊瑚和朱砂根，虽体型不大，但形态很好，结出的果实也颇具观赏性。因此，作为低木一定要加以利用。

然而，一般生长较慢的树种又具有一定高度的，树龄也远超出想象，与其大小相比，价格要贵得多。有鉴于此，在选择树木时，应考虑到这一点，并在此基础上确定树木的种类和数量。

表2 生长速度指标

主要树木	栽植初期	3年后	5年后	10年后	15年后
榉、染井吉野樱	3 m	4 m	5 m	7 m	10 m
山桃、小叶榕、白柞、鸡爪枫	2 m	2.5 m	3 m	5 m	7 m
野茉莉、四照花、山茱萸	2 m	2.5 m	3 m	4 m	5 m
金木樨、山茶类	1.2 m	1.5 m	1.8 m	2.5 m	3.5 m
茶梅、车轮梅、	0.3 m	0.4 m	0.5 m	0.8 m	1 m

图3 使用缩景技法配植例

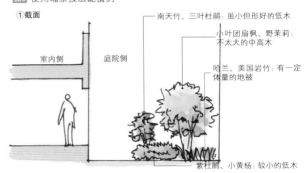

①截面

南天竹、三叶杜鹃：虽小但形好的低木
小叶团扇枫、野茉莉：不太大的中高木
哈兰、美国岩竹：有一定体量的地被
紫杜鹃、小黄杨：较小的低木

室内侧　庭院侧

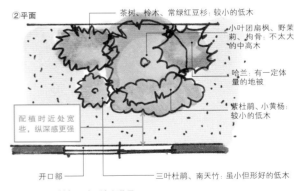

②平面

茶树、枨木、常绿红豆杉：较小的低木
小叶团扇枫、野茉莉、枸骨：不太大的中高木
哈兰：有一定体量的地被
紫杜鹃、小黄杨：较小的低木

配植时近处宽些，纵深感更强

开口部
三叶杜鹃、南天竹：虽小但形好的低木

植入4～5种树即可起到象征作用

代表性树种
中高木
银杏、枸骨、枫类（小叶团扇枫、多向山）、四方竹、小叶虎皮楠
灌木·地被
枨木、石岩杜鹃、茶梅、印花布道、草珊瑚、朱砂根、吊钟花

---

*4：如想尽快绿化地块，则宜使用生长迅速的树木。雪杉和白柞是其中的代表性树种

*5：对结松塔类球果（cone）的植物的总称

*6：枫科枫属的园艺品种。红枝垂红叶的一种，叶子细长则是其特征。新芽鲜红，从夏到秋，叶子也由绿色逐渐变成黄色和鲜艳的红色

*7：稻科四方竹属。特征是秸秆呈四棱形，多被用于庭院树木（尤其是和风庭院）和绿篱。虽容易移植，但耐寒性较差，不适于寒冷场所。秸秆系指稻科植物的茎，竹类则指节与节之间的部分

按照树形设计庭院

树形（亦称树冠）系指枝叶伸展的树木整体形态。乍看都是同样绿色团块的树木，其树形却因树种而千差万别。要先了解选定的树种将来会长成怎样的形态，然后一边依其大小进行组合，一边进行绿化设计。

如对树形做粗略划分，可分为"圆形"、"纵长形"、"圆锥形"、"杯形"和"乱形"等5种。

1 圆形

鸡爪枫、朴树、樱类等落叶阔叶树中的多数都是这种树形（图1）。

圆形树木要占用横向空间，如果植于不太狭窄、有一定宽阔度的庭院内，则会起到很好的烘托作用。假设一定要将圆形树木配植在狭窄的庭院里，可以选择横向枝展不太大的山茱萸之类。

此外，级木、橡木和四照花等的树形也是圆形。

2 纵长形

常绿阔叶树中的多数都是这种树形（图2）。代表性树种有桂树、金木樨、樟、茶梅、白柞、白杨、厚皮香、野山茶和山桃等。

纵长形因占用横向空间较小，故而适合配植在前院和门厅前等空间狭小的地方。而且，纵长形树种多数都耐修剪，可将其修整成又细又长的形状。

3 圆锥形

龙柏、杉和扁柏等针叶树一般都属于这种树形（图3）。特别是龙柏，即使不用修剪整形处理也能自然长成细圆锥形。在构建和风或北欧风的庭院时，如果选择圆锥形树种进行配植，则会营造出独特的氛围。除此之外，还有雪松、银杏和水杉等也是圆锥形树木，但这些树种的体量都很大，只适用于具有一定宽阔度的庭院。

4 杯形

虽树形似杯状，却是倒过来看的形态，因此亦称"倒杯形"（图4）。树形呈杯状的树种有榉、九芎、合欢和藤木等。这是一种适于作为绿荫树使用的树形。

杯形树与圆形树一样，可在比较宽阔的庭院中起到烘托作用。还有一种方法，例如由杯形树加以品种改良培育成的武藏野榉[1]和长鞭桃[2]，其枝展都被收窄，亦可配植在用地不太宽裕的庭院里。

5 乱形

枝条并不呈直线向上伸展、无确定形态的树形被称为乱形（图5）。如乌冈栎、公主花和火棘属等树种即相当于此树形。

乱形树木常被形容为树形易变得乱七八糟的树。因此，在配植过程中应该随时调整观察的角度，确定是靠最前面好、还是贴近墙

图1 圆形（主要是落叶阔叶树）

鸡爪枫、朴树、橄榄、柿树、樱类、级木、鳄梨、橡木、四照花、山茱萸

图2 纵长形（主要是常绿阔叶树）

桂树、金木樨、樟、月桂、茶梅、白柞、冬青、山茶类、费约果、白杨、厚皮香、山桃、野山茶

图3 圆锥形（主要是针叶树）

北海道红松、银杏、龙柏、杉、德国桧、扁柏、雪松、科罗拉多云杉、水杉、罗汉松、利兰柏

壁更合适，以使树木仅从一个方向展露其形态。

常被用作庭院树木的树种，如白云木、花海棠和密蒙花等的树形都相当于乱形。

上面提到的所有树种的形态都是与生俱来的，可以叫做自然树形。与此相对，利用人工手段也能够改变树形，这被称为整形树[3]。

图4 杯形（用作绿荫树等）

榉、九芎、合欢、藤木

图5 乱形

乌冈栎、石榴、山茱萸、公主花、白云木、花海棠、火棘属、密蒙花、真弓

*1：榆科榉属的榉树品种。榉的树形一般为杯形；但武藏野榉的树干直挺，枝展不大。被用作行道树

*2：蔷薇科樱属的桃花品种。虽与桃同类，却几乎不结果。名称源于枝头上如马鞭一样伸展开来、纵向细长的叶子

*3：关于整形树，请参照本书149页内容

按照树干设计庭院

很多树木都是以一棵树干为主（主干）生长，再从笔直伸展的树干上分出枝条，构成规整的树形（直干形）。然而，其中也有多株主干的类型（分叉型）和主干弯曲的类型（曲干型）（图6）。这里要介绍的是，绿化设计中需要掌握的分叉型中特殊的丛生树和曲干型等2种类型的相关知识。

1 丛生

丛生树木自根部长出的主干不只1株、而是分成数株（图7①、照片）。常用作庭院树木的树种有野茉莉、娑罗、乌饭和山茱萸等。

丛生树木虽具有一定程度的体量感，但单株树干却很细，看上去轻快飘逸，即使使用在狭小的空间里也不会产生压迫感。

此外，有的虽原本不是丛生树木，但因人为或伐采和雷击使其失去了主干，取而代之的是从旁边分出的几株枝干，也变成丛生形态。这样的树木，会比自然丛生的树木长得更大。白柞、四手、桂树、榉、麻栎、小橡子和山樱等的丛生形态，都可以看做此种类型。尤其是丛生榉中的主干非常多者，被称为群武者（图7②）。群武者干多，根系也大，因此比较重，搬运和施工都很费事。而且与独干树相比，价格多半要高些。

2 曲干型

主干并不朝着一个方向、像是沿平面前后左右摇摆一样生长的树木被称为曲干型。其代表性树种是百日红；但诸如椬木、红松、黑松、罗汉松和藤木等的树干也属于该类型。

有时会特意将松类和真木类等处理成这种歪歪扭扭的样子（图8）。

图6 树干的3种类型

①直干型

银杏、桂树、铁冬青、龙柏、杉、橡木、厚皮香

②分叉型

野茉莉、金雀花、光叶石楠、唐种招灵木、金木樨、山茱萸、白浆果、染井吉野樱、杜鹃类、娑罗、海仙花、大花海棠、乌饭、木槿、紫丁香

③曲干型

红松、椬木、罗汉松、黑松、百日红、扭转树、桧

照片 丛生

丛生山茱萸。有多支干自根部生出

图7 丛生类型

①丛生

3～5株树干

②群武者

树干10株以上

图8 根据树干特点配植例

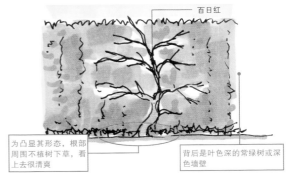

百日红

为凸显其形态，根部周围不植树下草，看上去很清爽

背后是叶色深的常绿树或深色墙壁

树木释要 楠 常绿中高木。特点是树木整体含樟脑成分，散发香气 | 大花海棠 落叶中高木。4～5月开放的半八重浅红色花，每个枝头都垂下5、6朵 | 火棘属 原产于欧洲和西亚的常绿低木。枝头有刺，适于造绿篱等。结出无数枚直径5～8mm的果实，10～11月成熟时变成橙黄色 | 藤木 落叶中高木。夏季开出无数蝶形花，然后结扁豆形果实。名称源于其似藤类的叶子。亦因叶子似槐而别名"山槐"

利用树干表面纹理的窍门

 >>p.024

尽管因被叶子遮挡，树木的干多半都看不到，可是如果在配植时测算出来自室内的视线，也可以将树干的表面纹理作为庭院的设计元素（图1）。尤其在使用落叶树时更要了解，叶子脱落后露出的树干是什么样子、庭院将给人以怎样的印象。

树干表面纹理最常见的形式是条纹状。因此要预先掌握这样的诀窍：不光是树形、叶子和花朵，树干表面质感同样是重要的设计元素，应让树干表面条纹的效果得到充分利用。

树干表面的条纹多种多样，既有窄长状的，也有横条和竖条等。小橡子和麻栎的纹理是竖条状，并且让树干表面现出很深的阴影，即使很细的树干也显露出多年古树那样的沧桑感。因此小橡子之类，则比那些表面光滑的树木对造景的影响更加显著 [1]。

带横条纹的树木有白桦和岳桦。白桦树干表面就像被刨子横着削去薄皮一样，露出横纹。如将其与带竖条纹理的小橡子和麻栎组合在一起，则可构成一个动感的空间（图2）。

不仅有横竖纹条，像大叶酸橙那样的橙类树木，树干表面纹理窄长浅淡，似古代诗笺状。表皮裂缝很细，阴影也不甚清晰，与小橡子之类的树木不同，它给人以洒脱的印象。

横竖均带条纹、但条纹间隔较窄的树木是四照花。四照花表皮很粗糙，有的人不太喜欢，因此栽植前要征得业主同意。

代表性树种
竖条纹
栓皮栎、麻栎、小橡子、樱、扁柏、水栎
横条纹
白桦、岳桦、山樱
窄长条
红松、柿树、黑松、山茱萸、赤松、冬槭

图1 可看到树干表面纹理的配植

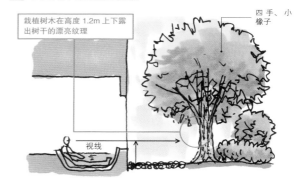

栽植树木在高度1.2m上下需出树干的漂亮纹理

四手、小橡子

视线

图2 由树干表面横竖纹理所产生的律动感

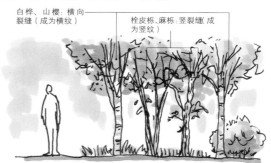

白桦、山樱：横向裂缝（成为横纹）

栓皮栎、麻栎：竖裂缝（成为竖纹）

横竖纹理的组合使庭院产生律动感

让平滑的树干表面看上去像浮雕一样

树干表面平滑的树种有百日红、九芎和乌饭等（照片1）。这类树木有光泽的表面质感看上去如同雕塑一样，即使落叶后仍具有存在感。

作为庭院的形象树，它就像一座伫立在庭院中的艺术品。尤其是百日红，一年四季都可让人欣赏到它的变化：春季的新绿，夏季的红花，秋季的黄叶以及冬季落叶后浮雕似的质感表面。不过，因百日红和九芎喜欢暖地，故栽植时应选择冬季寒风吹不到、阳光又比较充足的场所。

照片1 自然生长的乌饭

浮雕似的质感十分醒目

代表性树种
中高木
苦丁、百日红、九芎、木兰小檗、乌饭、灯台树、冬青、山桃
灌木
犀牛紫薇、野山茶

让树干和树枝的棘刺起到防范作用

枝干带刺的树木以蔷薇最具代表性。其实，除蔷薇之外，还有许多带刺的庭院树木。如小枝上带刺的枳（照片2）、花椒、楤和小檗等；大树干上带刺的代表性树种是刺楸（照片3）。

带刺的树木，一旦被碰到会有受伤的危险。然而，若将其布置在防止人和动物侵入的地方，这一特点反而被利用起来（图3）。不过，由于修剪之类的管理很费工夫，因此其栽植范围还应控制在最小限度之内 [2]。

*[1]：长着与麻栎相似叶子的栓皮栎，软木质发达，树干纹理隆起，凹凸十分明显
*[2]：有小孩子的家庭，孩子们在庭院里玩耍时要有受伤的危险，不应栽植此类树木

代表性树种

中高木

乌山椒、枳、石榴、花椒、楤、火棘、刺楸

灌木·地被

长叶子花、蔷薇类、垂岩杜松、玫瑰、火棘属、海棠、小檗

图3 带刺树种配植例

火棘属、小檗：
带刺低木

垂岩杜松、海棠：
带刺地被

长叶子花：带刺低木

用 3 种带刺树木构筑的绿篱

在可观赏树干斑纹上想些办法 >>p.024

树干上出现的斑纹，作为以绿色为中心的绿化设计上的一种色彩元素，应该充分加以利用。也有不少树木像百日红那样，光滑的树干表面现出斑状花纹。如作为行道树常见的红叶悬铃木（法国梧桐），树干表面便呈现一种白迷彩色（照片 4）；鹿子木则如其名字"鹿之子"的意思一样，树干表面有着幼鹿似的白色斑点；在中国有很多典故的白松，树干表面现出白、红和绿等各色斑纹。

树干表面质感与百日红相似的栀子，发白的树皮上现出粉色和橙色的斑纹；花梨深绿色的树皮上带褐色斑点，比起红叶悬铃木（法国梧桐）来，可营造出更加浓重的氛围；九芎树干上的褐色斑点要比百日红细密得多，使白色的树干显得越发白（照片 5）。

为了凸显树干表面的花纹，在处理方面的要点是，应将视线水平高度安排在树木枝叶位置之下（图 4）。

譬如要在这些树木附近摆放餐桌，应保证视线水平大致距地面 1m 左右，即使枝叶再繁茂，视线亦可抵树干表面。不过，1m 左右的高度会让树下草和下枝映入眼帘，因此要事先将这些除掉。

照片2 枳树枝上的刺

刺尖锐，适合构筑绿篱

照片3 刺楸树干上的刺

树长大后刺脱落

照片4 法国梧桐的树干表面

灰褐色树皮上现出白斑

照片5 九芎的树干表面

斑点比百日红细密

代表性树种

中高木

榉、椰榆、四手、瓜皮风、鹿子木、花梨、山茱萸、百日红、九芎、白桦、
冬榄、娑罗（菩提树）、白松、乌饭、红叶悬铃木（法国梧桐）、栀子

图4 在可欣赏树干花纹上想办法

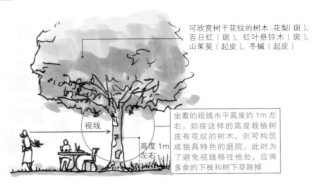

可欣赏树干花纹的树木：花梨（斑）、百日红（斑）、红叶悬铃木（斑）、山茱萸（起皮）、冬榄（起皮）

视线

高度 1m 左右

坐着的视线水平高度约 1m 左右。如按这样的高度栽植树皮有花纹的树木，则可构筑成独具特色的庭院。此时为了避免视线移往他处，应将多余的下枝和树下草除掉

树木释要 苦丁 落叶中高木。日文名称"绿皮"即源自在很薄的灰色光滑外皮下可见其绿色的内皮 | 大叶酸橙榄 落叶中高木。生有椴木一样的心形叶，但比椴叶大，长约 10 ~ 15cm。叶背密生白色绒毛 | 乌饭 落叶中高木。生有长达 80cm 的大叶，7 ~ 8 月枝头结出大量花朵。果实有独特芳香 | 白松 常绿中高木。老树干呈灰白色则系日文名称"白枝"的由来。别名"鸟不宿" | 木兰小檗 落叶灌木。枝上有瘤，连蛇也不在其上栖息，故日文名之为"蛇不攀"

用鲜艳的果实装点庭院 >>p.017

果实与花不同，从坐果到成熟往往需要半年左右，因此其观赏期也自然要长得多。下面，我们将就有效利用果实色彩进行绿化设计的相关知识加以介绍。

为使果实更醒目，首先应考虑到其颜色和大小。如果仅从果实的颜色方面考虑，类似桃叶珊瑚和草珊瑚[*1]等树木结的红色果实，因与叶子的绿色形成补色关系，故最为醒目[*2]。除此之外还有许多结其他各种颜色果实的树木，如结蓝色果实的矾羊草、结紫色果实的紫式部和小紫式部、结黑色果实的犬黄杨和橄榄、结白色果实的黄栌等。只要将这些树木做适当的配植，便可营造成一座果实鲜艳夺目的庭院（表1）。

果实不同的颜色和坐果方式，也会改变其显现的形态（图1）。如常绿树木，因多结黄色和橙色果实，故在不设任何背景、让其与天空对比的情况下才更醒目。反之，像落叶的果树，因果实上色时已经落叶，故还是在其背后植入常绿树更好些。

其次是果实的大小。果树中，有的如柿树结的是单个果实，也有的像葡萄和荚蒾那样结出的果实是多粒一串（图2）。单个果实如有拳头般大小，存在感则很明显，再小一点儿就不太醒目了；而那种成串的果实，只要单粒如指尖般大小便具有存在感。

树木还分为，同一棵树只开雌花或雄花的雌雄异株和雌花与雄花均开在同一棵树上的雌雄同株两大类[*3]。果树在栽植前，应先确认其雌雄类别（表2）。

图1 由果实的颜色和坐果方式所决定的树木形态

①常绿果树

常绿果树的果实以黄色和橙色居多，应让其与天空的蓝色对比。如柑橘类

②落叶果树

落叶果树最后只剩下果实，故而要设置绿色背景才会使其更醒目。如苹果、柿和花梨等

表1 代表性树木的果实颜色

颜色	中高木	低木·地被
红~橙~黄	桃叶珊瑚、小豆梨、杏、饭桐、紫杉、红豆杉、无花果、梅、落霜红、雄荚蒾、荚蒾、镰柄、花楸、铁冬青、权萃、珊瑚树、日浆果、冬青、中国柊、花楸、四照花、枇杷、火棘属、木瓜、榅桲、柑橘类、全缘冬青、厚皮香、桃、苹果类	蚊通、枸杞、海棠、草珊瑚、南天竹、野蔷薇、白山竹、红醋栗、朱砂根、紫金牛、山樱桃
蓝~紫	臭木、紫式部	木通、小紫式部、斑点剑兰、葡萄类、野木瓜、剑兰
黑~深紫	犬黄杨、橄榄、女贞子、日本女贞、蓝莓、八角金盘	常春藤、白山吹、天台乌药、桂竹、黑莓
白	野茉莉、黄栌	杜茎山、小紫式部（结白色果实者）

表2 雌雄异株和雌雄同株的主要树种

雌雄异株	桃叶珊瑚、银杏、犬黄杨、落霜红、旌节花、金木樨、铁冬青、月桂、蝴蝶花、烟树、冬青、真弓、山桃
雌雄同株	杏、梅、橄榄、柿、花梨、柑橘类、枸杞、胡颓子类、栗、核桃、小紫式部、石榴、珊瑚果、白浆果、甜樱桃（樱桃）、草珊瑚、橡木、山茱类、梨、南天竹、沙果、枇杷、火棘属、海棠、朱砂根、紫式部、桃、山茱萸、山樱桃、覆盆子

由可食用果实装点的庭院

假设果实不仅可以观赏、还能够食用，则会使庭院的趣味性进一步增加（图3）。要结果必先开花，几乎所有的果树都喜光充足的场所。这是果树栽培上的常识。

容易培植的果树是金橘、柚和酸橙等柑橘类。虽然苹果在梅雨季节易受白粉病等病害，但沙果却比较强壮，而且不易被野鸟啄食[*4]。

花木中的蓝莓和山茱萸，结出的果实味道都很好。花梨、榅桲和海棠很少患病虫害，而且直接食用味道酸涩，因此野鸟之类也轻易不去采食。与橄榄相似的费约果，抗病虫害能力很强，不仅果实，甚至连花都可以食用。

图2 果实大小指标

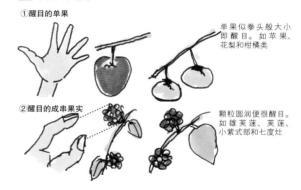

①醒目的单果

单果似拳头般大小即醒目。如苹果、花梨和柑橘类

②醒目的成串果实

颗粒圆润便很醒目。如雄荚蒾、荚蒾、小紫式部和七度灶

*1：多数草珊瑚都结红色果实；其中也有的结黄色果实

*2：实际上可以将果实的红色看成容易被野鸟发现的颜色

*3：至于雌雄异株类，如无雌株和雄株的2棵树，则不可能结出果实，果实只能结在雌株上。如系雌雄同株树木，1棵即可结果

*4：此外，柿和枇杷也是很少受病虫害影响的果树。抗病虫害树木，参照本书132页

*5：阴性树，参照本书160页

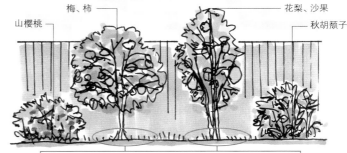

图3 观赏果树庭院的配植例

梅、柿

山樱桃

花梨、沙果

秋胡颓子

为了便于采摘果实和施肥，果树下面不再实施绿化

代表性树种

中高木

无花果、梅、柿、花梨、柑橘类、栗、核桃、石榴、蓝莓、沙果、枇杷、海棠、榲桲、桃、山茱萸、山桃、苹果

灌木·地被

木通、猕猴桃、胡颓子类、草木瓜、费约果、葡萄类、蓝莓、山樱桃

庭院树木根部周围的装饰

虽然树木被植于庭院，但树木根部周围的裸地面却显得很枯燥。因此，庭院树木的根部周围也应该进行绿化（树下草）。

树木根部周围绿化经常失败的原因，主要是选择树种时没有考虑到日照。例如在绿化设计上，单棵高木的下面常常覆盖草坪。可是，由于高木下面照不到阳光，因此原本喜阳光的草皮也很难生长。栽植初期，高木枝叶的体量还不太大，阳光尚可照射到其根部周围的地面，这时栽种草皮似乎没什么问题。然而，过了几年之后，已经长大的乔木便形成树荫，栽下的草皮不是枯萎，就是变得弱不禁风了。

为了避免出现这种情形，首先要想到，在庭院树木脚下栽植具有耐阴性的阴树[*5]类植物（图4①、表3）。不过，如果高木系落叶树，为了确保冬季得到一定程度的日照，也可以使用在半阴条件下培植的半阴树作为树下草（图4②、表3）。

如乔木选择落叶树，树下草应配植常绿树；反之，乔木是常绿树，树下草则应配植落叶树。这样的绿化结构，可让我们感受到庭院中的季节变化。此外，为了与乔木相互映衬、产生律动感，作为树下草要选择那些长不高的树种，树高最好在1m以下。

不过，即使满足了以上各项条件，也并不意味着可以用灌木和地被将高木脚下完全覆盖。例如，由于榉树长大后要从地下吸收大量水分，因此植于其脚下的树木所需的水分便无法保证，有时甚至会枯萎死掉。而且，像樱树那样庞大根系贴着地面伸展的树种，到头来脚下连栽植树下草的缝隙都没有。类似这样的树种，就无法进行脚下绿化。

表3 可用于乔木脚下绿化的树种

阴性树～半阴树	八仙花、椋木、龙爪柳、小叶山茶、吉祥草、圣诞蔷薇、细竹类、草珊瑚、玉粒、茶树、南天竹、芦荻、桂竹、柃木、斑点剑兰、富贵草、常春藤类、朱砂根、山茱萸、剑兰、沿阶草
阳性树	鸢尾花、大花六道木、杜鹃类、金丝梅、金盏菊、紫花地丁、蜡瓣花、连翘

图4 乔木脚下配植例

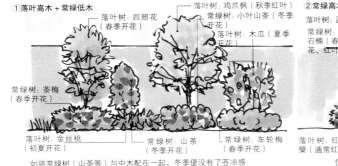

①落叶高木 + 常绿低木

落叶树：鸡爪枫（秋季红叶）

落叶树：四照花（春季开花）

常绿树：小叶山茶（冬季开花）

落叶树：木瓜（夏季开花）

常绿树：茶梅（春季开花）

落叶树：金丝桃（初夏开花）

常绿树：山茶（冬季开花）

常绿树：车轮梅（春季开花）

如将常绿树（山茶等）与中木配在一起，冬季便没有了苍凉感

②常绿高木 + 落叶低木

落叶树：蓝莓（春季开花结果）

常绿树：南天竹（秋季结果）

常绿树：白柞

常绿树：光叶石楠（春季开花、红叶）

常绿树：金木樨（秋季开花、有香气）

常绿树：斑点剑兰（夏季开花）

落叶树：红叶小檗（通常红叶）

落叶树：蜡瓣花（春季开花）

落叶树：棣棠（春季开黄花）

仅将1棵落叶树（蓝莓等）植于中木内，使之产生变化

树木释要　杜茎山 常绿灌木。树形似草珊瑚，日文称"伊豆草珊瑚"，系因其大量自生于伊豆地区。果实呈乳白色 | 矾羊草 落叶灌木。5月前后开无数白花。因其灰色汁液可用于紫绀色印染，故亦称"锦织木（彩缎）" | 金盏菊 原产于北美南部的常绿多年草。叶色浓绿、有光泽，5～6月于叶柄根部开淡黄绿色小花。多用作阳地～半阴地的地被 | 紫花地丁 常绿～半常绿的灌木。生有3～6cm长的椭圆形叶片，7月每个枝头开出1朵黄花。多植于建筑物周围和作为地被利用

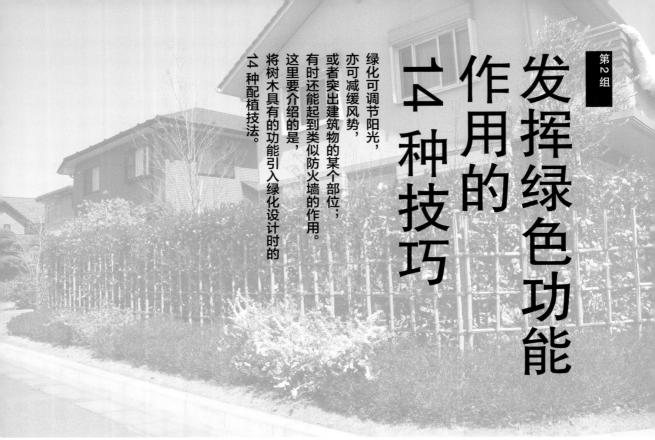

发挥绿色功能作用的14种技巧

绿化可调节阳光，亦可减缓风势，或者突出建筑物的某个部位；有时还能起到类似防火墙的作用。

这里要介绍的是，将树木具有的功能引入绿化设计时的14种配植技法。

利用绿化调节阳光

 >>p.022

　　要想利用绿化调节阳光，可以栽植桂一类的落叶阔叶树。落叶阔叶树夏季枝叶繁茂，能起到遮挡、或减轻日晒的屏蔽作用。而且到了冬天落叶之后，阳光又可从枝杈间穿过，产生使建筑物温暖的效果（图1）。

　　要使这样的效果最大化，关键在于确定栽植的树木距建筑物多远合适。建筑物与树木之间的距离，则由夏季阳光照射角度和树高决定之。由于各个地区的阳光照射角度不尽相同，因此只能确定一个大致的标准。要防止阳光射入建筑物一层，建筑物与树干的距离设定为树高的一半左右。如果小于这样的距离，房间会变得太暗；反之，若距离过远，夏季以一定角度照射的阳光亦不可能将树荫延伸至房间。

　　再有，这里讨论的标准的树高系指成树的高度[1]。

代表性树种

※ 吹入徐风的庭院

中高木

（叶子并不浓密的落叶阔叶树）

栎、鸡爪枫、四手、野茉莉、桂、麻栎、塔莫、辛夷、小橡子、娑罗、花楸、乌饭、真弓、栀子

图1 落叶树调节阳光

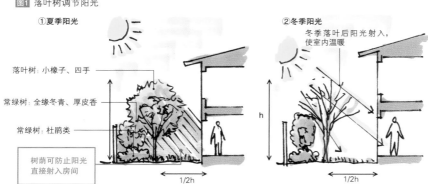

①夏季阳光

②冬季阳光
冬季落叶后阳光射入，使室内温暖

落叶树：小橡子、四手

常绿树：全缘冬青、厚皮香

常绿树：杜鹃类

树荫可防止阳光直接射入房间

1/2h

h

1/2h

吹入徐风的庭院

　　通过在树木的选择和配植方面下工夫，还可以营造吹入徐风的庭院。

　　要将徐风引入庭院，应选择那种叶子生长不太稠密、比较容易通风的树种（图2、参照本书100页）。其中，如枫类、野茉莉、娑罗和真弓等小叶的落叶阔叶树都比较适宜。相反，像弗吉尼亚

*1：参照本书 118 页图 1 及表

*2：气象厅网站公布的当地基本气象数据（http://www.data.kishou.go.jp/）

*3：树木生长的基本要素是，日照、水分、土壤、温度和通风等 5 种

栎和野山茶等常绿阔叶树以及杉和松之类的针叶树，因叶的间隔过密，不易通风，故均不适宜作此之用。

然而，如仅以落叶树构成庭院，夏季以外的季节树叶或者变得稀疏，或者完全脱落，将让人感到一片寂寥。因此，假如能从常绿阔叶树中选择比较容易通风的白柞和冬青等与落叶树配植在一起，则将构成一座绿色常在的庭院。在强风光顾的场所，如落叶树与常绿树组合起来栽植，常绿树可减轻风的强度，落叶树则可进一步将其弱化成徐风（图3）。不过，向阳的那一面，特别是常绿树，由于叶子生长茂盛，故而通风状况会变差。因此，要采用修剪和疏叶等管理手段，确保其通风良好。

还有一个重点是，树木配植时要留出一定间隔，以避免堵塞风的通道。仅从这一点考虑，亦应事先根据气象数据确认用地内的风由哪个方向吹来[*2]。随着季节更替，风向也会改变。在由春到夏这段时间里，风势比较和缓。因此，务必事先了解季节风的方向。

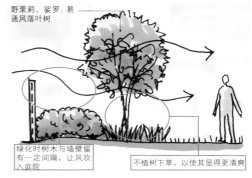

图2 减轻风的强度配植例

野茉莉、娑罗：易通风落叶树

绿化时树木与墙壁留有一定间隔，让风吹入庭院

不植树下草，以使其显得更清爽

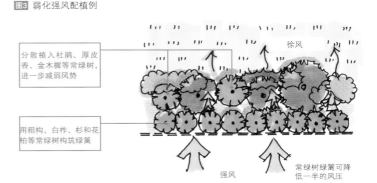

图3 弱化强风配植例

分散植入杜鹃、厚皮香、金木樨等常绿树，进一步减弱风势

用粗构、白柞、杉和花柏等常绿树构筑绿篱

徐风

强风

常绿树绿篱可降低一半的风压

抵御强风的配植方法

强风有可能使改善居住环境的努力付之东流。特别是那种在高层建筑物之间穿行的大厦风，往往会构成安全通行的障碍。

如同在海滨生长的黑松林一样，在用地内配植枝叶浓密的全手叶椎和粗构等常绿树构筑绿篱，使之形成约3m宽的绿化带，则能够防止风对建筑物的侵袭。配植时，若让树木和枝条相互连接得紧密些，效果会更好（图4）。而且，冬季寒冷的季节风可能灌入的场所，亦可以用抗风能力特强的白柞和杉之类的常绿树遮挡。

风虽然是树木生长不可或缺的要素[*3]，但强风经常光顾的环境亦不适宜植物生长。树木的生长点位于枝的前端，假如平时经常受到风的刺激，以致使其倒伏，生长就要缓慢一些。在经常刮强风的高山脚下和山顶上生长的植物，都像匍匐在地上一样地长着，原因就在于此。

因此，在风太强的场所，不能完全依赖树木的作用，树木的配植要以利用挡风的栅栏和墙壁等结构物组成的缓冲带作为前提。

代表性树种
中高木
蚊母树、槲、四手、乌冈栎、伊吹米登、光叶石楠、夹竹桃、黑松、珊瑚树、白柞、杉、鳄梨、藤黄（冲绳种）、全手叶椎、圆叶胡颓子、山桃
灌木·地被
矢车菊、杜鹃类、扶芳藤、海桐花、香椎、垂岩杜松、芦荻

图4 防强风配植例

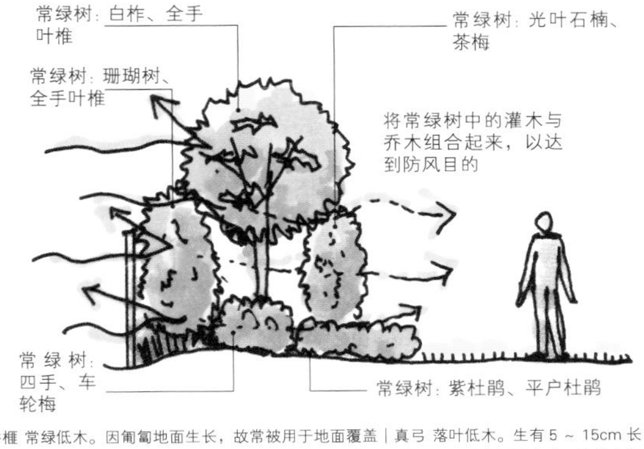

常绿树：白柞、全手叶椎

常绿树：珊瑚树、全手叶椎

常绿树：光叶石楠、茶梅

将常绿树中的灌木与乔木组合起来，以达到防风目的

常绿树：四手、车轮梅

常绿树：紫杜鹃、平户杜鹃

树木释要 塔葼 雌雄异株落叶中高木。别名"白蜡"。有羽毛状复叶，夏初枝头开无数小白花│香椎 常绿低木。因匍匐地面生长，故常被用于地面覆盖│真弓 落叶低木。生有5～15cm长椭圆形叶，秋天变成红色。结四方形果实，10～11月前后呈红色，成熟时裂成4瓣│圆叶胡颓子 温暖地区海岸林中自生的藤状常绿低木。顾名思义，生有圆形大叶。叶背密生银白色鳞片，随风摇摆时闪闪发光。果实春季发红成熟

利用绿化将远景移入庭院内

日本庭园有一种造园手法叫作"借景"。所谓借景，系指将周边的青山绿水形态作为庭院景色引进来的手法。在庭院外面有迷人风景的情况下，如果能将其作为庭院景色引入，则会使狭窄的庭院显得更加宽敞。

借景的关键在于，庭院栽植的树木、石块和石灯笼之类的造景物体量都要小一些（图1）。选择的树木，应该是生长缓慢、体量小、但形态完美的个体。如红松和罗汉松等就可以。为了发挥远景的作用，树木种类的多少亦要看庭院空间的大小，最多3～5种左右。

树木的配植和排列，应尽可能将想看到的景色更多地引入庭院。而且，此种场合的树木高度不要一致，如将树木顶端连接起来，形成的不是一条直线，而应是弧线，这样才让人感到更加开阔（图2）。如在附近电柱和广告牌等，则可用常绿高木遮挡住。

代表性树种
中高木
红松、犬黄杨、罗汉松、梅、小叶团扇枫、垂叶红枫、赤松
灌木・地被
棕木、龟竹、石岩杜鹃、毛竹、紫杜鹃、草珊瑚、五叶杜鹃、山茶、吊钟花、南天竹、枰木、紫金牛

图1 借景须注意之处

①较差的例子

避免体量大的树木和造景物遮挡背景

②较好的例子

适当留出空间，让庭院显得更开阔

配置的树木和造景物与背景融为一体

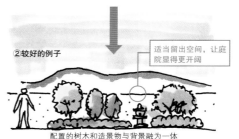

图2 显得更开阔的取景方法

连接树木顶端的线条形成一个圆弧，会让人感到更开阔

突出建筑物某个部位的技巧

用树木突出门窗等建筑物某个部位，以彰显空间魅力技法，自古以来就被引入日本庭园的建造。例如"门冠"，将松树等培植成近似于门的形状，成为一种突出门的存在的手法。

就这样，通过在某个部位附近栽植体量适中的树木，便可使其外观更加突出（图3）。而且，这也是一种发挥树形作用的方法。譬如，通过栽植像竹子那样体型细长的树种，会让人觉得建筑物似乎沿着垂直方向运动。为要展示重点，用植物将其余部分遮掩起来的画框式技法，也是突出建筑物某个部位的一种技巧。

不过，一旦突出建筑物的树木破坏了建筑物的形象，那将适得其反。在建筑物外墙颜色较深的情况下，适合栽植野茉莉和娑罗（菩提树）之类有着鲜艳绿色的树种。如果是发白的墙壁和混凝土浇筑墙，栽植杜鹃和樟等叶色浓绿的树种，则不易改变建筑物给人的印象。

无论什么场合，树木基本上都应该沿着要突出的建筑物、围墙和门窗等配植。为此，栽植的树木与建筑物之间要有一定距离。譬如，栽植中高木以上的树木，按其长大后的树干，与墙壁之间的距离应在2m左右。如系低木类，即使长不了多大，建议至少也要距墙壁30cm左右。这样才不会妨碍树木生长（图4）。假如栽植的场地位于檐下，下雨时可能有一部分淋不到，土壤会很干燥，因此应离开檐头30cm。此外，在建筑物附近栽植的树木，为不遮挡建筑物要经常进行修剪，故而避免使用染井吉野樱之类怕修剪的树种。

图3 突出建筑物某个部位的方法

无突出物，门厅显得光秃秃的

栽植枸骨和娑罗等中高木。但避免用叶子密度高、体量过大的伊吹米登、弗吉尼亚栎和全手叶椎等

无论在门的哪一侧栽植树木，只要其长大后体量适中，都会使门变得突出

树木释要 龟竹 杆高约50～150cm，枝头生有1枚5～10cm长略带圆形的叶。喜阳地～半阴地，用于绿化和地被 | 毛竹 杆高10cm左右。山白竹小型种。晚秋～冬季叶缘呈白黄色。多用于地面覆盖 | 小叶团扇枫 落叶中高木。叶形与团扇枫（圆月枫）相似，长宽约6～8cm，因亦与五角枫相似，故别名"五角明月" | 赤松 红松的园艺种之一

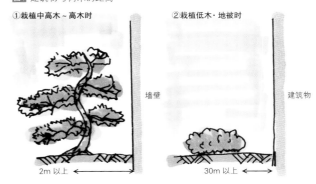

图4 建筑物与树木的距离

①栽植中高木~高木时

墙壁

2m以上

②栽植低木·地被时

建筑物

30m以上

使建筑物显得不那么生硬的绿化

在类似由混凝土浇筑而成、表面显得生冷死板的建筑物附近，只要配植1棵树木，也可缓和建筑物及其周边的空间氛围。

如果建筑物庭院给人以生硬的印象，可以将落叶树作为基本构成要素。红松和杉之类的针叶树，因其本身就很坚挺，往往会使建筑物显露的生硬感有增无减。

即使阔叶树，由于其中的常绿树种叶色大都很深，单独使用这样的树种仍会给人留下很生硬的印象。因此，配植的关键是要将其与落叶树适当组合在一起。

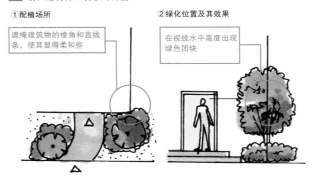

图5 缓和建筑物生硬感的配植

①配植场所

遮掩建筑物的棱角和直线条，使其显得柔和些

②绿化位置及其效果

在视线水平高度上出现绿色团块

配植后的树木，其绿色可遮掩住建筑物的顶部和直线部分（图5①）。而且，即使建筑物顶部被完全遮掩，只在视线水平高度上显现出绿色团块，亦使整体印象为之一变（图5②）。

适合不同样式房间的庭院

日本现代的居住空间，整座建筑理所当然地被分成和式房间和西式房间。因此，这里将介绍一点儿诀窍，可让读者了解，从样式不同的房间看到的庭院如何做到风格上的协调统一。

在这样的庭院中，最常见的做法是以结缕草[1]与杂木为主体的配植。在靠近建筑物的场所，栽植密度不要太高，可以用结缕草等营造成广阔的空间，并在其背后配植一些透出山野气息的树木（图6）。一般说来，自然可以选择那些常用的树木。但是，应避免使用像松那样的和西两种色彩集于一身的树木。

杂木部分的树下草，靠近和式房间一侧为细竹类；在西式房间附近，植入圣诞蔷薇[2]之类的宿根草。假如使用八角金盘和棕榈竹等和西均宜的树木，营造一座具有民族风格的庭院，那么无论从和式房间、还是西式房间眺望庭院，都没有不调和感。

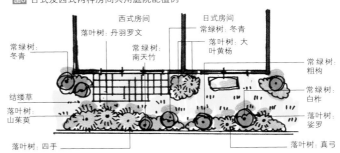

图6 日式及西式两种房间共用庭院配植例

西式房间
落叶树：丹羽罗文
常绿树：南天竹
常绿树：冬青
结缕草
落叶树：山茱萸
落叶树：四手

日式房间
常绿树：冬青
落叶树：大叶黄杨
常绿树：粗构
常绿树：白柞
落叶树：娑罗
落叶树：真弓

通过在绿化中加入杂木林的元素，营造出与和式房间及西式房间均相配的庭院。而靠近和式房间处应多植常绿树

*1：关于用结缕草绿化，请参照本书152页内容

*2：毛茛科圣诞蔷薇属。原产于欧洲。通常指圣诞蔷薇原种紫罗兰，目前已有很多品种。因略怕热，故在夏季炎热地区应选半阴处栽植。不过，因其系丛生树木，故不太耐寒的也很多。如在极寒地区，应将其植入花盆等容器中，以便冬季移入室内

用树木标示出用地边界

我们经常看到这样的事例：以树木作为边界的标志，代替设在个人用地与邻地及道路之间的门扉、栅栏和围墙等结构物。此即所谓"敞开的院落"（图1），与用结构物隔开的"闭合院落"相比，它可以营造出更加开放的空间。

用树木标示用地边界，重点在于要选择那些终年"绿色不断"的树种。即使再舒缓也是边界，如果不够清晰，随后难免与邻人和行人发生纠纷。

树种，则以光叶石楠和粗构等常绿树为主。树高最好在1.5～2m左右，使外人不易侵入。此外，为防止小动物进入院内，在树下植入紫杜鹃、久留米杜鹃和富贵草[*1]等常绿低木，并配植沿阶草之类叶子稠密、高20cm以上的地被。至于栽植密度，可设定低木间隔30cm、地被间隔15cm左右（图2）。

为了能看清边界外的道路，应从道路一侧开始，按照地被→低木→中木的顺序进行配植（图3）。

如果日照条件好、用地又宽裕，在道路一侧栽植结缕草，从道路至庭院绿地则可形成一个平缓的连续空间（图4）。如果再配上土丘（Mound），会使绿色显得更加浓郁。

图1 敞开院落配植要点

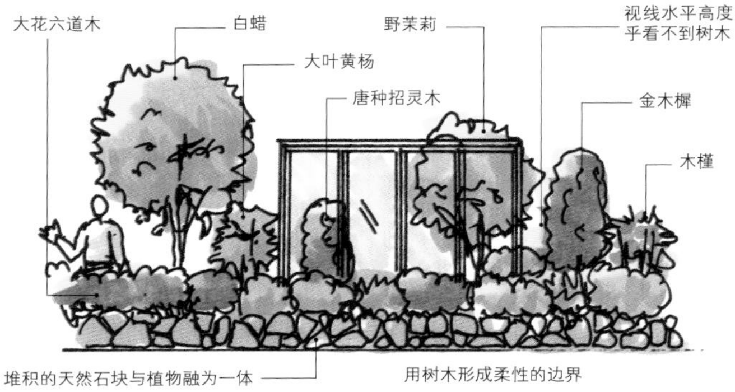

大花六道木　白蜡　野茉莉　视线水平高度几乎看不到树木
大叶黄杨
唐种招灵木
金木樨
木槿
堆积的天然石块与植物融为一体
用树木形成柔性的边界

代表性树种
中木（常绿树）
粗构、罗汉松、乌冈栎、光叶石楠、北美香柏、富贵草
灌木·地被
大花六道木、佛肚竹、山白竹、小熊竹草、栒子属、石岩杜鹃、久留米杜鹃、紫杜鹃、矢车菊、海桐花、平户杜鹃、西洋女贞、小檗、沿阶草

图2 敞开院落配植例

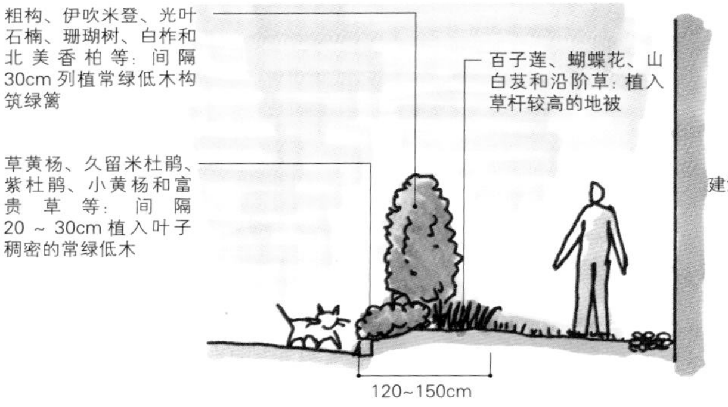

粗构、伊吹米登、光叶石楠、珊瑚树、白桦和北美香柏等：间隔30cm列植常绿低木构筑绿篱

草黄杨、久留米杜鹃、紫杜鹃、小黄杨和富贵草等：间隔20～30cm植入叶子稠密的常绿低木

百子莲、蝴蝶花、山白芨和沿阶草：植入草杆较高的地被

建筑物

120～150cm

图3 可看清院外道路的配植例

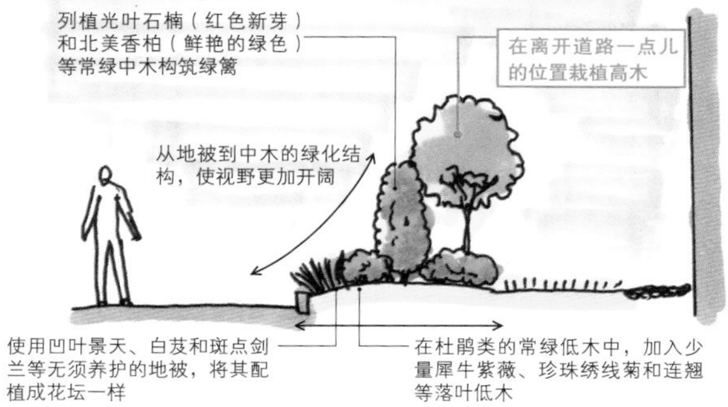

列植光叶石楠（红色新芽）和北美香柏（鲜艳的绿色）等常绿中木构筑绿篱

在离开道路一点儿的位置栽植高木

从地被到中木的绿化结构，使视野更加开阔

使用凹叶景天、白芨和斑点剑兰等无须养护的地被，将其配植成花坛一样

在杜鹃类的常绿低木中，加入少量犀牛紫薇、珍珠绣线菊和连翘等落叶低木

图4 路边栽植结缕草

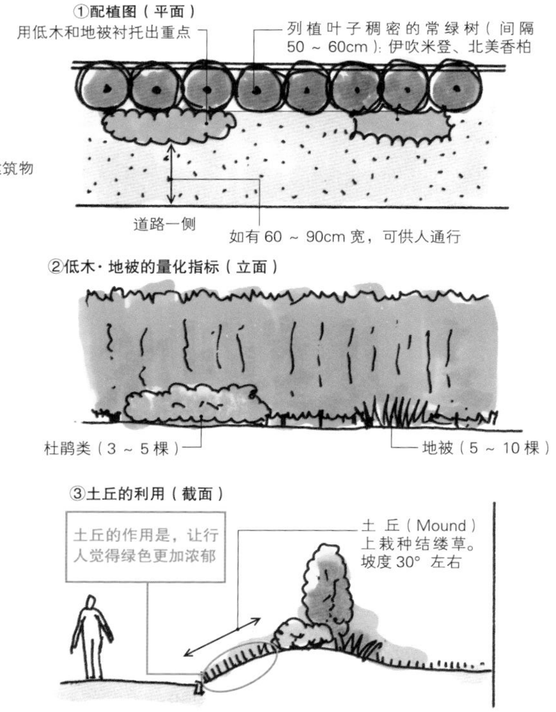

①配植图（平面）

用低木和地被衬托出重点

列植叶子稠密的常绿树（间隔50～60cm）伊吹米登、北美香柏

道路一侧　如有60～90cm宽，可供人通行

②低木·地被的量化指标（立面）

杜鹃类（3～5棵）　地被（5～10棵）

③土丘的利用（截面）

土丘的作用是，让行人觉得绿色更加浓郁

土丘（Mound）上栽种结缕草。坡度30°左右

*1：黄杨科富贵草属。虽名称中有"草"字，但系常绿低木。生长迅速，逐渐分株。高约20～30cm。5～6月前后开白花，秋季结乳白色球形果实

树木释要　栒子属 虽系常绿低木，但在寒地往往会落叶。适于覆盖地面（参照本书99页）｜西洋女贞 女贞属常绿低木。夏初开无数芳香的白花。适于筑绿篱等。叶缘带白斑的园艺种被称为"白斑小蜡"

用树木构建的围障

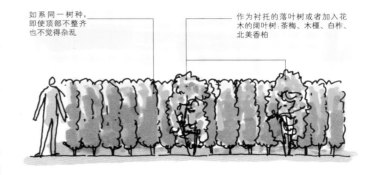

图5 由常绿树和阔叶树构成的屏障

如以树木构筑屏障（遮掩），为了严密覆盖要遮挡的部位，配植时相邻树木的枝条前端应重叠交叉 5cm 左右。关键在于，假如树下仍然通透的话，应将自树木根部至要遮掩的场所全部进行绿化，让人感到似乎树下空间也被遮掩起来。

在用地比较宽裕的情况下，可以将地被、低木、中木和高木全部用上来构筑绿色屏障。

反之，如用地不太宽裕，应选择一种中木树种作为主树进行列植，用以覆盖要遮掩的地方。虽然基本上应选择枝叶茂密的常绿树种，可是如果只使用同一树种，则会显得很单调。因此，要将低木和地被植于中木之前，并加大部分绿化带的宽度，以使其具有律动感。

如将落叶树与作为主树的常绿树混合栽植，亦可使绿地出现变化。譬如，在选择常绿树金木樨作为主树的情况下，再同时配植落叶树木槿，则可凸显出屏障的形态（图5）。

此外还有一种处理方法，即利用杆高 *2 2 ~ 3m 左右细长的箭竹 *3 和黑竹等，虽然也构筑成屏障，但是并未将内外彻底遮掩住，看上去像是一种半通透的隔断。

如系同一树种，即使顶部不整齐也不觉得杂乱

作为衬托的落叶树或者加入花木的阔叶树：茶梅、木槿、白栎、北美香柏

代表性树种
中高木（主要是常绿中木）
粗构、红豆杉、犬黄杨、罗汉松、乌冈栎、光叶石楠、金木樨、黑竹、山茶、花柏、白栎、北美香柏、柊木樨、木槿、箭竹、扇骨木

绿化用于防护墙

我们有时会听到这样的事：邻舍发生火灾时，多亏树木阻止了火势的蔓延。实际上，含水分较多的大叶树木均系难燃树种，往往会起到防护墙的作用 *4。

适于构筑防护墙的树种有山茶、弗吉尼亚栎和珊瑚树那样的厚叶常绿阔叶树，或者竹柏和伊吹米登之类叶子浓密的常绿针叶树（图6）。

火灾容易发生在干燥的冬季，故冬季落叶的落叶树不适合用来构筑防护墙。不过，也有很多像银杏和野茉莉那样的落叶树，虽然不适宜做防护墙，但却具有较强的耐火性 *5。

火从邻舍那里蔓延过来后，火星四处飞溅，随时可能点燃各种物品。要防止发生这样的情形，防火树越高越理想。为阻止火势蔓延至建筑物二层，最好栽植可长到 6m 高左右的树木。将其密植到间隔 0.5 ~ 1m 的程度，以防止火星从树旁窜出。

另外，在邻舍发生火灾时，一层部分燃烧产生的辐射热往往成为火势蔓延的原因。为避免出现这种情况，在作为防火树的高木脚下，应植入珊瑚树、月桂和伊吹米登之类耐火的常绿树。

图6 防火树的有效配植

建筑二层部分火势易扩大，应植入体量大的常绿树。树高 6m 左右为宜

粗构、夹竹桃和弗吉尼亚栎等

伊吹米登、月桂、珊瑚树：为彻底阻断火焰和热量，在高木脚下栽植树木，其常绿的叶子可覆盖很大范围

代表性树种
中高木
桃叶珊瑚、粗构、罗汉松、夹竹桃、龙柏、杨桐、茶梅、珊瑚树、弗吉尼亚栎、鳄梨、竹柏、正木、全手叶椎、全缘冬青、厚皮香、八角金盘、野山茶、虎皮楠

---

*2：系指竹等稻科植物的茎长。这里的"杆"即指稻科植物的茎

*3：常绿多年生竹亚科的一种。以似箭矢而得名。因长大后杆仍被皮包着，故被分类于细竹

*4：此处提到的树木防火墙，归根结底只能起辅助作用。即使用树木构筑了防火墙，建筑物也必须执行由建筑基准法等规定的防火、耐火的安全性标准

*5：在日本关东地区的公园、寺院和神社中，遗存的大树几乎都是银杏。虽历经震灾和战时的空袭，但至今仍茁壮生长着，这是一种即使局部被烧毁也能够再生、生命力十分顽强的树木

不怕病虫害的庭院

树木要健康生长，必须具备下面5个条件：日照、水分、土壤、温度和通风[*1]。一旦这些要素失去平衡，树木便容易遭受病虫害（图1、表）。

然而，在用地并不宽裕的情况下，很难保证绿化场所具备所有这些条件。因此，只能通过在配植和树枝选择时注意以下各点，最大限度地降低病虫害发生的概率。

首先，应选择粗构和橎之类抗病虫害能力强的树种。改良品种和国外品种因易生病虫害，故最好不用于生长环境苛刻场所的绿化。

其次，尽可能不做高密度的配植。如果密植的话，同样面积会有更多的树木，都去争夺生长不可缺少的营养，而营养资源又是有限的，从而造成树木抵抗力下降，病虫害亦很容易乘机侵入。尽管因树种而不同，但配植时最好对相邻树干间隔做这样的设定：高木2m以上，中木1m以上，低木0.5m以上。

图1 易生病虫害的环境

因房檐和挑檐遮挡淋不到雨水。再就是土壤因系培土顶部而变得干燥

注地易积水，又无法排出

风吹不到树木

绿化密度过高，土壤完全被绿荫覆盖，或土壤中的营养成分分布不均

代表性树种

中高木

粗构、乌冈栎、夹竹桃、樟、樱类、白栎、绢毛木姜子、弗吉尼亚栎、鳄梨、比翼丝柏、山桃、山茱萸

灌木·地被

桃叶珊瑚、椴木、大花六道木、犬黄杨、金雀花、大紫杜鹃

抵御废气能力强的庭院

在交通流量较大的道路和工厂附近，含在机动车尾气中的二氧化硫（SO_2）和烟尘，可导致树木枯萎。苔藓之类的小型植物对空气污染十分敏感，但较大的树木则不然。即使大气污染已经很严重，树木的枯萎却在不知不觉中进行，因此很容易被忽略。待到发现时，树木已经全部枯死。

在易受机动车尾气影响的场所、如面对道路一侧，多配植茶梅、珊瑚树和枬木等抗废气能力强的树木，用以构筑成树墙。最好将低木与高木组合起来，实施全覆盖式的绿化，以最大限度地阻止废气流入庭院（图2）。

除此之外的庭院树木，亦应尽量选择抗废气能力强的树种。抗废气能力强的树种多为常绿树[*2]。落叶树中，抗废气能力较强的有大岛樱[*3]。

表 主要病虫害及受害树木

	病虫害名称	症状	易受害树木
病害	白粉病	新芽和花朵生白色斑点，似沾白粉状。症状严重时树木生长受阻	梅、榉、百日红、四照花、苹果、蔷薇类、正木
	黑斑病	叶面湿润时展开，一干燥即出现红黑色斑点，并逐渐变成黑色	柑橘类、蔷薇类、苹果
	煤烟病	枝、叶、干等的表面被一层黑色煤烟状物覆盖。叶子被覆盖后，光合成难以进行，树木生长受阻	月桂、石榴、百日红、山茶类、四照花、山桃
	白绢病	树木整体枯萎（如酸性土壤，易发生于夏季高温期和排水不畅处）	瑞香、杉、刺槐、松
虫害	凤蝶类幼虫食害	叶子被大量嚼食，有时甚至被全部吃光。幼虫受刺激会释放出难闻的气味	柑橘类、花椒
	蚜虫吸汁害	蚜虫吸食树液，树木生长受阻	鸡爪枫、梅、蔷薇类
	美国白蛾食害	蛾的一种，一年发生2次，食叶。幼虫鳞毛柔软	柿、樱类、四照花、沙果、藤、法国梧桐（悬铃木）、枫香、
	甲虫吸汁害	枝叶表面出现星星点点的白色斑块，树木萎靡。虫粪便可诱发煤烟病	柑橘类、矢车菊、蓝莓、正木
	天蛾幼虫食害	鹰蛾的一种，几乎吃光树木的全部嫩叶	栀子、小栀子
	刺蛾食害	与蜜蜂相似的蛾，成虫产卵于树干受伤处。幼虫在树皮内侧发育引起食害，致树木枯萎。树干表面鼓起果冻状肿块	梅、樱类、桃
	珊瑚巨甲虫食害	甲虫一种，幼成虫均食叶。特别是幼虫，会将叶面嚼咬得千疮百孔	珊瑚树
	茶毒蛾食害	一年发生2次，食叶。人接触到茶毒蛾的毛皮肤会起疹或发炎	山茶类、茶梅
	蚬虫食害	幼虫麇集在树木枝头拉丝筑巢，引起食害	犬黄杨、草黄杨、黄杨、小黄杨
	网蟎吸汁害	蟎的一种，叶子发白，逐渐萎靡	紫杜鹃
	瓢虫食害	小型甲虫，将叶嚼咬成网状，严重的地方，几乎所有叶子都没了	金木樨

*1：植物生长的必要条件参照本书158页
*2：常绿树的叶子大都较厚、较硬，因此如叶面沾有污渍可用水冲洗
*3：虽同为樱类，但染井吉野樱的抗废气能力并不强
*4：针叶花园是一种养护管理简单的庭园

用树木构建隔声墙的窍门 >>p.022

要用树木隔声，绿地应有相当的厚度，私人住宅规模的用地是很难做到的。但是，也常常听到这样的说法：绿地即使稍薄一些，通过用树木迎着声音传来方向构筑隔声墙，仍然可在减轻声音对精神造成的干扰方面获得意想不到的效果。

通常认为，树木之所以减弱了声音的强度，系因为叶子部分可反射声音的缘故。越是叶子肥厚的树种，其效果越理想。由于道路和城市中的噪声全年不断，因此构筑这样的隔声墙所选用的树种，基本上都是广玉兰和鳄梨之类叶子较大的常绿树。

隔声墙主体由配植的中高木构成，再用常绿的低木和中木将其根部周围覆盖。不仅在建筑物一侧、而且在道路一侧也要栽植低木和中木，通过密植让声音无法从树木间穿过。如果用地条件允许，绿地宽度最好在2m以上（图3）。

可以这样认为，因声音会从高处传过来，故用树木构筑的隔声墙距地面越高，其从心理上产生的效果也越强。树墙高度以5m左右较为理想。

图2 栽植树木防止废气流入庭院

常绿中木：粗构、光叶石楠、珊瑚树

常绿灌木：小叶山茶、芦荻、柃木

按汽车消音器高度重叠配植常绿树

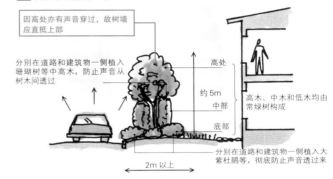

图3 用树木构筑隔声墙

因高处亦有声音穿过，故树墙应直抵上部

分别在道路和建筑物一侧植入珊瑚树等中高木，防止声音从树木间透过

高处

约5m

中部

底部

高木、中木和低木均由常绿树构成

分别在道路和建筑物一侧植入大紫杜鹃等，彻底防止声音透过来

2m以上

代表性树种
中高木
粗构、伊吹米登、枸骨、金木樨、茶梅、珊瑚树、白柞、广玉兰、鳄梨、全手叶椎、全缘冬青、八角金盘、野山茶、山桃
灌木·地被
桃叶珊瑚、小叶山茶、海桐花、杜鹃类、常春藤类

少管理庭院的营造方法

有很多业主都想，尽可能在修剪、施肥和防治病虫害之类的庭院管理上不花费太大精力。因此必须知道，不太需要管理的庭院该如何营造。

营造少管理庭院的关键是，所选择的树木须满足以下3个条件："生长缓慢"、"不必施肥"和"不易遭受病虫害"。从大量喜欢日阴～半阴的常绿树中，可选出山桃（雄树）和唐种招灵木等果实不太醒目的树种。由于这些树种不易生虫，因此无须在防治病虫害上花费太多精力。

然而，如以常绿树为中心营造庭院，因叶色浓郁，故庭院从整体上要显得阴暗些。这种场合，最好混合植入可使日阴庭院显得明亮的金边胡颓子和斑点剑兰之类带斑纹的树种（图4）。即使在落叶树中，如长不了太大，叶子比较稀疏的山茱萸，其明亮的叶色也会缓解庭院阴暗的印象 [4]。

代表性树种
中高木
粗构、红豆杉、土松、紫木莲、绢毛木姜子、冬青、北美香柏、小叶虎皮楠、全缘冬青、厚皮香、山茱萸
灌木·地被
桃叶珊瑚、络石、矢车菊、草珊瑚、南天竹、芦荻

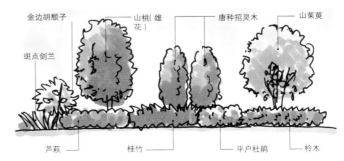

图4 少管理庭院的配植例

金边胡颓子 ｜ 山桃（雄花）｜ 唐种招灵木 ｜ 山茱萸

斑点剑兰

芦荻 ｜ 桂竹 ｜ 平户杜鹃 ｜ 柃木

以常绿树为主。混植带斑纹的树种和落叶树中的山茱萸（管理相对简单），使庭院变得明亮些

树木释要　唐种招灵木 原产于中国南方的常绿中高木，亦称中国招灵木。4～6月开黄白色花，直径约3cm左右，气味似香蕉。叶子如皮革般坚硬，表面有光泽。其园艺种的"波特酒"开红花 ｜ 广玉兰 常绿中高木。生有带光泽的革质大叶。5～6月开乳白色花，直径约12～15cm（参照本书94页）｜ 枫香 原产于北美中南部～中美的落叶中高木。叶分5～7角，貌似枫，故得名。多用于行道树。秋季现黄叶

发挥绿色环境作用的22种技巧

因日照、土壤和气候等环境因素以及门厅、内院、屋顶和墙面之类的用地条件各不相同，绿化所采用的技巧也多种多样。这里介绍的，是适用于不同环境、用地和建筑物等条件的22种绿化技巧。

根据日照条件改变树种

树木健康生长，需要日照、土壤、水分、气温和通风等条件。这些要素能够满足到何种程度，则决定了可以选择的树种和庭院的绿化结构。其中，日照是最难调整的要素。绿化设计伊始，便要了解阳光从哪个方向、以怎样的角度投射到庭院里来。

因为阳光投射的方向和角度从上午到中午和下午是不同的，所以在验证绿化场所日照量的时候，亦应考虑到其不同时点的变化（图1）。由于夏季太阳与冬季太阳的高度不同，因此还要把握不同季节日影位置及其覆盖范围的变化*1（图2）。

在验证日照条件基础上，再选择可在该环境中生长的树种。树木可分为喜阳光的和喜日阴的两大类。红松和樱类是喜明亮阳光的树木，称为"阳树"。像丝柏和桃叶珊瑚之类喜日阴的树木被称为"阴树"一样，辛夷和野茉莉等略微喜日阴的树木则被称为"中庸树"。这其中也有的如日本伞松和冷杉，小的时候是阴树，长大后又变成阳树。

要想知道树木性质究竟属于哪一类，可通过本期附录等查阅。不过，即使同样的阳树，叶片薄的树木和自生于温带的落叶树也大都表

图1 根据日照条件选择树木

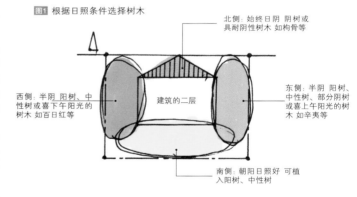

北侧：始终日阴 阴树或具耐阴性树木 如枸骨等

东侧：半阴 阳树、中性树、部分阴树或喜上午阳光的树木 如辛夷等

西侧：半阴 阳树、中性树或喜下午阳光的树木 如百日红等

建筑的二层

南侧：朝阳日照好 可植入阳树、中性树

图2 随季节改变的庭院日照条件

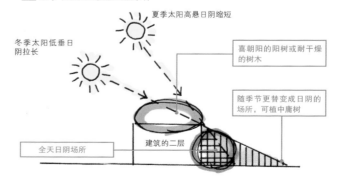

夏季太阳高悬日阴缩短

冬季太阳低垂日阴拉长

喜朝阳的阳树或耐干燥的树木

随季节更替变成日阴的场所，可植中庸树

全天日阴场所

建筑的二层

*1：在考虑日照条件时，应与住宅区地图和地形图等可了解周边环境的资料进行比对。因受周围建筑物影响，有时可能无法满足所要求的日照条件。反之，即使在建筑物背阴处，只要其前面为毫无遮挡的开放状态，有时竟意外地成为一座明亮的庭院

树木释要 丝柏 常绿中高木。叶似扁柏，但比扁柏大 | 小叶山茶 落叶低木。枝条形态有横出和直立两种，后者被称为直立 | 葡萄蔓 落叶小低木。树高50～150cm左右，茎下部匍匐于地面。3～5月开直径5～6mm的白花

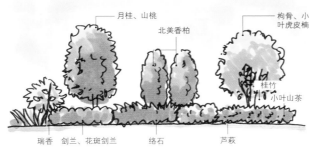

图3 日阴庭院配植例

月桂、山桃
北美香柏
枸骨、小叶虎皮楠
桂竹
小叶山茶

瑞香　剑兰、花斑剑兰　　络石　　　芦荻

主要为浓绿色叶子覆盖的庭院很容易阴暗，可再植入斑点剑兰和叶色鲜艳的北美香柏
等使庭院显得明亮些

表 适用的耐日阴树木

中高木	丝柏、红豆杉、罗汉松、枸骨、月桂、日本伞松、花柏、北美香柏、小叶虎皮楠、山桃
低木·地被	桃叶珊瑚、棱木、绞股蓝、小叶山茶、吉祥草、栀子、山白竹、毛竹、络石、蝴蝶花、瑞香、草珊瑚、葡萄蔓、芦荻、桂竹、小栀子、斑点剑兰、加那利常春藤、常春藤、朱砂根、八角金盘、剑兰

现出喜上午阳光、讨厌下午阳光的倾向，因此要避免将其植于西侧庭院。反之，常绿树和来自暖地、生长在亚热带的植物，则普遍喜下午阳光。

可以这样认为：几乎所有花木都喜阳光。如果没有很好的日照，花势也将变差。因此务必确认，绿化场所能否充分满足日照条件。

日照条件好，可选择的树种也就多了。极端一点儿说，不管什么样的庭院都造得出来。

另外，阳光照不到的庭院，绿化结构基本以阴树为主（图3、表）。由于阴树多半都生着浓绿色的叶子，因此如果栽植过多，往往会使日阴的庭院显得越发阴暗。为避免造成这种状态，可将同类树中的带斑品种与耐日阴的彩叶植物混植在一起[2]。

此外，过度的阴暗潮湿则易发生病虫害，因此应采取设水坡和在土壤中掺沙等手段增强土壤的排水性，并且在设计上做到通风良好，及时驱散潮气[3]。

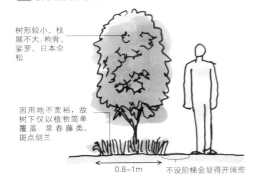

图4 狭窄空间的绿化

树形较小、枝展不大：枸骨、娑罗、日本伞松

因用地不宽裕，故树下仅以植物简单覆盖：常春藤类、斑点剑兰

0.8～1m　不设阶梯会显得开阔些

阔叶树中，既有很多枝展为树高0.5～1倍的树种，亦有像大叶胡颓子[5]和长鞭桃[6]那样经改良后枝展不大的品种。针叶树的横宽均远不及树高。将细长挺拔的伊吹米登植入狭窄的空间中，也是利用这一特点的配植方法（照片）。

在狭小的空间内栽植树木

类似门厅周围和停车场等绿化用地不太宽裕的场所，配植的关键是要选择树形较小、枝条横向扩展不大的树木，亦可选择那种生长缓慢的树木。

像枸骨、娑罗和日本伞松等都比较适宜。如在这些树木脚下植入各种树下草，空间会越发显得逼仄，因此仅用常春藤类将地面简单覆盖即可（图4）。

孟宗竹和刚竹喜欢那种叶子可照到阳光、茎干却照不到阳光的环境，因此适用于像内院那样仅上部采光空间的绿化[4]。

野茉莉和山茱萸等虽枝展比较大，但生长缓慢，如其横向扩展空间不受阻碍，亦有可能用于狭窄庭院的绿化。

代表性树种
（树形小而规整，冠幅不大）
中高木
银杏、枸骨、桂、龙柏、中国七叶（娑罗）、长鞭桃、刚竹、孟宗竹、大叶胡颓子、中国罗汉松

照片 一棵棵似龙卷状

靠伊吹米登细长树形装饰的庭院

*2: 日阴庭院的绿化，请参照本书105页　*3: 湿气较重庭院的绿化，请参照本书136页
*4: 用竹绿化，请参照本书153页
*5: 榆科榉属的榉树品种。一般榉的树形呈杯状，大叶胡颓子树干挺拔、枝展不大。多用于行道树或植于公寓户外引道两侧
*6: 蔷薇科樱属的桃花品种。虽与桃同类，但几乎都不结果。名字源于细长枝条状如马鞭状纵向伸展貌

在干燥的庭院内栽植树木

在屋顶庭园和人工基盘等易干燥的土壤中栽植树木时，均须在土壤改良和灌水设备等方面消耗很多费用和精力。因此，最好先掌握一些不必花钱便能利用干燥土壤条件营造庭院的知识。

喜欢干燥环境的植物，通常都生长在高山的顶部及山脚、靠近海岸线常刮强风的场所和无土的沙石地等。红松、黑松和橄榄等都是比较耐干燥的树木，可作为干燥庭院的主树利用。低木中，在新西兰海滨自生的丝兰类耐干燥能力很强。地被中，沿着海边岩石攀缘生长的矶菊[*1]和景天类也表现出喜干燥的倾向（图1）。

绿化用的耐干燥树木，要植于阳光充足的场所。为了不让水聚集在土中，培土的栽植场所应比地面稍高些，以使排水更加顺畅。

图1 干燥庭院配植例

- 中高木：黑松、橄榄等
- 地被：矶菊、景天类迷迭香
- 将土壤抬高 10 ~ 20cm 左右，以使排水更通畅
- 低木：丝兰类
- 地被：垂岩杜松

构建耐潮湿的庭院

对潮湿庭院所做的绿化设计，基本由生长在山野、水滨、峡谷、平原和湿地的树木组成。如中高木的枫类、大叶黄杨[*2]、赤杨和柳类，以及低木·地被中的桃叶珊瑚和菖蒲等，都是适宜的树种。

柳类、赤杨和菖蒲均自生于池沼等阳光充足的水边或河滩，在庭院日照条件能够满足的情况下，可将其作为绿化的主体（图2①）。此外，如枫类和大叶黄杨多自生于山谷那样的半阴场所，可用于日照条件差的地方（图2②）。

潮湿对于植物来说，并不一定就是恶劣的条件。问题在于，一个土中水分过剩、或因通风不畅而窒闷的环境，须采取诸如设排水坡度、将围墙开口等确保通风的措施。

图2 潮湿庭院配植例

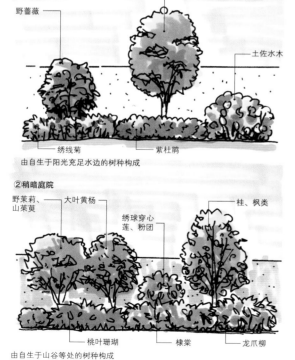

①**明亮庭院**
- 野蔷薇
- 立柳、赤杨
- 土佐水木
- 绣线菊
- 紫杜鹃

由自生于阳光充足水边的树种构成

②**稍暗庭院**
- 野茉莉、山茱萸
- 大叶黄杨
- 绣球穿心莲、粉团
- 桂、枫类
- 桃叶珊瑚
- 棣棠
- 龙爪柳

由自生于山谷等处的树种构成

在贫瘠的地块上构建庭院

所谓土地贫瘠，系指土壤中所含树木生长不可缺少的有机质成分不足。土地贫瘠与否，要根据有无造成地块、用地表土及深层土状况进行判断（图3）。如系旱种遗址或用地内长满荒草，即可以认为适于树木生长。反之，未长草的裸地或破坏坏地基后再用混凝土加固的场合，则须将拟造园的部分加以翻耕，再进行土壤改良。不过，即使如此，仍然要选择那些可在贫瘠土壤中生长的树种。此类树种包括，根部能固定氮的豆科植物和菌根类[*3]等。

关键是要通过土壤改良，增强土壤的排水性和保水力，并补充所含的有机质成分[*4]。

---

*1：自生于日本关东 ~ 东海地区海岸的多年草。草杆高 30cm 左右。叶长 4 ~ 7cm，较厚。因叶背直至叶缘均密生白毛，故叶似带白边。10 ~ 11 月开直径约 5cm 的黄色球状花
*2：卫矛科卫矛属落叶低木。春季自叶旁生出长 6 ~ 15cm 的花柄，下垂的淡绿（紫）色小花直径约 6 ~ 7mm

代表性树种

中高木

红松、朝鲜槐、黑松、白桦、洋槐（刺槐）、灰杜松、合欢、赤杨、桧、夜叉五倍子、柳类、山桃

灌木·地被

秋胡颓子、金雀花、大叶苿莪、胡枝子类

图3 造成地的土壤环境

① 造成前环境

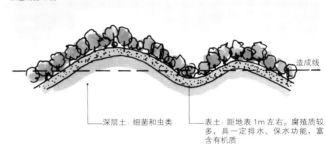

深层土：细菌和虫类

表土：距地表 1m 左右。腐殖质较多，具一定排水、保水功能，富含有机质

造成线

② 造成后环境

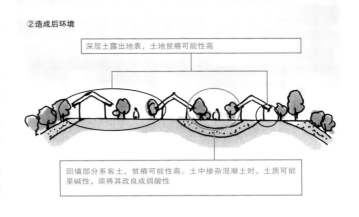

深层土露出地表，土地贫瘠可能性高

回填部分系客土，贫瘠可能性高。土中掺杂混凝土时，土质可能呈碱性，须将其改良成弱酸性

在近海处构建庭院

在近海处构建庭院时，可选择的树种比日阴庭院还要少（表）。由于海风中含有的盐分不利于树木的生长[5]，因此应选择耐盐的树种栽植，或在防止盐分影响方面采取措施（图4）。

比较耐盐的树木，叶片厚而硬，均自生于沿海一带。经常遭到强风侵袭、而且满潮时会被水淹没的场所，除非有红树林生长，否则很难进行绿化。

假如是这样的地方：虽然近海，却不刮太强的风，而且又无直接漫过的潮水，则可栽植黑松等松类和罗汉松等柳杉类。如在温暖地区，亦可选择加那利椰、华盛顿棕榈和丝兰类进行绿化。

不过，如果不除掉附着的盐分，将不利于树木的生长。关键是树木配植场所的选择，即选定的场所树上的盐分靠雨水自然冲刷，还是通常采用人工冲洗方法。

此外，尽管是有海风的场所，可是由于结构物的遮挡，或被上述具耐潮性的树木环绕，在可将海风减至极弱的条件下[6]，也可能实施绿化（表）。

在不直接遭受海风侵袭、且离海较远的场所，如在东京湾滨海区等处的填埋地上见到的行道树那样，同样能够栽植树木。叶子很厚、无论被潮水怎样浸泡也很难渗透盐分的代表性树种有野山茶、弗吉尼亚栎、乌冈栎、鳄梨、山桃、秋胡颓子和鸡冠刺桐等。总的说来，落叶树都表现出耐海风能力弱的倾向。只有合欢、野苿莉和椰榆等少数树种的耐海风能力稍强些。

表 耐海风的代表性树种

中高木	土松、小枇杷、乌冈栎、朴树、大岛樱、伊吹米楮、加那利椰、榧子、乌山椒、柑橘类、夹竹桃、柽柳、臭木、黑松、珊瑚树、垂柳、九芎、弗吉尼亚栎、苏铁、鳄梨、合欢、正木、全手叶椎、大叶苿莪、山桃、丝兰类、华盛顿棕榈
低木·地被	桃叶珊瑚、龙爪柳、矢车菊、大吴风草、海桐花、垂岩杜松、滨川、芦荻

注 即使耐海风的树种，也很难将其植于常被潮水淹没或盐分过高的土壤中

图4 至海边距离及可配植植物

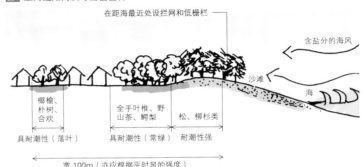

在距海最近处设拦网和低栅栏

含盐分的海风

沙滩

海

椰榆、朴树、合欢 · 具耐潮性（落叶）

全手叶椎、野山茶、鳄梨 · 具耐潮性（常绿）

松、柳杉类 · 耐潮性强

宽 100m（亦应根据平时风的强度）

*3：植物的根与菌类存在共生关系。菌根类吸收土壤中的无机养分供给植物，植物再将通过光合作用得到的有机物供给菌根类。如杜鹃类、松类等

*4：最简单的土壤改良方法，是在其中大量掺入熟透的腐殖土。在进一步增强排水性和保水性的基础上，使其成为富含有机质的弱酸性土壤

*5：土壤中含有的盐分也会妨碍树木的生长。即使大海并非近在咫尺，但只要是海风能够光顾的场所，盐分的影响都会存在。例如听人这样说过：距海岸 1km 场所内的竹林，亦被台风裹挟的盐分染成黄色

*6：枫类等自生于山中的树木和叶片较薄的树木，均不适用于近海处的绿化

在温暖的地方构建庭院

南北呈长弧形的日本，北方与南方的气候差异很大。适合树木生长的气温各不相同，无论高于这一气温或低于这一气温，树木都不可能健康生长。了解绿化场所的气候状况，应该是绿化设计要做的基本功课。

日本的气候，分为暖地和寒地两种。如做更细致的划分，暖地可分成温带、暖带和亚热带；寒地可分成寒带和温带。下面将要讲述的温暖地区庭院，即相当于在暖地建造的庭院。

对暖地的温带仔细观察就会发现，不同地域也有差别。美国农业水产部根据树木的耐寒性，将可绿化地域划分成若干个区 *1。图 1 的划分标准，也同样适用于日本的气候。虽然暖地的温带相当于 7 区，但由于 7 区覆盖了从北海道至九州的广阔地域，很难对其设定统一的标准。因此，下面将说到的温暖地区庭院被设定为：位于暖地温带范围内年平均气温 15℃ 的区域 *2。具体说来，系指 7 区关东以南一带。

温暖地区庭院的绿化，基本由常绿树构成（图 2）。因环境适于植物生长，故可选用的树种很多。而且，还能够将种类丰富的花木用在庭院设计上。

图1 日本的绿化对应气候带和温暖地·寒地的分区

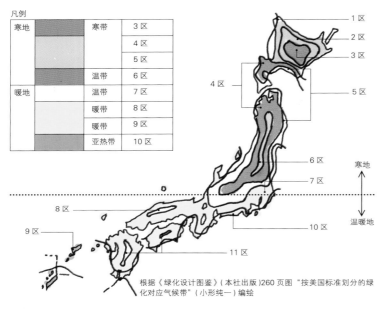

根据《绿化设计图鉴》（本社出版）260 页图 "按美国标准划分的绿化对应气候带"（小形纯一）编绘

作为庭院背景的高木，可以选择山桃、鳄梨、厚皮香、全缘冬青和铁冬青等叶色浓绿、叶面发亮的树种。如果再植入中木里的金木樨、光叶石楠和山茶等花朵和叶色均具特点的树木，则可与背景树形成对比，从而提升了观赏效果。此外，低木中的紫杜鹃和平户杜鹃等常绿种杜鹃，亦可作为重要的选项。

因该地区的夏季气温很高，如果栽植类似白桦、山毛榉、日本榆和苹果那样自生于高原或人工培育的树木，受暑热的影响，将逐年变弱。严重的话，则有可能枯死（图 3）。

即使年平均气温 15℃ 以上的温带，在日本房总半岛、纪伊半岛、四国南部和九州南部等阳光充足的地方，温度之高也能达到红树林能够自生的程度。因此，可在这里构建热带风格的庭院。

冲绳和小笠原属于亚热带地区，如香港木棉（鹅掌藤）和变叶木之类在东京原本作为观叶植物于室内培植的树木，则可在户外栽植。亦可将其与攀缘类低木中的籟杜鹃组合在一起，用来构筑绿篱。

表 按最低气温区分的植物耐寒性

气候区分		分区	平均最低气温	种别	可越冬的主要树种
寒地	寒带	4 区	-34.5~-28.9℃	针叶树	偃松、落叶松
				阔叶树	罗文、四照花、水曲柳
		5 区	-28.9~-23.3℃	针叶树	红豆杉、日本落叶松、龙柏、五针松、德国桧、北美香柏
				阔叶树	栎、鸡爪枫、梅、槐、桂、辛夷、山茱萸、四照花、壳斗科、木槿、紫丁香
	温带	6 区	-23.3~-17.8℃	针叶树	红松、丝柏、伊吹米逿、花柏、杉、罗汉柏、扁柏、公主桢、冷杉
				阔叶树	椰榆、四手、野茉莉、柿、花梨、小橡子、百日红、东亚唐棣、娑罗、日光槭、山茱萸、栀子
暖地	温带	7 区	-17.8~-12.3℃	针叶树	大黄杉、雪松、比翼丝柏
				阔叶树	金木樨、月桂、茶梅、石榴、白柞、冬青、合欢、蜡木、柊木樨、小菩提、蓝莓
	暖带	8 区	-12.3~-6.6℃	针叶树	罗汉松、中国罗汉松
				阔叶树	粗构、橄榄、枸骨、铁冬青、珊瑚树、弗吉尼亚栎、日本女贞、费约果、厚皮香、山桃、迷迭香
				特殊树木	芳香棕榈兰
		9 区	-6.6~-1.1℃	特殊树木	棕榈竹、加那利椰、斑点白蜡
	亚热带	10 区	-1.1~4.4℃	特殊树木	旅人蕉

*1：《Plant Hardiness Zone Map（植物耐寒性分类地图）》http://www.usna.usda.gov/Hardzone/ushzmap.html

*2：年平均气温 15℃，系指落霜越频繁天气越寒冷的温度，即相当于近年来东京 23 区的平均气温

寒冷地区绿化技巧

　　以下涉及的寒地，系指年平均气温不到15℃的地区。日本中部以北的山地以及自东南部至北海道的广大区域，冬季会变得相当寒冷。

　　寒地的绿化，基本由壳斗科等落叶阔叶树、红豆杉和云杉等常绿针叶树构成（图4）。尽管常绿阔叶树的培植比较困难，不过根据场所情况，仍有雪山茶和桃叶珊瑚之类即使埋在雪中也能越冬的树种可供选择。

　　地被中的西洋结缕草比较耐寒。此外还有细竹类和紫萼等，仅余地下根部越冬的草本类植物亦可使用。剑兰和迎春花类等多用于温暖地区的地面覆盖，因畏寒，故很难用于寒地的绿化。至于常绿的攀缘植物，也以不耐寒的居多。如拟将攀缘植物用于地面覆盖和墙面绿化，还是应该选择当地自生的落叶藤类植物。

　　寒地绿化最感困难的事，是如何应对寒风。尽管也有不少可在雪中越冬的树木，然而凡是遭寒风侵袭的场所，不仅温度低，还很干燥，都不利于树木的生长。因此，在寒地预先采取一些可靠手段，如用栅栏和拦网遮挡寒风等是完全必要的。

　　而且，寒地的绿化还存在一个冻结深度的问题。所谓冻结深度，系指冬季冻结的土壤层有多深。因土壤会与根冻结在一起，故可能致树木萎靡枯死。为此，要用草席等遮盖土壤表面，防止其干燥和受冻。经过改良的土壤，因排水通畅，土中无积水，故不会冻结，亦可作为一种手段采用。并且，一定要让改良土壤的深度超出冻结深度（图5）。

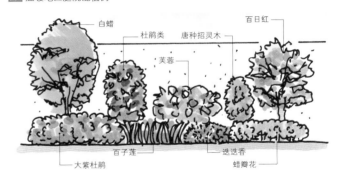

图2 温暖地区庭院配植例

白蜡　杜鹃类　唐种招灵木　百日红　芙蓉　大紫杜鹃　百子莲　迷迭香　蜡瓣花

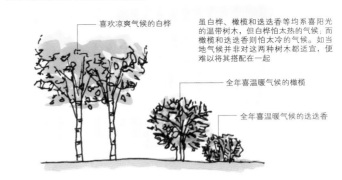

图3 在温暖地区难以组合的配植例

喜欢凉爽气候的白桦　全年喜温暖气候的橄榄　全年喜温暖气候的迷迭香

虽白桦、橄榄和迷迭香等均系喜阳光的温带树木，但白桦怕太热的气候；而橄榄和迷迭香则怕太冷的气候。如当地气候并非对这两种树木都适宜，便难以将其搭配在一起。

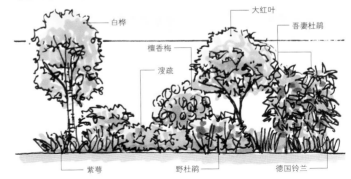

图4 寒地庭院配植例

白桦　檀香梅　溲疏　大红叶　吾妻杜鹃　紫萼　野杜鹃　德国铃兰

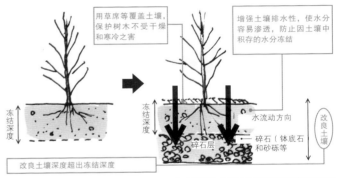

图5 冻结深度及其对策

用草席等覆盖土壤，保护树木不受干燥和寒冷之害

增强土壤排水性，使水分容易渗透，防止因土壤中积存的水分冻结

冻结深度　改良土壤深度超出冻结深度　冻结深度　水流动方向　碎石层　碎石（钵底石和砂砾等）　改良土壤

树木释要　吾妻杜鹃 常绿低木。因多自生于日本关东山地，故日文称其为"东石楠花" | 紫萼 夏绿多年草。杆长 15～40cm。6～8 月开大量淡紫色花 | 洒金格 原产马来半岛的常绿多年草。因叶子的颜色和形状多种多样，故亦称"变叶木" | 德国铃兰 原产欧洲的夏绿多年草。草杆和花均较日本铃兰大 | 日本榆 落叶中高木。春季叶未生时，即绽放出黄绿色花朵 | 小叶青木 常绿低木。叶比青木小、边缘带粗齿 | 香港木棉 原产台湾、中国南方的常绿低木 | 雪山茶 自生于多雪地带。树干似卧倒状伸展

日照少的北面庭院

2层以上建筑在其北面庭院内产生的日影会大于占地面积。因日照环境系树木生长最重要的条件之一，故日照量较少的北侧，其绿化应由喜日阴的树种或耐日阴的树种构成（表、图1）。

配植时，利用日影图等，分别找出计划用地内、在阴影最短的夏至和阴影最长的冬至何处为全阴、何处为半阴，并据此选择和配置树种。

也可以认为，建筑物北侧一年四季都见不到阳光。这对植物生长来说，无疑是相当恶劣的条件。在这样的场所，栽植后的树木不可能继续生长。因此，在构建庭院时，一开始即应选择那种形态（树冠）已近于长成的树木。

即使日照条件很差，如果用地袒露在天空下，那树木的生长仍可期待[*1]。反之，假如用地完全被屋顶和屋檐覆盖，形成一个看不到天空、没有日照、几乎不能依靠降雨汲取水分的环境，就应该断了绿化的念头。

表 庭院方位及其适用的代表性树木

	中高木	低木·地被
北面庭院	丝柏、粗构、犬黄杨、罗汉松、枸骨、月桂、龙柏、北美香柏、小叶虎皮楠、山桃	桃叶珊瑚、榁木、栀子、络石、玉粒、茶树、长子叶花、南天竹、柃木、小栀子、斑点剑兰、富贵草、常春藤类、紫金牛、剑兰、沿阶草
南面庭院	椰榆、粗构、蚊母、罗汉松、梅、花梨、金木樨、柞、龙柏、小橡子、辛夷、樱类、百日红、垂梅、白杵、德国桧、花海棠、紫荆、密蒙花、全缘冬青、厚皮香、枫香、紫丁香	大紫杜鹃、石岩杜鹃、金丝梅、久留米杜鹃、麻叶绣球、枸子属、紫杜鹃、草樱、绣球花、山渡疏、吊钟花、土佐水木、大叶黄杨、细柱柳、蕨槐、蜡瓣花、平户杜鹃、黄杨、胡枝子、珍珠绣线菊、连翘
东面庭院	栎、粗构、四手、野茉莉、枫类、桂、金木樨、樟、辛夷、弗吉尼亚桧、四手辛夷、白杵、冬青、吊花木、德国桧、小叶椤、娑罗（菩提）、白云木、玉兰、四照花、山茱萸、栀子	女贞、鸢神乐、荚蒾、山月桂、小叶山茶、灌木、垂岩杜鹃、麻叶绣球、花椒、石楠、茶树、南天竹、大叶黄杨、绣球穿心莲、水晶梅、白丁花、蜡瓣花、金丝桃、日本紫珠、野杜鹃、棣棠、琉球杜鹃、腊梅
西面庭院	红松、鸡冠刺桐、乌冈栎、橄榄、伊吹水登、樟、铁冬青、黑松、茶梅、白蜡、广玉兰、鳄梨、球球、洋槐（刺槐）、合欢、火棘属、费约果、银荆、芙蓉、杜英橙子松、刷子树、正木、全叶桦椎、木槿、山桃、桉	百子莲、金雀花、矢车菊、海桐花、芦荻、萱草、迷迭香

※ 同一树种适用于多个方位的，则分别列入表中

图1 北面庭院配植例

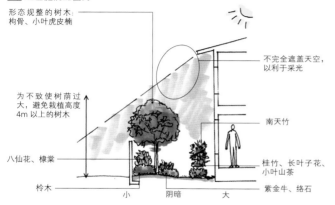

形态规整的树木：枸骨、小叶虎皮楠

为不致使树荫过大，避免栽植高度4m以上的树木

不完全遮盖天空，以利于采光

南天竹

八仙花、棣棠

桂竹、长叶子花、小叶山茶

枸木

紫金牛、络石

小　阴暗　大

南面庭院的绿化想不到的暗孔

建筑物的南面庭院是日照条件最好的环境，从春到秋可欣赏到树木的千姿百态，如鲜花、果实和红叶等。南面庭院配植的关键，就是要设法将树木的这种变化展现出来（图2）。

树木中，几乎所有树种均可栽植（表）。尤其日照条件再好一点，花朵也开得更繁盛，应积极地将花儿美丽的树木植入其中[*2]。不过，类似桃叶珊瑚、榁木、枸骨、朱砂根、桂竹、富贵草、紫金牛和红盖鳞毛蕨等阴树，因怕日晒和喜潮湿，故不宜栽植此处。

构筑于建筑物南侧的庭院，做绿化设计时如果考虑到可从室内望见树木，通常看到的，是树木的北侧。即使在日照充足的南面庭院，树木自身南北两侧所接受的日照量也不一样。一般情况下，树木未显露一侧（南侧）与显露一侧（北侧）的枝叶生长状况迥异，并且树形也不匀称（图3）。因此，在南侧配植树木不可简单了事，还应设法使树木整体都能接受阳光。在因空间受限配置困难时，可采取与其他树木组合、靠近外墙之类的结构物栽植和对日照量进行调节等手段，以抑制树木南侧枝叶的过快生长。

另外，充足的阳光和适当的灌水，使土壤处于最佳状态，同样会促进树木的生长。因此，请务必告知业主，南面庭院的绿化，与其他庭院相比，对栽植后树木进行修剪和整枝的次数要更多些。

*1：玻璃温室和日光室多采取建在南侧的形式，但夏季会过热。因此，如果为天空覆盖的面积足够大，将其建在北侧反而更可以形成适宜植物生长的环境

*2：关于赏花的庭院，请参照本书112～117页内容

*3：尤其在东京等城市中心，热岛效应造成气温的整体偏高，较之过去，下午阳光的影响似乎更为显著

图2 南面庭院配植例

辛夷（春季开花）
金木樨（秋季开花）
大紫杜鹃（春季开花）
烟树（夏季开花）、密蒙花（夏季开花）
胡枝子（秋季开花）
小樱桃（春季开花）

珍珠绣线菊（春季开花，秋季红叶）　蜡瓣花（春季开花，秋季黄叶）　连翘（春季开花）
在配植上，利用鲜花和红叶表现出季节的变化

图3 枝叶的不同生长状况

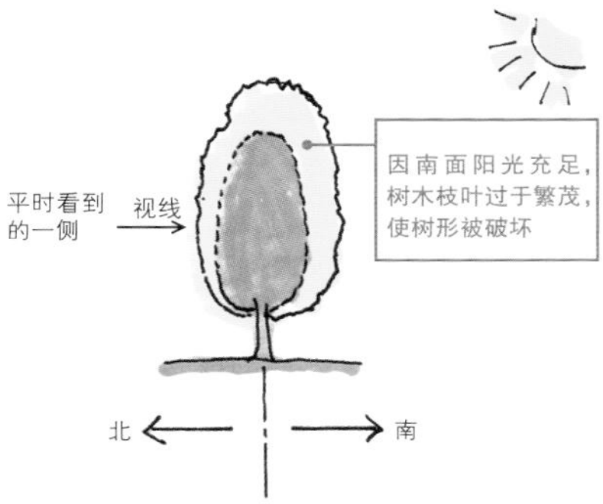

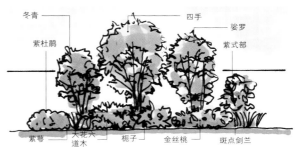

平时看到的一侧　→　视线

因南面阳光充足，树木枝叶过于繁茂，使树形被破坏

北　←　　　→　南

以落叶树为中心的东面庭院

位于建筑物东侧的庭院，可接收到早晨和上午柔和的阳光，显得既明亮又温暖，很多落叶树都喜欢这样的环境。因此东侧庭院的绿化，应以落叶树为主（表）。落叶树里有不少像野茉莉那样的树种，只要上午阳光充足，哪怕下午没有阳光也能够茁壮成长。

至于配植，高木要选叶色明亮的落叶树，低木和中木则选常绿树。如此，既可保证冬季透入阳光，又能使庭院常年看到绿色（图4）。

无论阴性树、阳性树、还是中庸树，在东面庭院均可栽植。其中最适宜的是枫类、小菩提和娑罗，以及像杂木林中的四手和槲那样自生于半阴和较潮湿处的中庸树。另外，具有暖地性、夏季开花繁盛的百日红和柑橘类，一遇日照不足，花势即可能变差，因而不适和在东面庭院栽植。

尽管东面庭院绿化受限较少，可是冬季寒风凛冽的恶劣环境会比日照问题对树木生长的影响更大。尤其在寒地条件下，必须确认冬天风从哪个方向来和强度有多大，并据此采取适当的防风措施。

图4 东面庭院配植例

冬青
紫杜鹃
四手
娑罗
紫式部

紫萼　大花六道木　栀子　金丝桃　斑点剑兰
用叶色鲜艳的落叶树作为主树，再配以常绿的低木和中木，一年四季均可观赏到绿色

下午阳光映照叶子的西面庭院

建筑物的西侧与南侧相比，阳光大都过于强烈。叶片较薄、树身纤细的落叶树，经夏季午后阳光的暴晒，往往叶子都被烤蔫了。因此，能够用于西侧庭院绿化的树种很有限[*3]。

例如，光叶石楠和欧洲橡木之类由海外引进的落叶树，在午后阳光的照射下，叶子枯萎和叶色变暗的现象并不少见。

常绿阔叶树可耐午后阳光，除少部分阴性树外，差不多都能栽植成活；尤其如斑点白蜡等生长在温暖地区的树种，更适合栽植在西面的庭院内[表]。此外，还有阳性树和樱等大量开花的树木，也适于西面的庭院。

西面的庭院以常绿树为主体，再搭配一些对午后阳光不太敏感的诸如麻栎、小橡子、梅、樱类和百日红等落叶树，便可构筑出绿荫空间。从而形成一个夏日阳光受到抑制、冬季阳光又能透入的惬意庭院（图5）。

图5 西面庭院配植例

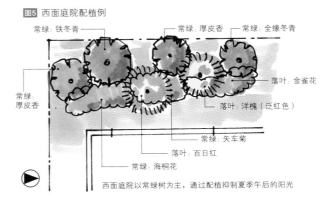

常绿：铁冬青
常绿：厚皮香
常绿：全缘冬青
落叶：金雀花
常绿：厚皮香
落叶：洋槐（泛红色）
落叶：矢车菊
落叶：百日红
常绿：海桐花
西面庭院以常绿树为主，通过配植抑制夏季午后的阳光

树木释要　欧洲荚蒾　落叶中高木。叶自中央裂成3瓣。5～6月开大量黄绿色小花。果实于9～10月成熟后变成鲜红色｜德国桧　常绿中高木。叶色暗绿。自然树形呈漂亮的圆锥状｜莫槐　落叶低木。5～8月开深橙色花（偶见白花），8～10月结出红色果实｜黄杨　亦称西洋黄杨木。原产地中海沿岸～西亚的常绿低木。多采用箱形配植以构筑绿篱，其日文名称（ボックスウッド）直译即"箱木"意｜杜英樟松　常绿中高木。树形似山桃。特点是绿叶中掺杂着变红的老叶。7～8月开小白花

符合要求的树篱设计法

绿篱与混凝土砌块和栅栏等结构物不同，需要在修剪之类的管理方面花些时间。然而，绿篱在各个季节展现出的富有魅力的色彩和质感的变化等，结构物则没有，这也是事实。作为绿化设计的一种技法，有必要先了解绿篱的运用。

根据不同的目的和用途，设定的绿篱高度也各异。既有直接将低木排列起来，修剪成的高约50cm的低绿篱，也有利用支柱构筑成的高达5m的高绿篱。

譬如那种用来划分占地边界的绿篱，可以使用正木、大紫杜鹃和吊钟花等低木营造，将其高度修剪至1.2m以下（图1①）。

要用来遮挡邻居和行人的视线，则可选择光叶石楠和罗汉松等树木，建成高1.5～2m左右的绿篱（图1②）。

如果目的在于防止外人侵入，应该使用北美香柏等，高度可达2m以上（图1③）。

为使其能起到阻挡冬季寒风的防风墙作用，可以用白柞和山桃等建成高度3m以上的高绿篱（图1④）。

至于栽植间隔，原则上要看树木根系的大小。尽管因使用树种不同而各异，但可给出大致的指标：高度1.2～2m的绿篱，栽植间隔为3棵/m；如绿篱高度超过3m，栽植间隔则为1.5～2棵/m（图2）。考虑到设立支柱的需要，树干之间至少应相距30cm。

关于树种的选择，通常暖地可用罗汉松和光叶石楠之类的常绿树（半常绿）；寒地往往使用大红叶等落叶树。

选择树木时应该注意的是，从树形上说，单看一棵树与眺望以2～3棵/m间距配植且修剪过的绿篱，所得到的印象有很大差别。地方政府中的绿化管理中心，大都会使用各种各样的树木来打造绿篱样本。但在最终决定要使用的树种之前，还应该实际看一看自己想象中的树木究竟能造出什么样的绿篱。

图1 符合目的和用途的绿篱设计

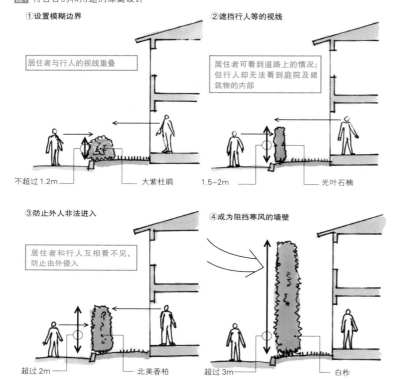

①设置模糊边界

居住者与行人的视线重叠

不超过1.2m｜大紫杜鹃

②遮挡行人等的视线

居住者可看到道路上的情况；但行人却无法看到庭院及建筑物的内部

1.5~2m｜光叶石楠

③防止外人非法进入

居住者和行人互相看不见，防止由外侵入

超过2m｜北美香柏

④成为阻挡寒风的墙壁

超过3m｜白柞

图2 树木栽植间隔

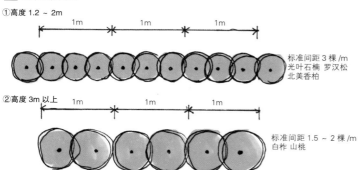

①高度1.2～2m

1m　1m　1m

标准间距3棵/m
光叶石楠　罗汉松
北美香柏

②高度3m以上

1m　1m　1m

标准间距1.5～2棵/m
白柞　山桃

代表性树种
常绿树（半常绿）
大花六道木、粗构、犬黄杨、罗汉松、大紫杜鹃、光叶石楠、茶梅、花柏、珊瑚树、白柞、北美香柏、日本女贞、野山茶、山桃、扇骨木
落叶树
枫类、吊钟花、壳斗科

树木释要 金银花 全长5～15m。叶呈椭圆形，5～6月带香气的花开放｜小号忍冬 全长3～5m。叶呈倒卵形，7月前后开外侧红色、内侧黄色的花｜葛萝 全长3～10m。叶呈椭圆形，5～6月带香气的乳白色花开放｜咖喱藤 全长10m以上。叶呈倒卵形，4～5月开橙色花。藤的前端起吸附作用，附着于墙面｜南五味子 全长3～10m。叶呈椭圆形，8～10月开白花。10～11月果实成熟后变成红色｜木香花 全长4m左右。叶呈椭圆形，5月前后稀疏地开白色和黄色的花

利用栅栏建造树篱

在用地不宽裕、绿地范围难以扩展的情况下，可用网格栅栏代替绿篱，即采用一种让攀缘植物缠绕在网格上建成的较薄绿篱形式（图3）。

攀缘植物的前端具有这样的性质：为了得到阳光会不断向前伸展；反之，其阳光照射不到的下部，枝条生长十分缓慢。因此，位于栅栏下部的攀缘植物，如果不用人手牵引，便有可能因无遮挡出现漏洞。

网格栅栏的网眼越小，攀缘植物越容易缠绕。如将网眼制成边长50mm以上的方孔，不用人手牵引，藤蔓往往不能顺利攀爬。此外，由于向阳一侧叶子繁茂，在长到一定程度之后，便须进行梳理、牵引和修剪等。

攀缘植物分为藤蔓缠绕型和吸根附着墙面型两种。建造网格栅栏式绿篱，适合用卡罗来纳茉莉和金银花等缠绕型攀缘植物[1]。

那些在老的西式庭园中常见的爬山虎、棱叶常春藤和蔓草等附着型攀缘植物均不适用于网格栅栏。常春藤属兼具附着和缠绕两种性质，可用于网格栅栏，但需人手牵引。

代表性树种（攀缘植物）
常绿（半落叶）
卡罗来纳茉莉、金银花、小号忍冬、扶芳藤、茑萝、西番莲（暖地）、咖喱藤、南五味子、常春藤属、野木瓜、木香花
落叶
椴木、猕猴桃、铁线莲、绣球藤（寒冷地）、南蛇藤、山葡麦、中国苔、爬蔓蔷薇、藤

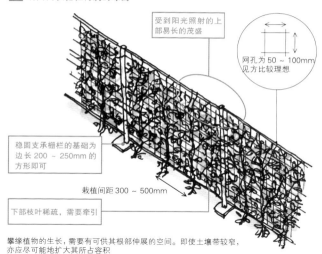

图3 利用网状栅栏构筑的绿篱

受到阳光照射的上部易长的茂盛

网孔为50～100mm见方比较理想

稳固支承栅栏的基础为边长200～250mm的方形即可

栽植间距300～500mm

下部枝叶稀疏，需要牵引

攀缘植物的生长，需要有可供其根部伸展的空间。即使土壤带较窄，亦应尽可能地扩大其所占容积

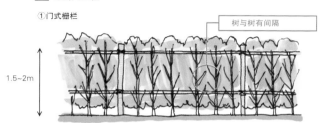

图4 绿篱用立柱

① 门式栅栏

树与树有间隔

1.5～2m

用手可使树木左右摇动，并扩大间隙，成人可从中穿过

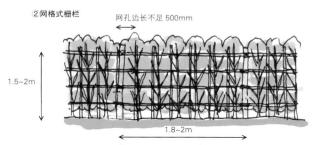

② 网格式栅栏

网孔边长不足500mm

1.5～2m

1.8～2m

如支柱编孔小于500mm，成人无法穿越

强化防范功能的树篱

通过改进支柱的建造方法和适当的树种选择，能够提高绿篱的防范功能。

支柱多为将树木上下连接起来的门形（图4①），人很容易从树木之间的空隙穿过。因此要用具有装饰性的网格式栅栏[2]代替支柱（图4②），缩小支柱间的网眼，使人难以通过。

绿篱高度如超过2m，人便不容易从上面翻越进入院内。

通过选用适当的树木建造绿篱，则可增强其防范性。譬如，枸木、中国枵和长叶子花等枝叶带刺的树种，人碰到就可能被刺伤。即使单用这类树木构筑绿篱，或者再将其他常绿树搭配起来植于绿篱脚下，也能够增强防范功能[3]。

代表性树种
中高木
枳、中国枵、长叶子花、玫瑰（木香花以外的蔷薇类）、桂竹、淡黄木樨、火棘属、木瓜、小檗

*1：木通和猕猴桃亦系缠绕型藤类植物。将其用于构筑绿篱，亦可得到观果的乐趣
*2：竹垣的一种。上下分3～4段的横条内外交替地穿过立柱（竖条），与其相互组合制成的竹栅栏
*3：如使用这样的树种，必须注意在养护管理上的问题。叶和干带刺树木配植例，请参照本书122页

改变庭院四周面貌的绿化设计

如果全部用混凝土或金属等无机材料将大门、门厅和墙壁等以外的庭院四周围绕起来，会让人觉得十分生硬和冷漠。通过树木的适当配置，则可使庭院四周变得柔和些。

假如大门周围有 1m² 左右的空间，可用来栽植长成后高 3m 左右的树木。适宜的树种有开着美丽花朵的四照花和木槿、香气怡人的金木樨等（图1①）。

如果大门周围面向道路的一侧无法栽植树木，可以将树木植于靠近大门的庭院一侧，要选择长高后从道路上能够远远望见的树种，并且看上去树木与大门融为一体。类似白蜡那样生有明绿色叶子的常绿树就很合适（图1②）。

另外，在大门周围无法栽植中高木的情况下，可在门柱和围墙外侧脚下栽植常绿低木。如可供享受花的色彩和香气的杜鹃和蝴蝶花等，均为适宜的树种。

代表性树种
中高木
金木樨、白蜡、冬青、娑罗（菩提）、四照花、松、木槿、厚皮香
灌木·地被
大花六道木、金丝梅、矢车菊、四照花、杜鹃类、蜡瓣花

图1 改变大门周围面貌的绿化

①如门周围可辟出 1m² 左右空间

树高3m左右

四照花、木槿、金木樨等

紫杜鹃、杜鹃

约1m²空间

②如将树木植于门或围墙的内侧

最好是斑点白蜡、松和厚皮香等高2.5m以上的树木

约1m²空间

平户杜鹃等：如在围墙外侧的脚下也进行少许绿化，则可改变门周围的面貌

用树木拓宽步道

通过合理配置树木，亦可使原本狭窄的步道显得宽一些。假如人始终盯着一个目标，会觉得标的物比实际距离更近；反之，当把视线停留在近处时，则会感到其后面的景物渐渐远去。

如果栽植稍大些的树木将门厅覆盖起来（图2），并在其侧旁植入很小的树木，由树木体量大小的差别所产生的透视感将使门厅附近显得更宽敞。假如门厅的中心与大门的中心稍稍错开一些配置，那效果会更好。

植于门厅附近的树木，应以很少横向伸展的落叶树为主。门厅前的树木亦即形象树，可以选择花梨、娑罗和小叶团扇枫之类树形优美、开花繁盛和季节感强的树种。

代表性树种
中高木
白蜡、野茉莉、花梨、枸骨、小叶团扇枫、石楠、白桦、冬青、娑罗（菩提）、乌饭、山茱萸
低木·地被
大紫杜鹃、辛夷、胡枝子类、结香

图2 可让引道显得宽些的配植例

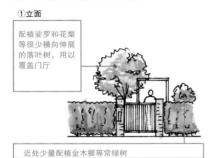

①立面

配植娑罗和花梨等很少横向伸展的落叶树，用以覆盖门厅

近处少量配植金木樨等常绿树

大小对比产生透视感

②平面

错开配植，不使中心与门厅中心重叠

通过错开中心产生纵深感

注意平台的承重能力

如果场内已找不到可将树木直接植于地面的空间，则应考虑使用植木钵之类的容器做绿化设计（图3）。

不能将植木钵都摆放在一个平面上，要利用棚架将其做立体配置，形成一个被植物映衬的空间（图4）。

在阳光充足的阳台和平台等处，与南面庭院一样，亦可从阳和中庸树里选择绿化树种。有强风的地方，应避免选用枫类那样怕风、叶薄的树种。

树木释要 辛夷 落叶低木。3～4月长叶前开长约7mm的钟形黄花，像藤花一样下垂。系雌雄异株，雌株结出下垂的绿色果实，8～10月成熟时变成黄绿色 | 月桂 常绿中高木。树枝和果实均带香气，可用作香料。虽系雌雄异株，但在日本没有雌株。4～5月自叶柄开成簇的黄白色花

植木钵的土壤面积小，热量易从其侧面散失。在风较大的阳台处土壤易干燥，需要勤浇水。楼层越高，风势越强，植木钵也易被风吹倒，要将其牢牢固定住。

木板平台与铺石、地面装饰材和沥青相比，哪怕到了夏天温度也不太高，因此有利于植物生长。甚至阳台处，只要铺上面板型的平台装饰材，也可以在其上面进行绿化[1]

为了便于清扫，保持环境整洁，木板平台要选择那种可拆卸的类型。

对于阳台和木板平台的绿化来说，主要是承重能力问题。加上土和植物，植木钵和花坛的重量超出想象。面积 $1m^2$、厚度 10cm 左右的天然土壤，重量约 140kg。如加上植物重量，则接近 200kg。因此，阳台等处的绿化，事先计算配置场所的承重能力究竟有多大，便显得尤为重要。

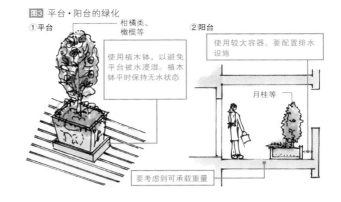

图3 平台·阳台的绿化

① 平台　柑橘类、橄榄等

使用植木钵，以避免平台被水浸湿。植木钵平时保持无水状态

② 阳台　使用较大容器。要配置排水设施

月桂等

要考虑到可承载重量

图4 阳台配植例

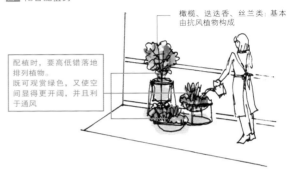

橄榄、迷迭香、丝兰类：基本由抗风植物构成

配植时，要高低错落地排列植物。既可观赏绿色，又使空间显得更开阔，并且利于通风

代表性树种
中高木
橄榄、枸骨、柑橘类（金橘等）、月桂、针叶类、费约果、刷子树
灌木·地被
金丝梅、迷迭香、丝兰类、费约果

在庭院里辟出菜园的窍门

如庭院剩余空间不大，还有一个办法：在角落处辟出菜园和香草园等，在建成的庭院内同样可享受到从树木那里得到的乐趣。菜园和香草园的面积，只要 $1m^2$ 大小即可。菜园中的土壤，系由腐叶土与肥料充分拌合而成；香草园即使没有那么肥沃，也问题不大。

虽然也有生姜、姜花和鱼腥草等蔬菜适于生长在日阴处，但是几乎所有的蔬菜和香草都喜阳光。好的日照是菜园的基本条件。

蔬菜和香草与一般树木相比，生长要快得多，易使庭院显得杂乱。如果能用砖块、枕木、或者草黄杨和小黄杨等常绿低木将其四周严密地围拢起来，则会使庭院看上去更整洁（图5）。每次进去作业，土和残叶都会将菜园周围弄脏。为便于清扫，将其铺上砖石等，也是一个办法。

蔬菜容易生虫，少不了要打农药。但是亦有这样一种方法：将不同植物组合在一起，即所谓"伴侣植物"，用以营造不生虫的环境[2]

适用于简单菜园和花圃的植物
朝鲜蓟、薹草、欧芹、牛至、猫薄荷、百里香、洋甘菊、金链花、菠萝鼠尾草、菠萝薄荷、罗勒、牛膝、芫茜、茴香、薄荷类、香茅、蜜蜂花、罗兹天竺葵、迷迭香、冲绳蛇莓

图5 菜园设计

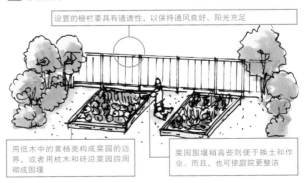

设置的栅栏要具有通透性，以保持通风良好、阳光充足

用低木中的黄杨类构成菜园的边界，或者用枕木和砖沿菜园四周砌成围堰

菜园围堰稍高些则便于换土和作业。而且，也可使庭院更整洁

[1]：如将植木钵直接置于平台，植木钵中的水分会浸蚀平台，使其表面变色。因此，应将其悬空摆放

[2]：将芹菜与不易生虫的茄子植于一处，即其中一例

让内院和院内小庭园赏心悦目

内院和院内小庭园的重要功能是，可改善建筑物里面房间的通风和采光等居住条件。因系最接近建筑物内部的庭院，故对建筑物及其室内空间的影响也很大。

植于内院和院内小庭园的树木，高度不应超过所面对房间的顶棚，并要凝缩成完整的景观展现在开口部中。绿化的量，约占开口部一半以下为宜（图1①）。如栽植的树种过多，再配置较多的石灯笼和景石之类的造景物，会让景色显得杂乱无章。假设不留出一点儿富裕的空间，将使通风和采光受阻，潮气加重，导致树木易受病虫害。

如系从建筑物四周房间都能看到的内院和院内小庭园，则应考虑将哪个房间观赏到的院内景物作为重点来配植树木。

在面向日式房间的情况下，即使不特别对树木加以选择，只要放置石灯笼和景石之类，即可营造出和风的氛围。

对着西式房间的内院和院内小庭园，其地面铺装可以使用砂砾、砖石和马赛克等材料（图1②）。砂砾，则以棕褐色系最为理想。单用卵石以及白色或黑色的砂砾，亦可表现出和风。砖石的地面铺装图案成左右对称的锯齿状，看上去十分规整。在院内设置花坛和摆放植木钵，也是营造西式氛围的一种方法。

在对内院进行绿化时，搬运土和树木要经过房间，如室内设施已经就位的话，将使养护管理很不方便。因此，绿化施工要尽可能提前与建筑工程协调。

代表性树种
中高木
粗构、野茉莉、冬青、竹类、山茶类、娑罗、南天竹、野村红叶、桦木、四照花、乌饭
灌木·地被
桃叶珊瑚、大花六道木、小紫式部、矢车菊、瑞香、大叶黄杨、枅木

图1 内院配植例

①对着日式房间的内院

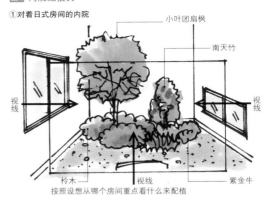

按照设想从哪个房间重点看什么来配植

②对着西式房间的内院

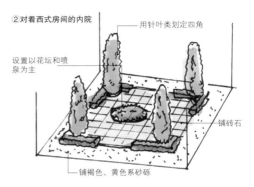

用针叶类划定四角
设置以花坛和喷泉为主
铺砖石
铺褐色、黄色系砂砾

屋顶庭园中不能有败笔！

屋顶绿化，主要是土的荷载问题。一般情况下，树木生长所需的土层厚度，草花和地被为20cm、低木30cm、中木50cm，3m以上的高木不应少于60cm（图2）。栽植3m的高木时，仅将所需土壤换算成重量便超过800kg[1]，还没有加上树木和容器的重量。故而很有必要事先确认建筑物的结构能否充分承受这些荷载[2]。

根据建筑物的荷载极限，在无法填入普通土壤的情况下，可使用比重仅为普通土壤1/2～1/3的人工土壤。不过要注意，人工土壤易被风吹散，或可致树木倾倒。栽植用容器的底面要铺金属网，将根系置于其上，再用绳带牢牢固定（图3），或者采用牵拉方式固定树干，以防止树木倾倒。为了防止土壤、地被和低木被风吹走，可采取在其上面覆盖防护网的措施（图4）。

屋顶上阳光充足，经常有风，是比较干燥的场所，因此如将不太需要水分的树木作为绿化结构的主体，在管理上会轻松一些。适宜的树种为鳄梨等常绿阔叶树，类似叶片较薄、怕干燥的枫等落叶树则不合适。地被中的景天，因其耐干燥，而且对土壤层厚度要求不高，故而经常被用到。只是在清理杂草和施肥等方面要费些工夫。

图2 树木所需土层厚度

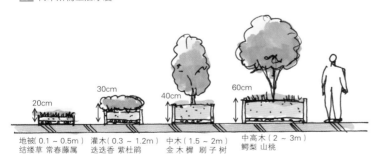

20cm
30cm
40cm
60cm

地被（0.1～0.5m）
结缕草 常春藤属

灌木（0.3～1.2m）
迷迭香 紫杜鹃

中木（1.5～2m）
金木樨 刷子树 橄榄

中高木（2～3m）
鳄梨 山桃

*1: 面积1m²、厚10cm的土壤，重量约140kg
*2: 还要加上管理者和设备等的荷载

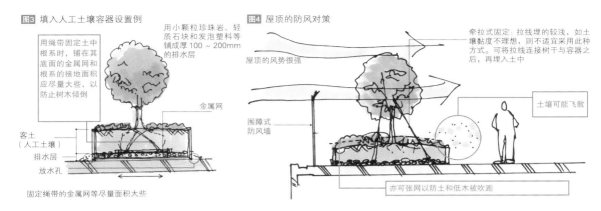

图3 填入人工土壤容器设置例

用绳带固定土中根系时，铺在其底面的金属网和根系的接地面积应尽量大些，以防止树木倾倒

用小颗粒珍珠岩、轻质石块和发泡塑料等铺成厚100～200mm的排水层

金属网

客土（人工土壤）

排水层

放水孔

固定绳带的金属网等尽量面积大些

图4 屋顶的防风对策

屋顶的风势很强

围障式防风墙

牵拉式固定：拉线埋的较浅，如土壤黏度不理想，则不适宜采用此种方式。可将拉线连接树干与容器之后，再埋入土中

土壤可能飞散

亦可张网以防土和低木被吹跑

屋顶，可以说是个适于暖地性的果树和柑橘类生长的环境；而且，还具有因经常有风不易生虫的优点。不过，结大果的树木，果实成熟后一旦落下来也有危险，配植时应确保其枝条不超出屋顶范围。不想被野鸟啄食的果树，可考虑加盖防护网。

人工土壤的有机质含量大都比较少，因此对蔬菜以及开大花的草花类不太适宜。在开始制定屋顶庭园的结构、土壤选择和防风对策方案之前，要先征询业主意见，了解其打算在屋顶上栽植些什么。

代表性树种
中高木
罗汉松、槐、橄榄、柑橘类、夹竹桃、柽柳、黑松、月桂、石榴、合欢、刷子树、全手叶椎、丝兰类
灌木·地被
矢车菊、海桐花、秋田胡颓子、结缕草、垂岩杜松、平户杜鹃、迷迭香、景天类

墙面绿化有3种形式

墙面绿化，大体上分为3种类型：①自地面向上生长的绿化，②自屋顶下垂的绿化，③用土壤替代物[3]覆盖墙面的绿化（图5）。

①型根据树木生长形态来决定是否使用格栅和绳带等牵引材。蔓草、爬山虎和常春藤属具有吸附墙壁攀缘的性质，除非墙面处理的非常光滑，均可依靠自己的力量向上生长。藤、木通、金银花和卡罗来纳茉莉等系缠绕着向上攀爬，因此有必要在墙面张拉绳带或设置格栅。绳带和格栅，只要能被植物缠绕上，使用什么材料都没关系。只是植物伸展的枝条前端都很柔弱，不要选择那种一经日晒很快变热的材料。

为使藤类植物爬满整个墙面，要留出可供根系充分伸展的空间。该类型要求的条件是，确保建筑物墙下有足够的土壤[4]。

②型和③型受到容器和纤维帘等活动栽植块所占空间的限制，不可能单用1个栽植块来进行大面积绿化。易被风吹日晒的墙面绿化，干燥得很厉害，经常显出水分不足的征兆，必须定期浇水，确保水分充足。②型和③型的墙面绿化，可选择耐干燥的垂岩杜松等树种。

适于墙面绿化的代表性树种
常绿（半常绿）
卡罗来纳茉莉、金银花、扶芳藤、茑萝、西番莲（暖地）、咖喱藤、南五味子、常春藤属
落叶
通草、猕猴桃、铁线莲、绣球藤（寒冷地区）、南蛇藤、山荞麦、中国莒、爬蔓蔷薇、藤

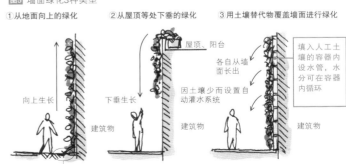

图5 墙面绿化3种类型

①从地面向上的绿化

向上生长

建筑物

确保足够的土壤量，以使根系充分伸展

②从屋顶等处下垂的绿化

屋顶、阳台

各自从墙面长出

下垂生长

建筑物

③用土壤替代物覆盖墙面进行绿化

填入人工土壤的容器内设水管，水分可在容器内循环

因土壤少而设置自动灌水系统

建筑物

树木释要
柽柳 原产中国的落叶中高木。直立的树干上分出众多枝杈，细枝秋季变黄后脱落。春秋两季枝头开放许多长1mm左右的桃色小花 | 景天类 景天草科万年草属多年生草总称。如麒麟草、万年草和藤红景天等 | 山荞麦 蓼类低木。全长15m左右。6～10月开许多白色小花 | 中国莒 全长3～10m。羽状复叶由7～9枚小叶组成。7～9月开橙黄色漏斗形房状花序的花 | 丝兰类 龙舌兰科丝兰属植物的总称。如丝兰和君代兰等

*3.用椰树纤维垫覆盖墙面
*4.关于使用攀缘植物绿化，请参照本书153页

充分利用绿色空间的20种技巧

像针叶花园和北欧风花园那样独具特色庭院的建造，对我们的绿化设计很有借鉴意义。这里介绍的20种配植技巧，从形象树的选择着手，涵盖了野趣十足的、使用棚架的以及和风的等各种庭院的营造方法。

形象树的选择方法

　　形象树是一种作为房屋和建筑物的象征构成庭院中心的树木。受用地限制，也有不少庭院仅栽植了1～2棵树木。类似这样的庭院，该选哪棵做形象树，则成为绿化设计上的关键课题（表）。

　　形象树的选择，基本上是以树形、表现季节变化的花朵和红叶等作为线索，而且选中的树木要与业主所希望的庭院风格吻合。

　　那种形态美如画的树木，像日本伞松、中国罗汉松和枫的园艺种等，即使只有1棵也足够了[*1]。如要构建可欣赏四季演变的庭院，适合选用山茱萸和樱类等树木[*2]。

　　还有关于其来历有着很多传说的松类和竹类，也适宜做形象树[*3]。此外，诸如引进与业主名字意思相通的树木，或者植入出身地的市树和市花等，也不失为一种好方法[*4]。

　　形象树应植于门厅、大门周围、主院中心或屋顶等容易被人看到的场所（图1）。要凸显出形象树，植于其四周的树种应选择什么很是关键。假如形象树选择了开放美丽花朵的四照花，那么它的四周就不能再植入同期开花的树木[*5]。

图1 形象树配置场所

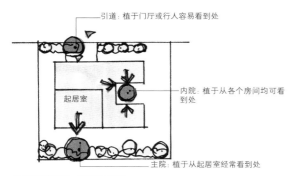

- 引道：植于门厅或行人容易看到处
- 内院：植于从各个房间均可看到处
- 主院：植于从起居室经常看到处

起居室

表 适合做形象树的树木

常绿针叶树	北海道红松、红松、黑松、五针松、日本伞松、赤松、德国桧、中国罗汉松
常绿阔叶树	橄榄、金木樨、银叶刺槐、枸杞、铁冬青、斑点白蜡、白柞、广玉兰、厚皮香、山茶类、山桃
落叶阔叶树	鸡爪枫、梅、野茉莉、辛夷、樱类、百日红、九芎、欧洲七叶、四照花、流苏、山茱萸

*1：树形特殊的树木，参照本书120页
*2：可欣赏四季变化的庭院，参照本书106页（红叶）、112页（鲜艳的花朵）和124页（醒目的果实）等
*3：有来历的树木，参照本书151页
*4：各地风俗不同，据说有的地方生女孩植上一棵桐树，待女孩出嫁时再用这棵桐树制成陪送的家具。因此，形象树的选择亦不妨参照这样的传统
*5：要栽植的形象树树种确定之后，即应去花木市场查看实物。即使已利用图鉴和样本选择了树木，到实际栽植时，也常会发现实物与想象的不一样

用整形物装饰庭院

营造日本庭园以及和风庭院，有一种技法叫做"整形"。所谓整形系指用人工将树木修剪成与其自然树形[*6]不同的形态，让横向伸展的枝条像帽子一样扣在门楣上方成为门冠；抑或将枝条前端剪薄，看上去似贝壳状等（图2）。

整形物因需要由工匠修剪，养护管理比较麻烦，加之和风色彩过于突出，目前在绿化中已很少应用。不过，树叶像颗粒一样散开的圆粒状整形树，呈现出几何形态，无论日式还是西式的住宅均可使用。

配置整形物时，不要觉得是在植树，可以将其看成摆放雕塑那样的平面设计。作为背景，不管是绿篱还是绿地，都要休整得平坦一些，使整形物造型上的特点凸显出来。为了便于管理，不要忘记在整形物周围留出通道。

图2 代表性的树木整形

众武士 紫木莲 野茉莉

盆杉 杉

全剪 红叶悬铃木 全缘冬青

拟棒 粗构

垂枝形 垂梅 东亚唐棣 垂柳

圆粒 红松 犬黄杨 罗汉松

贝壳 红松 犬黄杨 罗汉松

阶梯 犬黄杨 杉

标准形 犬黄杨 金翠园 蔷薇

圆锥形 犬黄杨 伊吹米登

门冠 红松 犬黄杨 百日红

球形 紫杜鹃 吊钟花 小黄杨

动物造型 犬黄杨 金翠园

圆筒形 犬黄杨 伊吹米登

观赏植物造型艺术

相对于和风整形物，还有一种动物造型的西式整形物[*7]（图2）。

在英国和法国的老式庭园中可以见到，从幼树时期开始，历经数十年一点点休整的树木。在日本看到的，大都是将一棵棵经过修剪的大树配植起来。此外还有一种动物造型方法，系用金属丝制成骨架，再让蔓草和迎春花等攀缘植物缠绕在上面生长。

适合动物造型的树种，都是耐强修剪的树木。如犬黄杨之类，枝叶又细又密，比较容易整形。叶色较浓的树种，则更具存在感。

从整体布局上看，要安排1棵动物造型的整形树，则不如配置数种的效果好。譬如，将兔子与乌龟的造型摆放在一起，便可演绎出一段故事（照片）。

要保持动物造型不变，必须定期进行养护管理。不过，那些很耐修剪的树种，即使因

出错被剪掉不该剪掉的部分，要不了多久，就会自行矫正过来。因此，不妨建议业主自己来做这件事。

代表性树种
中高木

红豆杉、犬黄杨、厚皮香、全缘冬青、罗汉松、伊吹米登、东北红豆杉、茶梅、小黄杨

灌木

蔓草、东北红豆杉、紫杜鹃

照片 动物造型

以蔓草制成的大象家庭造型

*6. 自然树形，参照本书 120 页
*7. 使用常绿针叶树中的红豆杉，分别将其修剪成圆锥似的几何形、或圆筒和灯台等形状。大都是模仿国际象棋中的棋子造型，以及门柱和穹顶之类的庭院内结构物。如同在游乐设施中常见的各种角色造型，用植物制成的动物造型也同样可以营造出庭院的快乐气氛

使用针叶树将庭院造型化

英文中的 conifer 一词，系圆锥体常绿针叶树的总称 [*1]。完全由圆锥体针叶树构成的针叶花园，尽管一年四季几乎看不到变化，但却给绿色不多的冬季平添了几分魅力。

针叶树最大的魅力，在于具有自然树形的美感。纤细的、粗壮的、圆球状的、三角形的、枝条低垂的、匍匐于地面的……那多种多样的姿态所具有的造型美，简直就像用人工修剪出来的一样（图 1）。

叶子不仅有浓淡不同的绿色，还有如黄叶的欧柏格尔德和蓝叶的蓝柏那样，呈现出多种颜色。

有鉴于此，配植的关键就在于，不但要考虑造型结构，而且应将其像积木一样组合起来，作为立体庭院进行构建（图 2）。

针叶树的生长较慢，落叶也不太频繁，因此管理相对容易 [*2]。差不多所有的针叶树都喜阳光，讨厌闷热和潮湿，因而应选择阳光充足、通风良好的场所栽植。

图1 针叶类树形及其代表性树种

圆锥形（阔、狭）

北海道红松、红豆杉、东方侧柏、花柏、蓝柏、北美香柏、扁柏、欧柏格尔德、科罗拉多云杉、利兰塞普拉斯等

细圆锥形（笔形）

欧柏、丛生刺柏、哨兵、欧洲红豆杉、杂色复叶槭等

半球形·球形

金伽罗木、北美香柏水珠、北美香柏丹妮卡、北美香柏茉恩格尔德、北美杉格罗斯等

俯卧（匍匐）形

昆士兰柏、太平洋蓝柏、深山垂岩杜松等

用果树构筑围障

将果树沿水平方向或垂直方向配植成平面，使之形成一道围障，被称为"绿栅栏" [*3]。用于这种场合的果树，枝条有的弯曲、有的舒展，均具有爱结果的特点 [*4]。通过平面整形，使散开的叶子更易接受阳光，应该说绿栅栏也是一种合理的果树绿化手法。

虽果树种类不限，但是苹果树的果实个头则更大些，尤其醒目。还有一点应注意，为了让叶子得到更多的日照，要将其配植在朝阳的地方。

如绿篱，可将果树植于支柱间，主干与支柱的间隔约为 500～800mm（图 3）。为了确保栽植后进行修剪、整形和牵引等作业所需要的空间，相邻果树树干间的距离应与绿篱高度一致。

代表性树种
中高木
杏、梅、柿、花梨、金橘、酸橙、沙果、榅桲、苹果
灌木·地被
海棠、山樱桃

图2 针叶花园配植例

①平面

高木·圆锥形：
北海道红松（形象树）、德国桧

中木·圆锥形：
蓝柏

中木·圆锥形：
欧柏格尔德

低木·球形：
北美香柏丹妮卡

匍匐形：铺地柏

低木·匍匐形：
金叶花柏（矮种）

匍匐形：蓝色地毯柏

低木·圆锥形：北美杉蒙哥马利

②立面

绿色：北海道红松（形象树）、德国桧

蓝色：蓝色地毯柏

黄色：欧柏格尔德

蓝色：蓝柏

蓝白色：北美杉蒙哥马利

绿色：铺地柏

绿色：北美香柏丹妮卡

黄色：金叶花柏

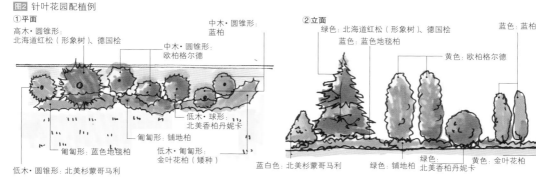

*1：本指结松果那样球果（cone）的针叶树；但通常多指欧柏和欧柏格尔德那类欧美树种
*2：免管理庭院，参照本书 133 页
*3：绿栅栏原指果树绿篱。现已不局限于果树，凡平面整形的绿篱亦多称绿栅栏
*4：树木的自然形态一旦被矫正，或自感生存的危机，会结出更多的果实
*5：关于树木的故事多为其利用者所杜撰。颇像桦的野茉莉，因具有从远处看十分醒目的树形，在江户时代，常将其作为里程确植于路边
*6：南天竹因系生长于中国南方而得名

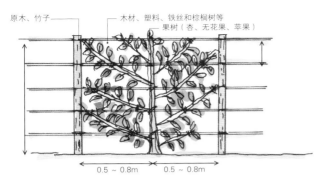

图3 绿栅栏配植例

原木、竹子

木材、塑料、铁丝和棕榈树等
果树（杏、无花果、苹果）

0.5～0.8m　0.5～0.8m

图4 棚架配植例

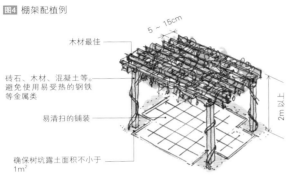

5～15cm

木材最佳

砖石、木材、混凝土等，
避免使用易受热的钢铁
等金属类

易清扫的铺装

确保树坑露土面积不小于
1m²

2m以上

欣赏用途广泛的棚架

棚架也是欣赏藤类攀缘植物的一种手法（图4）。不少业主希望能将桌椅摆放在棚架下作为休憩空间，或者将其代替车库使用。

尽管棚架上缠绕着藤之类的攀缘植物，可是并非只要任其自然生长就会成为主人想象中的样子。如果棚架板条的间隔在5cm左右，植物的蔓可自行缠绕，无需人的帮助。然而，板条间隔一超过10cm，就非用人手牵引不可。

至于树种的选定，则取决于棚架的利用方式。譬如，夏季遮阳用，选择落叶树比较合适。虽然常绿树亦无不可，但一般的攀缘植物均生长迅速，很快就变得郁郁葱葱，有可能使棚架下显得过于阴暗。

栽植密度，按棚架面积计，以1株/5m²便足矣。只是栽植初期因密度低，显得疏落一些。还有一种方法，就是后期的管理比较麻烦，按1株/1m²的密度栽植，过几年之后再进行间伐。

棚架下经常会有树液、蜜汁、花蕾、残叶以及麇集在植物上的虫鸟的粪便等，很难想象有多脏。因此，在决定棚架下的利用方式时，亦不能不考虑到这一点。

利用带神秘色彩的树木营造庭院

本来随便挑选的树木，却往往蕴含着一段有趣的故事（表）。应该事先了解有关树木的来历和传说，并在配植时充分利用这一点，使其成为建筑物和庭院的象征，或将其作为由头。有时，亦可避免使用那些传说会带来霉头的树种。

树木除有世界通用的专门拉丁名（学名）外，还有仅限于某个国家和地区通用的名字。其中，有不少是按照植物花叶的颜色、形态和特性，以及原生的场所等来命名的[5]。

譬如海桐的日文"扉"，即因其叶茎有异味，枝条被用来插在门扇上辟邪而得名（扉之木）。尽管如此，亦不妨将其配植于门厅周围（见本书90页事例）。

名称蕴含着来历的树木，还有用于新年装饰的草珊瑚和朱砂根等。二者的日文汉字后面都是一个"两"字，会让人联想到金银的重量单位，转而演绎出一段招财进宝的故事。南天竹的日文"南天"读如"难转"，作为可转运的象征物，亦被用作庭院树木[6]。

此外，像山茶即使花谢后花柄亦不落，让人联想到"掉脑袋"，被看做不吉祥的象征。尽管花很漂亮，但有的人仍很忌讳。因此，一定要先征询业主意见。

适用于棚架的代表性树种

果树·蔬菜

木通、猕猴桃、苦瓜、葫芦、丝瓜、葡萄、木瓜

花木

金链花、喇叭忍冬、山荞麦、簕杜鹃（亚热带）、藤

表 有来历的树木

植物名称	相关传说
海桐花	枝叶有异味，被认为可辟邪
枸木	有刺，可除恶
南天竹	转运
虎皮楠	新芽生出前老叶不落，象征家庭有序、人丁兴旺，香火绵延不绝
草珊瑚朱砂根紫金牛（一两）	日文单词均缀有"リョウ"，发音同钱币重量单位"两"，转而指招财进宝。此外，如紫金牛属中的百两金，以及亦将紫金牛称为"十两金"等
蚁通	草珊瑚和朱砂根（日语发音分别如"千两"和"万两"）合并后的日文名称，原文"アリドウシ"，意即"总有"

树木释要 海棠 落叶低木。花似木瓜。因果实似梨，故亦称"地梨"。 | 榅桲 原产西亚～高加索地区的落叶中高木。黄色果实似花梨。果实成熟前表面覆盖一层白色绒毛。5月前后开泛淡橙色的白花

第4章　住宅绿化100种技巧 | 151

在庭院里栽植草皮的窍门

草皮大致分为"夏型"和"冬型"2种。夏型草皮指日本结缕草和高丽草[*1]等，夏季碧绿，冬季枯黄。而冬型草皮则夏季萎靡、冬季呈绿色，如高原草[*2]和六月禾[*3]等。要想一年四季绿草如茵，可以选择此类品种[*4]。

无论夏型还是冬型均喜阳光，若将其植于日阴超过半天的场所，都会因生长不良而枯死。因此，必须确保绿化场所有充足的日照（图1）。

草皮可以承受一定程度的踩踏。但是像通道之类平时经常有人行走的地方，频繁踩踏产生的压力会使草皮因根系受伤而枯死，故不宜栽植。

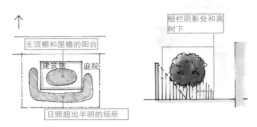

图1 草皮的生长环境

①容易生长的环境　　②不易生长的环境

栅栏阴影处和高树下

无顶棚和屋檐的阳台

建筑物　庭院

日照超出半阴的场所

代表性品种
夏季型
弯叶画眉草、百慕达草、高丽草、圣奥古斯丁草、日本结缕草、TIFF矮人、野牛草、狗牙根、小高丽草
冬季型
黑麦草、肯塔基风铃草、高原草、爱芬地毯草

使用蕨类植物的庭院设计

羊齿类常被用于和风庭院。将其植于高木脚下或作为景石的背景，可营造一座充满山野气息的庭院（图2）。

羊齿的种类很多。如可营造温馨氛围的凤尾草[*5]、让人稍感硬朗的红盖鳞毛蕨[*6]以及色彩浓郁和形态坚挺的细叶苏铁[*7]等，都属于较粗壮的羊齿类；而掌叶铁线蕨[*8]就稍稍瘦弱一些。草苏铁[*9]的体量较大，如果密植，可作为低木对待。像苔藓那样匍匐于地面的鞍马苔[*10]，其实也是羊齿类。此外，在冲绳被作为低木利用的块茎蕨[*11]，也适

用于南国情调的庭院。十字蕨[*12]是一种日本广泛生长的粗壮品种，无论日式庭院还是西式庭院，均可使用。

人们很容易认为，羊齿类应植于潮湿的日阴处。其实，有阳光的地方也可以栽植。而且，尽管羊齿类喜水，但却讨厌积水的洼地。因此，要使羊齿类的生长环境始终保持排水通畅、没有积水。

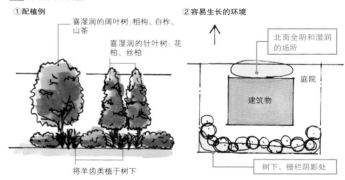

图2 羊齿类的栽植

①配植例　　②容易生长的环境

喜湿润的阔叶树：粗构、白栎、山茶

喜湿润的针叶树：花柏、丝柏

北面全阴和湿润的场所

庭院

建筑物

将羊齿类植于树下　　　树下、栅栏阴影处

代表性树种
凤尾草、草苏铁、掌叶铁线蕨、鞍马苔、十字蕨、铁角蕨[热型]、块茎蕨[热型]、箱根羊齿、红盖鳞毛蕨、细叶苏铁

※[热型]系指适宜在室内或冲绳地区室外生长的植物

生长苔藓的庭院条件

苔藓与羊齿一样，也是和风庭院特有的素材。不过，当庭院内的空气湿度降低时，立刻变得十分萎靡，其生长状况受制于庭院的条件。而且，栽植后的管理也相当麻烦。

苔藓之所以呈现美丽的绿色，系因茎叶含水膨胀所致；只要一干燥，茎叶便收缩，显现出茶色[*13]。因此，庭院最好始终保持一定的环境湿度。如砂苔（照片）之类，亦可用于屋顶庭园等处。苔藓中虽然也有生长在阳光充足场所的品种，但是大多数还是喜半阴或日阴处。苔藓对土壤的pH值很敏感，多半都喜弱酸性，讨厌含氯较高的自来水。

*1：较日本结缕草的叶茎更小，呈浓绿色，无须频繁刈割。但不如日本结缕草那样耐寒 *2：叶色泛蓝，常用于高尔夫球场等 *3：叶色浓绿。早期生长缓慢，但抗病性强 *4 为保持草坪清洁，定期刈割、缝隙填土、清除杂草和施肥等植后管理很重要 *5：凤尾草科凤尾草属。日本东北南部～冲绳一带可栽植 *6：雄羊齿科雄羊齿属。新芽整体呈红色 *7：羊齿植物门雄羊齿科植物的总称。*8：蕨科五指蕨属。叶似孔雀羽毛，故日语称为"孔雀蕨"*9：雄羊齿科草苏铁属。遍布于日本九州以北山野地区 *10：卷柏科卷柏属。常用于覆盖树荫处地面 *11：真羊齿科西洋冷杉茜草属。自生于日本南部地区 *12：雄羊齿科盾蕨属。自北海道至九州均有生长。温暖地区常绿。叶呈十字状为其名称之由来 *13：频繁开圆的环境中易枯死

代表性品种

杉苔、金发藓、伞苔、砂苔、灰藓、扁柏藓

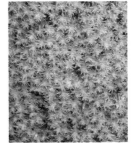

照片 砂苔

紫萼藓科。喜欢向阳的沙质土

利用竹子营造庭院

由于竹子能够有效地绿化狭窄空间，因此在住宅绿化中也常被作为素材使用。通常用的竹子是南竹和刚竹，栽植后可长到 7m 高左右，从二楼窗口即可观赏到竹叶[14]。如果要栽植体量比南竹小一点的品种，可选择黑竹、唐竹、业平竹和蓬莱竹等[15]。

竹子有茎干讨厌直射阳光、而叶子喜光的特性，因此像内院那样阳光从正上方投射下来的环境，最适于其生长。但要注意的是，一旦通风不畅，便会寄生瓢虫之类（图3①）。

竹子因其根系分布广阔，故将其用于绿化往往都持谨慎态度。不过，如果能够自地面向下 1m 左右深，用混凝土等将其根部围绕起来作为屏障，对其根系向四周伸展的那种担心或者可减轻一些（图3②）。

代表性品种

龟斑竹、金明竹、黑竹、四方竹、棕榈竹、业平竹、毛竹、蓬莱竹、布袋竹、刚竹、孟宗竹

图3 竹类的栽植

① 竹类生长环境

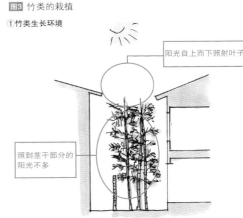

阳光自上而下照射叶子

照到茎干部分的阳光不多

② 抑制竹类根展的方法

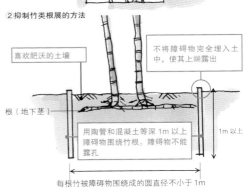

喜欢肥沃的土壤

不将障碍物完全埋入土中，使其上端露出

根（地下茎）

用陶管和混凝土等深 1m 以上障碍物围绕竹根。障碍物不能露孔

1m 以上

每根竹被障碍物围绕成的圆直径不小于 1m

让地面和墙面爬满藤类植物

藤类植物大致分为落叶和常绿 2 种类型。落叶型如爬山虎，秋季叶子变成红色。而且，该类型的藤耐海风能力也较强，即使在半阴处仍可成活，可靠其前端带吸盘的卷须攀附生长。

常春藤属等[16]，即系常绿型。其叶子的形状和颜色多种多样，耐阴和干燥的能力强，常用于地面覆盖和墙面绿化等。

藤类植物的生长非常迅速，尤其是爬山虎，如果生长条件完备，1 年可伸长 5m 左右。不过，爬山虎和常春藤的萌芽力很强，需要加以修剪才能调节其生长。

附着于墙面的藤类植物，不仅可以向上攀爬，也能够向下伸展。因此，要想使其生长范围更加广阔，就应确保较大的地面面积。至于栽植密度，如要早期绿化，间隔约为 15 ~ 20cm；否则可设为 30 ~ 100cm（图4）。

代表性品种

常春藤属、加那利常春藤、革叶常春藤、银边加拿利常春藤、草叶常春藤、爬山虎

图4 藤类的栽植

① 与地面关系

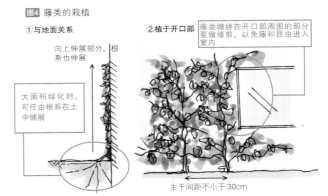

向上伸展部分、根系也伸展

大面积绿化时，可任由根系在土中铺展

② 植于开口部

藤类缠绕在开口部周围的部分要做修剪，以免藤和昆虫进入室内

主干间距不小于 30cm

*14：竹类一年可长至 6m 高，但不过 7 年左右即枯死，故应将已枯死的竹子贴根砍掉。竹竿本身命则长达 30 ~ 60 年　*15：热带型竹类称为 bamboo，竹笋不是向四面伸展的地下茎型，而是竹杆自身膨胀的结果。如蓬莱竹等　*16：常春藤属中有科西嘉、加那利、螺旋和棱叶等 4 个种，除日本原种的棱叶常春藤外，其余统称为常春藤属

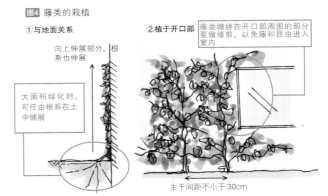

营造小鸟嬉戏的庭院

庭院里只要有了果树和花木，即使不专门设置饵料台之类的物件，也会吸引绣眼鸟和夜莺等野鸟飞来。如同"梅莺相伴"的说法，鸟儿在庭院树木上飞来飞去的样子，自古以来就是人们熟悉的景象。

鸟儿喜欢梅、野茉莉和樱等鲜花和果实都十分漂亮的树木，要想留住鸟儿在庭院内嬉戏，便应将这些树木植于阳光充足的场所[*1]。但凡人易接近的环境，鸟儿都很警觉。因此，要采取栽植树下草等手段，使人平时难以靠近树木。在小动物经常出没的地方，周围一带最好不再进行绿化（图1）。

鸟儿除了要吃树木的花和果实，还会撒下粪便。结果的树木，配植时要使其枝条与阳台和晾晒场所之间保持一定距离。因为野鸟的粪便可能给周围住户造成损害，所以要经过仔细斟酌再做树木的配置。

图1 果树配置注意事项

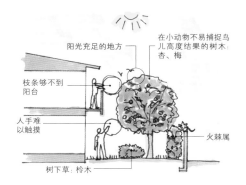

阳光充足的地方 — 在小动物不易捕捉鸟儿高度结果的树木：杏、梅

枝条够不到阳台

人手难以触摸

火棘属

树下草：柃木

营造满眼自然风光的庭院

要使庭院展现出自然景象，就不能采取那种间隔相同、左右对称和线条笔直的方式配置树木（图2）。

最好不用园艺品种，而选择自生于山野中的树木。其代表性的中高木有：柞、小橡子、四手和槲。如再将真弓、野茉莉和紫式部等混入其中，便可营造出关东武藏野杂木林的氛围（图3）。

使用的高木，与其选择直干型的，不如丛生[*2]的更好些。还可分别植入溲疏和野杜鹃等低木、剑兰和吉祥草[*3]等地被以及细竹类等，连树木脚下也像杂木类一样。树木的体量，则以3棵左右的高木为中心，再适当搭配中木和低木。

为避免枝条长得过长，可以进行修剪；但不应将其修剪至整形

图3 杂木林型配置

①平面

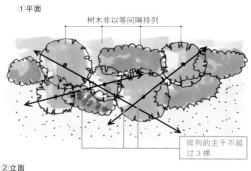

树木非以等间隔排列

排列的主干不超过3棵

②立面

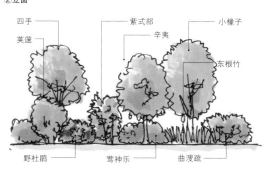

四手　莱蒾　紫式部　辛夷　小橡子　东根竹

野杜鹃　莺神乐　曲溲疏

图2 树木的人工型配置和自然型配置

①人工型配置

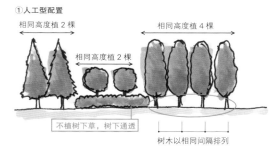

相同高度植2棵　相同高度植4棵

相同高度植2棵

不植树下草，树下通透

树木以相同间隔排列

②自然型配置

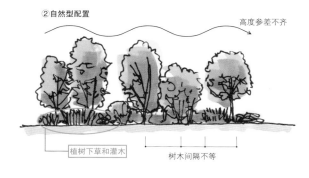

高度参差不齐

植树下草和灌木

树木间隔不等

*1：结果树木，参照本书 124 页

*2：直立和丛生，参照本书 121 页

*3：铃兰科吉祥草属。常绿多年草。喜半阴处，8～10月开淡红紫色花。晚秋结红色果实

*4：常绿的杜鹃与松和枫相比，是一种更具和风特点的树木。在欧洲属于常绿低木，鲜见开花品种，将其作为庭院树木并不醒目

的程度。此外，类似蔷薇和木瓜那样的树木，花朵太大，又过于鲜艳，看上去有人工雕饰的感觉，不宜用于此类风格的庭院。

代表性树种
中高木
槲、四手、野茉莉、柞、辛夷、小橡子、娑罗、紫式部、山茱萸、山樱、栀子
灌木·地被
溲疏、雄荚蒾、荚蒾、吉祥草、曲溲疏、蝴蝶花、糙溲疏、棣棠、野杜鹃、剑兰

营造日式庭院的窍门

从某种意义上说，自然风的庭院就是和风庭院。如果将鸡爪枫、松和杜鹃等树木植入庭院，再配上景石和石灯笼之类的造景物，营造出的传统庭院也相当受人欢迎。这样的庭院，绿化结构可以青冈栎等常绿树为中心，搭配一些红叶树木，如春天红叶的杜鹃和秋天红叶的枫等。

庭院的背景，则由厚皮香、全缘冬青、白柞和粗构等高木构成，将红叶的枫类作为主树配置在其前面。主树的配置并非左右对称，因而亦不位于庭院中央。与满眼自然风光的庭院一样，树木间隔大小不等，横向看去亦未排成一条直线（图4）。

在树木成对排列的情况下，使其树高不等，也会产生变化。要避免将种类相同、体量接近的树木按偶数排列，那会显得很不自然。

还可以将低木中的紫杜鹃、石岩杜鹃和久留米杜鹃等叶子较小的常绿种杜鹃修剪整形，相互连接后看上去似地面的隆起 *4。亦可用柃木和茶树等代替杜鹃。

代表性树种
中高木
红松、土松、粗构、鸡爪枫、梅、杨桐、茶梅、东亚唐棣、白柞、全缘冬青、厚皮香、野山茶
灌木·地被
小叶山茶、东北红豆杉、石岩杜鹃、紫杜鹃、茶树、南天竹、柃木紫金牛

代表性树种
中高木
野茉莉、铁冬青、珊瑚树、白柞、吊花木、娑罗、真弓、厚皮香、山茱萸、山桃
灌木·地被
草皮、斑点剑兰、富贵草

图4 日式庭院配植例

① 树木的配置

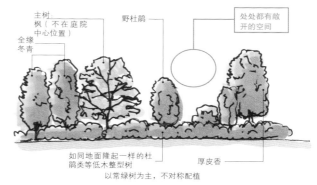

主树（枫（不在庭院中心位置）、全缘冬青、野杜鹃、处处都有敞开的空间

如同地面隆起一样的杜鹃类等低木整型树 ｜ 厚皮香

以常绿树为主，不对称配植

② 造景物的配置

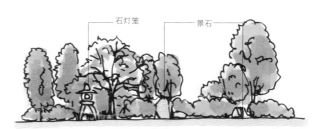

石灯笼 ｜ 景石

配置上石灯笼和景石之类的造景物，使和风氛围更为浓重

将日西两种庭院连接起来

本书129页讲过的一种营造方法，使庭院无论从西式房间、还是从和式房间往外看均没有不调和感。这里再介绍一种将和风庭院与西式庭院连接起来的方法，重点阐释衔接两种风格庭院的过渡部分树木要怎样配植（图5）。

过渡部分的绿化，基本上由低木以及野草和草皮等和西均宜的树种构成。遮隐建筑物近处的低木和中木，成为两种庭院的模糊界线。如果接续部分的庭院背景树，再较多地使用常绿树，这样连接起来的两个庭院，即使同时望去也没有不调和感。

图5 将和西两种庭院连接起来的配植要点

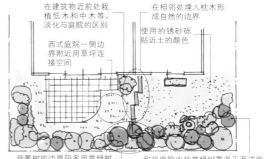

在建筑物近前处栽植低木和中木等，淡化与庭院的区别 ｜ 在相邻处埋入枕木形成自然的边界

西式庭院一侧边界附近草坪连接空间 ｜ 使用的锈砂砾贴近土的颜色

背景树的边界段多用常绿树 ｜ 和风庭院中的常绿树要多于西式庭院

树木释要 鸢神乐 落叶低木。叶无毛，嫩叶边缘呈暗紫红色。5～6月前后生出新叶的同时开出淡紫色花。6月左右，直径约1cm的椭圆形果实成熟后变成红色 ｜ 臭木 落叶低木。较肥的卵形叶面密生细毛，有异味。8～9月开许多带香气的白花。果实变成蓝色即成熟，可制成染料 ｜ 曲溲疏 落叶低木。三角状阔卵形叶边缘带浅齿。5～6月前后直径约4mm的白花 ｜ 糙溲疏 落叶低木。卵形叶表里均有毛，质感粗糙。5～6月前后长约5mm的白花

利用常绿针叶树营造北欧风格庭院

北欧风格庭院的绿化，系以冷杉等常绿针叶树和喜凉爽气候的西洋酸橙及西洋壳斗科落叶阔叶树为主体。因此，栽植什么样的常绿针叶树，便成为庭院能否表现出北欧风格的关键。在常绿针叶树中，适宜的树种有德国桧和北海道红松等。而罗汉松等真木类以及凸显和风的红松和黑松，则不用为好；还有常绿阔叶树中的中高木和低木亦应排除在外。

有着青铜色叶子的科罗拉多云杉，能很好地营造出北欧氛围；但北美杉和北美香柏，因自生于美洲北部，严格地说不能用来表现北欧风格。不过，由于北美与北欧的氛围相去不远，因此即使将它们组合在一起，也不至于影响到庭院整体上给人的印象。

常绿针叶树的自然树形为圆锥形，是一种不用修饰的几何形状。因此，无论随意配置还是等距配置，在绿化设计方面均可收到匀称的效果。在开口部间隔相等或建筑主体对称、平面设计很规整的情况下，可采用等间隔栽植方式；反之，则可用大小和高低参差不齐的树木随意配置。亦即，树木的配置方式应与建筑物的设计概念一致（图1）。

在树木下面不植低木，而是配植草皮、地被和雪莲[1]那样的球根类，则显得更加平整和清爽。

图1 北欧风格庭院配植例

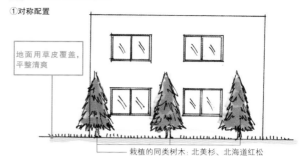

①对称配置

地面用草皮覆盖，平整清爽

栽植的同类树木：北美杉、北海道红松

如建筑物造型规整，树木的选择和配植亦应整齐划一

②非对称配置

德国桧

北美杉

北海道红松

深山圆柏　　球根类：雪莲、席勒、铃兰

如建筑物造型或开口部形态不规整，可采用随机配植方式

代表性树种
中高木
北海道红松、红豆杉、北美红杉、德国桧、雪松、北美杉、冷杉
灌木・地被
石楠类（希思）、席勒、铃兰、雪莲、西洋结缕草、深山圆柏

用纤细的叶子营造出地中海氛围

或许受地球变暖和热岛效应的影响，以城市为代表的日本气候也逐渐温暖化，同时干燥得越来越近似于地中海气候。譬如在东京，30年前户外不能成活的柠檬和橄榄，现在也可以栽植了。由此可以认为，一个适于营造地中海风格庭院的环境已经形成。

地中海风格庭院由常绿树构成。不用那些大叶大花的树种，而用橄榄、银叶刺槐（含羞草）、迷迭香、薰衣草和鼠尾草之类体形纤细的树种。应注意的是，要将其配植于通风良好、阳光充足的空间内（图2）。

至于花的颜色，不能是红色，只有白色、紫色和黄色的花才适于表现地中海风格。假如条件允许的话，建议选择柠檬和橄榄等果树。如担心气温可能过低，可用同属柑橘类、结黄色果实的酸橙和金橘等容易培植的树种代替。

低木和地被，由迷迭香、薰衣草和鼠尾草类构成。尤其是鼠尾草类，近年来品种日益增多。如紫晶圣人[2]和香味鼠尾草[3]，更具有草花的特点，只要天气不是特别寒冷，均不会枯萎，能够顺利越冬。因此，这类品种可作为树木看待。

图2 地中海风格庭院配植例

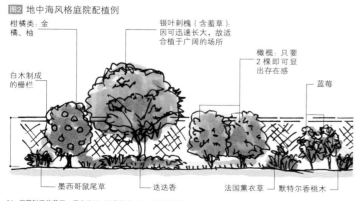

柑橘类：金橘、柚

银叶刺槐（含羞草）：因可迅速长大，故适合植于广阔的场所

橄榄：只要2棵即可显出存在感

白木制成的栅栏

蓝莓

墨西哥鼠尾草　　迷迭香　　法国薰衣草　　默特尔香桃木

*1：石蒜科雪莲花属。原产欧洲。耐寒性强，2～3月开白花
*2：紫苏科鼠尾草属。9～12月开白花。因花柄呈紫色，故似紫花
*3：5月中旬至11月中旬开深紫蓝色花
*4：百合科麦冬属。耐寒性多年草。特征是黑色叶子。坚韧并耐日阴

庭院透出的少数民族色彩

少数民族风格的庭院系由具热带风情的树木构成（图3），选择有常绿大叶的树种是重点。

作为绿化基本结构要素的中高木，除大叶的广玉兰和厚皮香外，还有样子像椰树的芭蕉和苏铁等大叶形树木。假如再植上棕榈竹、八角金盘和棕榈之类生着掌形叶的树木，更会凸显出少数民族风格。

在配植上，从高木到地被，任何空间都要铺满植物。地被，可选择叶子较大的哈兰、叶子会发黑变色的黑龙[*4]和紫苏类[*5]，将地面完全覆盖起来。

攀缘植物和羊齿类，也同样适用于少数民族风格的庭院。

使用此类植物，可按 25 株 /m² 的标准密植。

不过，城市中不管夏季怎么炎热、冬季最低气温仍在 10℃ 以下的场所，最好不构筑这样的庭院。反之，即便日照再差，只要是能够保暖的场所，那就问题不大。

图3 少数民族风格庭院配植例

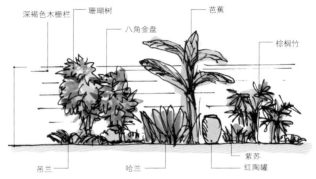

深褐色木栅栏　珊瑚树　八角金盘　芭蕉　棕榈竹
吊兰　哈兰　紫苏　红陶罐

干式庭院的中南美洲风格

与少数民族风格庭院透出的湿润感不同，中南美洲风格的庭院虽然也使用热带植物，却给人以近乎干燥的印象。在草坪中，或是植入椰树，或是配植南洋斑杉[*6]和美国鳞杉[*7]等不同树形的针叶树，便可体现出这种中南美洲风格（图4）。

椰树中有华盛顿椰和加那利椰等品种，在日本亦可植于户外。仙人掌类，则很难在日本的户外越冬，只能用容器栽植，以便冬季移入室内[*8]。像仙女花[*9]和景天类[*10]的多肉植物，亦要积极引进。南洋斑杉的树形十分特殊，很难与同样大小的其他树种搭配。可将其作为形象树处理，再衬托上低木和地被。

中南美洲风格庭院所使用的树木都非常喜阳光，故而充足的日照是其绿化的最重要条件。屋顶庭园就是适宜的环境。

图4 中南美洲风格庭院配植例

作为背景的墙壁表面，被涂装成粗糙的质感。颜色为原白或沙黄

南洋斑杉、美国鳞杉
仙人掌：植于盆中，以便于冬季移入室内
凤尾丝兰
草皮　沙

*5：紫苏科荨麻属的总称。原产欧洲　*6：南洋杉科南洋杉属常绿高木。原产澳洲诺福克岛。喜阳光，亦耐日阴，耐寒性强　*7：南洋杉科南洋杉属。原产智利中部地区，别名智利松。树形优美，与龙柏和雪松并称世界三大公园树　*8：仙人掌类，根短喜阳光，亦适合植于容器内　*9：景天科紫景天属。耐寒性强的多年草。10 ~ 11 月大量开重叠的橙色小花　*10：景天科万年草属的总称

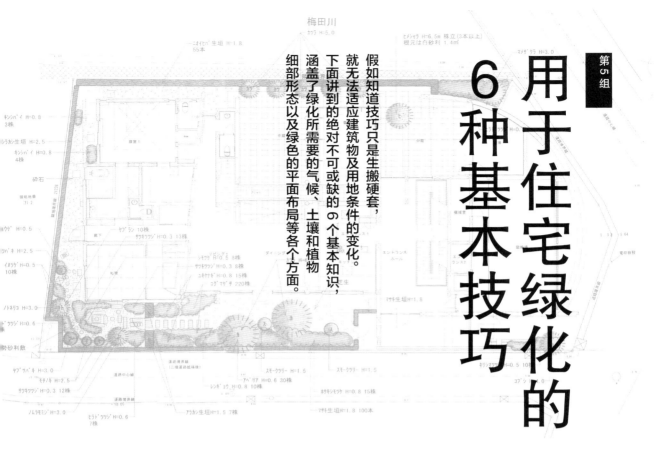

用于住宅绿化的 6 种基本技巧

假如知道技巧只是生搬硬套，就无法适应建筑物及用地条件的变化。下面讲到的绝对不可或缺的 6 个基本知识，涵盖了绿化所需要的气候、土壤和植物细部形态以及绿色的平面布局等各个方面。

避免绿化失败的五大要素

绿化设计的前提条件是，规划用地的环境适合树木生长。对于树木生长来说，"日照"、"水分"、"土壤"、"温度"和"风"是不可或缺的 5 个要素。

1. 日照

树木大体上分为阳性树、阴性树和中庸树 [*1]，各自所需要的日照量也不尽相同，按照用地的日照条件，可用树种也被限定在一定范围之内。

要了解日照条件可参考日影图，那上面标示着一年当中日阴最短的夏至和日阴最长的冬至。图 1 中的日影图，建筑物高度为 7m，将测定面高度设为 1m [*2]。在日影图上可找到，某个时间段庭院的哪一部分有阳光射来。譬如建筑物的南面，夏至和冬至那天都不可能全日阴。由此即可断定，该场所适合栽植喜阳光的阳树。

另外，对于植物来说，同样的阳光在不同的季节和时间段，既可能有益，也可能有害。因此，应该在充分理解树木日照特性的基础上选择树种 [*3]。

图1 根据日影图选择树种

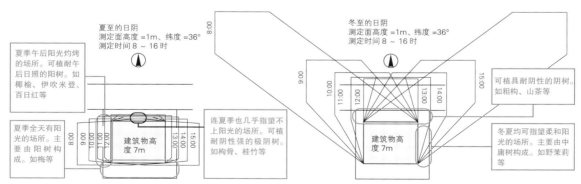

*1：关于树木的阴阳区别，请参照本书 161 页内容
*2：测定面高度系指设想的中高木绿化面高度
*3：方位与绿化的关系，参见本书 140 页、141 页

2. 水分

户外绿化所需要的水分主要来自降雨。在内院中（图2），可绿化空间则是露出天空部分的水平投影面积，绿化的设计也仅限于这一范围 *4。

另外，过多的水分也会妨碍植物的生长 *5。尤其是易积水的洼地，即使植上树木，也可能因根系腐烂而枯死（图3①）。类似这样的场所，为了不致积水，地面可稍稍倾斜，设成一定的坡度（图3②）。

3. 土壤

对于树木来说，理想的土壤应该是这样一种状态：具有适度的排水性及保水性和富含有机质。如用地的土壤为粘土质、砂质或砾石较多，对植物生长是很不理想的环境，必须进行土壤改良。假如担心土壤改良可能造成污染，则要请专家做调查，并得出结论。若非此种情形，一般住宅地规模，只要将树皮堆肥 *6 与充分发酵的腐叶土 *7 混合起来就完全可以了 *8。

在土质得到保证之后，还应确认这样的土质覆盖范围有多大。一般认为，树木为了支撑露出地面的部分，其根系伸展的程度与枝展相当（图4）。因此，树木周围的土壤容量不应小于枝展的幅度。这里所说的枝展，系以成树尺寸为标准。

4. 风

在建筑密集、通风不畅的环境中，叶子因热量和水分产生蒸腾作用，树木不可能茁壮成长。而且，还容易发生病虫害。

如果要在靠近围墙和墙壁等通风不太理想的地方栽植树木，最好在其背后设开口部，或者将围墙的一段改成栅栏，以确保通风（图5）。

5. 温度

树种不同，其生长所需的适宜温度也各异。假如在绿化中忽略了这一点，树木就会枯死。即使所选树木的自生地域与绿化项目用地很近，如果适温带不同，也不可能茁壮生长 *9。

日本的绿化地域，大致可分为寒地（寒带、温带）和暖地（温带、暖带、亚热带）两大类。在绿化设计开始之前，应该先了解项目用地属于哪个类别 *10。

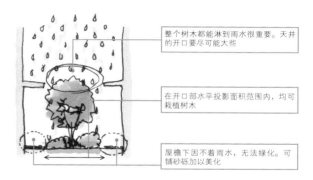

图2 天井局部敞开的内院

整个树木都能淋到雨水很重要。天井的开口要尽可能大些

在开口部水平投影面积范围内，均可栽植树木

屋檐下因不着雨水，无法绿化。可铺砂砾加以美化

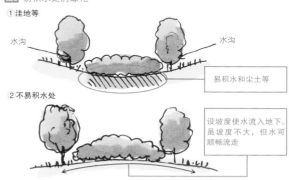

图3 易积水处的绿化

①洼地等

水沟　水沟

易积水和尘土等

②不易积水处

设坡度使水流入地下。虽坡度不大，但水可顺畅流走

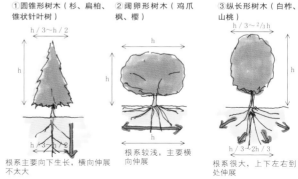

图4 枝展与根展的关系

①圆锥形树木（杉、扁柏、锥状针叶树）

$h/3 \sim h/2$

根系主要向下生长，横向伸展不太大

②阔卵形树木（鸡爪枫、樱）

h

根系较浅，主要横向伸展

③纵长形树木（白柞、山桃）

$h/3 \sim 2/3h$

$h/3 \sim 2h/3$

根系很大，上下左右到处伸展

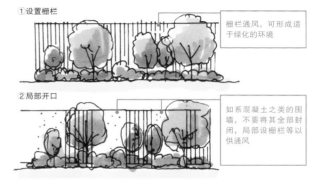

图5 确保靠近围障处的通风

①设置栅栏

栅栏通风，可形成适于绿化的环境

②局部开口

如系混凝土之类的围墙，不要将其全部封闭，局部设栅栏等以供通风

*4：大规模绿化工程的合约，往往附带"枯死保证"条件。用于绿化工程的树木，在一年之内若非因管理者责任而枯萎或生虫害，生产者或销售者应保证无条件退换。要注意的是，在屋檐下和屋顶上不着雨水处的绿化，不适用该保证条件 *5：关于湿润的庭院，参照本书136页 *6：让树皮发酵变成的肥料。具有良好的透气性和排水性 *7：反复发酵至看不出叶形程度的腐叶土 *8：如调查结果显示，在屋顶庭园土壤中所含的建筑物混凝土析出碱分，会对植物生长造成恶劣影响。自生于日本的多数植物均喜酸性土壤。相反，喜碱性土壤的橄榄等，与其直接种在庭院，不如采用盆栽方式更理想。日本的橄榄产地濑户内海小豆岛的土壤即呈碱性 *9：即使地域不同，只要属于适应同样气候条件的树种，往往都具有栽植的可能性 *10：暖地·寒地的绿化，参照本书138页、139页

始于形态的绿化设计

1. 根据叶子区分树木

树木可根据叶子全年的生长状态来区分。秋冬两季全部落叶的是落叶树，一年四季都长着叶子的是常绿树。类似大花六道木那样、落叶期仍生着部分叶越冬的，被称为半落叶树。落叶树夏季枝叶繁茂，冬季落叶。落叶树的这个性质，可被用来调节射进庭院的阳光。常绿树因总是生着叶子，适于做庭院的背景树或绿篱等。

按照叶的形态区分，有阔叶树与针叶树之别。生长于日本的树木，其中九成都是阔叶树（图1）。像染井吉野樱那样生着大叶的树木是阔叶树，而像松那样生着又细又尖叶子的树木就是针叶树。多数情况下，树木可以从其叶的大小和形态判断出属于哪一类。不过，也有像竹柏那样的针叶树，却生着卵状的叶。针叶树细长的尖锐叶子，如同人工制成，适合植于由直线和曲线等多种几何线条构成的抽象建筑物的周围。阔叶树多生有形状圆润的叶子，要营造有温馨氛围的庭院，可使用此类树木。

2. 根据所需日照量区分树木

根据生长所需要的日照量，树木大致可分为阳树、中庸树和阴树等3类（表）。阳树有喜阳光的性质，阴树则讨厌阳光。中庸树介于二者之间，喜适度的阳光和日阴。

阳树主要植于南面阳光充足的场所；阴树可以植于日照很差的北面庭院，或用于中高木下面的绿化；中庸树更适合东面的庭院。

在阴树中，有像日本伞松那样的树种，幼树时为阴树，长大后又变成阳树；也有的像扁柏那样，虽然是阴树，却可以生长在阳光充足的地方。不过，几乎所有的阳树都不适应日阴的环境。

3. 根据高度区分树木

图2 叶的部位

主叶脉
叶缘
叶片
侧叶脉
锯齿
托叶
叶柄

树木可根据高度分为高木（4m以上）、中高木（2～3m）、中木（1.5～2m）、低木（0.3～1.2m）和地被（0.1～0.5m）等。一棵树木可能长到多高，决定了将其能否植于庭院内。在选择树种时，应首先确认其作为造园树木将来长大后的体量[*1]。

4. 枝、叶、花的形态

贯穿在叶片中的筋被称为叶脉，它起到这样的作用：将根吸上来的水分运进来，再将叶子生成的有机物运出去。自叶片中央穿过的叶脉称为主脉，由主脉分出的叶脉称为侧脉或支脉（图2）。

叶的主体称为叶身，叶的边缘称为叶缘。叶缘也有很多种。如细致划分的话，带齿的称为锯齿，完全无齿的称为全缘，大齿边缘带小齿的称为重锯齿，呈波浪状、锯齿不完整的称为缺刻等（图3）。

托着叶子的轴被称为叶柄，叶柄的长度因树种而不同。也有像水枥那样的树种，几乎没有叶柄。类似蔷薇科的树木，在叶柄根部还生有被称为托叶的小芽。

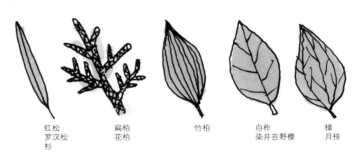
图1 针叶树和阔叶树

①针叶树　　②阔叶树

| 红松 罗汉松 杉 | 扁柏 花柏 | 竹柏 | 白柞 染井吉野樱 | 樟 月桂 |

图3 齿形种类　　　　　　　　　　图4 叶的生长方式

全缘 樟 弗吉尼亚栎　波状 日本常绿橡 冬青　锯齿 榉 桂竹　复齿 大岛樱 白桦　缺刻 棠梨 枫香　互生 白柞 樟　对生 枫类 紫式部　轮生 茜草 三叶杜鹃　丛生（束生）百子莲 剑兰

*1：一般植物图鉴等资料中记载的指标，均指自然条件下生长的成树高度。造园树木的树高系表示用于住宅场合的一般规格尺寸，与自然树木存在很大区别。例如，作为初夏花木经常用到的娑罗，造园树木高度约为3m左右；与此相对，自然树木则可长到5～20m高。关于树高，可参照本书第118页内容

160

图5 花序种类（图中的圆圈代表花，开花先后依照圆圈由大到小的顺序）

总穗花序：自花轴下方和外侧开花

| 总状花序 藤 | 穗状花序 草珊瑚 | 伞房花序 野茉莉 | 伞形花序 山茱萸 | 头状花序 蒲公英 |

集散花序：按照由花轴前端到侧枝前端的顺序开花

| 单相花絮 山茶 | 卷伞花序 勿忘草 | 扇形花序 极乐鸟花 | 单歧聚伞花序 败酱 | 多歧聚伞花序 八仙花 |

复合花序：同种或异种的花成簇开放

| 复总状花序 南天竹 | 复伞房花序 光叶石楠 | 复伞形花序 独活 | 复聚伞花序（总状的聚伞花序）染井吉野樱 |

不同树种，其托叶的形态也各异。

叶的生长方式可分为，交互生长的称为互生，左右对称生长的称为对生，长出的叶子似风车的称为轮生，自地面长出数株的称为丛生（亦称束生）（图4）。

对于花的生长方式，也可以做细致分类。一根花轴[*2]长出的多条枝上各自开花的称为总穗花序，像山茶那样花轴前端开花后不再生长、侧枝接着开花的称为集散花序，像南天竹那样多个花序集中成一簇的称为复合花序等等（图5）。

表 按所需日照做的树木分类及其主要树种

中高木	中高木	灌木·地被
极阴树	枸骨	—
阴树	红豆杉、犬黄杨、钓樟、龙柏（成树系阳树）、柊、柊木榉、扁柏	桃叶珊瑚、桠木、瑞香、草珊瑚、朱砂根、八角金盘、紫金牛
阴树~中庸树	白柞、德国栲、乌饭	八仙花、绣球花、白山吹、南天竹、桂竹、遮阳杜鹃、柃木、楝萸
中庸树	无花果、野茉莉、塔莫、辛夷、花柏、四季辛夷、杉、吊花木、娑罗、枇杷	大花六道木、藤黄、旌节花、花椒、土佐水木、水晶梅、金丝桃、绣线菊属、三叶杜鹃、紫杜鹃、腊梅
中庸树~阳树	鸡爪枫、朴树、桂、柞、月桂、小橡子、唐棣、白浆果、弗吉尼亚栎、西洋杜鹃、冬青、鳄梨、山茶类、橡、糊空木、白云木、四照花、壳斗科、真弓、冷杉、粉团、山茱萸、山桃、紫丁香、令法	蝴蝶戏珠花、柏叶紫阳花、荚蒾、小叶山茶、金丝梅、栀子、小栀子、绣线草、茶树、大叶黄杨、海仙花、玫瑰、铺地柏、平户杜鹃、藤、臭牡丹、结香、珍珠绣线菊
阳树	中国梧桐、红松、椰榆、鸡冠刺桐、粗构、乌冈栎、梅、橄榄、伊吹米登、光叶石楠、花梨、柽柳、金木樨、银叶刺槐、栗、铁冬青、榉、樱类、百日红、山楂、山茱萸、公主花、垂柳、九芎、斑点白蜡、紫木莲、白桦、广玉兰、冬槭、北美香柏、紫荆、桃花、日本榆、费约果、密蒙花、真木、全手叶椎、金缕梅、木槿、全缘冬青、厚皮香、苹果	溲疏、落霜红、金雀花、迎春花、大紫杜鹃、夹竹桃、石岩杜鹃、香桃木、金眼黄杨、草黄杨、麻叶绣球、东方侧柏、紫杜鹃、矢车菊、吊钟花、红花金缕梅、海棠花、秋田胡颓子、庭梅、中国苕、垂岩杜鹃、胡枝子类、杞柳、芦荻、蔷薇类、蜡瓣花、火棘属、芙蓉、银色女贞、蓝莓、木瓜、黄杨、小黄杨、小檗、山樱桃、连翘、迎迎香

树木释要 唐棣 落叶高木。4~5月开白花，花形似武将令旗，日语名称"采配"即此意之谓｜溲疏 落叶低木。新枝表面无溲疏那样的毛。5~6月前后枝头开大量白花｜绣线菊属 落叶低木。7~8月开长5~15cm穗状橙色花｜金缕梅 落叶中高木。2~3月枝头开满黄色花。日语名称读如"满作"，有初春先于其他花开放意｜紫金牛 常绿多年草。叶厚有光泽。果实直径6~7mm，10~11月变成红色即成熟

*2：茎成为开2朵以上花的花轴

使树木凸显的配植作业法

1. 树木的不规则配置

庭院整体上让人感到自然和谐的最基本技巧，是运用曲线、奇数、asymmetry（左右不对称）以及所谓 random 的"不规则性"。在配置方面，无论从哪个方向看，3 棵以上树木都不位于同一条直线上。而且还要注意，树木的间隔及其大小也不可一致。从平面上看，若能将主要树木配置成不等边三角形的顶点最为理想（图 1 ①）。

虽说是不规则的配置，但如将到手的树木全部栽上，肯定会显得杂乱无章，也无法体现庭院的整体风格。因此，要将树木的种类和数量压缩到一定程度。

2. 由极端高度差产生的纵深感

树木高低错落，会让人感到很自然。尽可能扩大树木的高低差，可使这样的效果愈加明显。在配置树木时，降低中央位置的树木高度，使通透的空间变大，庭院会显得更加宽敞（图 1 ②）。

图1 配植技巧

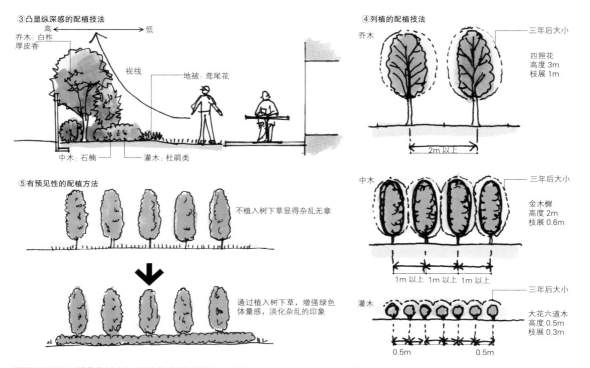

①树木大小及其配植原则

平面 / 大 / 中 / 小 / 不等边三角形 / 视线

立面 / 大 / 中 / 小 / 间隔不等

配植成匀称的不等边三角形。树木大小错落有致

②通过调节高度体现空间的开阔感

大:白柞（常绿）形象树 / 开阔 / 中:木槿（夏季开花）子形象树 / 小:大叶黄杨（秋季红叶）

小:侧柏（常绿）球形 / 开阔 / 大:鸡爪枫（秋季红叶）横向扩展 / 中:山茶（冬季开花）竖长衬托鸡爪枫

大树与中心错开配置。如使树形差别与高度变化一致，则律动感更明显

③凸显纵深感的配植技法

高 / 低 / 乔木:白柞 厚皮香 / 视线 / 地被:鸢尾花 / 中木:石楠 / 灌木:杜鹃类

④列植的配植技法

乔木 / 三年后大小 / 四照花 高度 3m 枝展 1m / 2m 以上

中木 / 三年后大小 / 金木樨 高度 2m 枝展 0.6m / 1m 以上 1m 以上 1m 以上

灌木 / 三年后大小 / 大花六道木 高度 0.5m 枝展 0.3m / 0.5m 0.5m

⑤有预见性的配植方法

不植入树下草显得杂乱无章

通过植入树下草，增强绿色体量感，淡化杂乱的印象

树木释要 三叶海棠 落叶中高木。树皮煮后可做染料，据说其日语名称"ズミ"即由"染色"一词变化而来。6 月前后开白花，8 月果实成熟时变成红色。果实直径约 1cm，因形似苹果，故亦称"小苹果" | 枫香 落叶高木。叶似枫类，但叶的生长方式并非枫类特有的对生型，而是互生型。据此可断定系他种。秋季叶色由绿泛黄，不久又开始发红

3. 树木的重叠配置要考虑到其长大后的情况

　　将高度不同的树木做重叠配置，是营造自然风格庭院必不可少的技巧。如前后重叠，应将低木配置在前面、高木位于其后。左右重叠，基本以并列树木的枝条前端刚好相交为标准（图1③、④）。

　　究竟采取怎样的重叠配置方式，要依据预想的树木长大后的情况。对于成形的庭院来说，建议将移植后3年左右的树形作为树木的标准形态。考虑到生长3年后的情况，应分别将树木的间隔设为：高木2m以上、中木1m以上、低木30cm以上、地被15cm以上（图1⑤）。

准确传达设计者意图的配植图绘制方法

　　绘制配植图最关键的一点就是，要将绿化树种、绿化场所和栽植数量准确表达出来。因此，最好事先了解配植图特有的表现形式以及应该最低限度掌握的信息。

　　配植图的表现形式并无统一的标准，只要能将高木、中木、低木和地被分辨出来，无论采用哪种形式都没关系。譬如树干的位置和叶展的大小，只用圆圈表示就可以（图2）。尽管也见过用不同画法分别标示出各个树种的图纸，可是那让人觉得过于杂乱，反倒不易分辨了。不过，为了能分辨出高木是常绿树还是落叶树，绘图时应该用不同的圆圈来标示。如果用树高的1/3～1/2作为直径绘制圆圈，即可表达出其长成后的形态。

　　在高木与低木重叠配置的场所，要将重叠部分画出，不能省略。将阔叶树和针叶树有区别地标示出来，虽然所表达的氛围更准确，可是花费的工夫也更大。如系用于渲染和推介的资料，倒也值得花这样大的气力。作为施工设计图，则不必这样做。

　　在图纸比例尺为1/30～1/100时，可将树种名称的头文字、或再加上二文字记入圆圈内，亦可标在圆圈边上。还有一种方式是用引线指示。日文树种名均以片假名标记。

　　不过，比例尺1/200左右的图纸，如采用以上标记方式可能无法辨认，因而要将其符号化，或另设凡例一一列出。

　　树木的尺寸，或是使用凡例、或是使用引线加以标示。树木的形状，则用高度（H）、胸径（C）*和叶展（W）表示。

　　施工设计图无须涂色，但用于渲染和推介的图纸，上了颜色后能够更准确地向受众传达设计意图。尽管可将各个季节的效果分别绘制成图纸，不过如能做到尽量用一张图纸表现出由春到秋的庭院内景象，那么庭院随着季节更替而出现的变化也就一目了然了。

图2 配植图标示示例

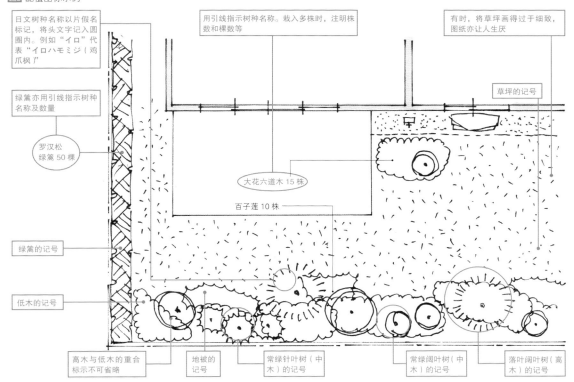

*：胸径系指自地面至高度1.2m位置的树干周长，并非树干的直线长度。由于修剪，树木的高度和枝展的尺寸都会发生变化，但树围是不可能改变的，故而是可准确说明树木大小的重要指标

了解绿化设计流程

绿化设计共分为 5 个阶段：①征询业主意见，②现场调查，③区划，④初步设计，⑤施工设计（图 1）。其中的④和⑤已经在配植图画法一节讲述过，这里只对①～③做些说明。

1. 通过征询意见了解业主的意图

绿化设计应从征询业主意见开始。重点要向业主具体了解的事项包括：其心目中的居所形态、将来如何使用建筑、希望在庭院内做怎样的绿化、施工后打算进行什么水平的绿化管理等等。

这时，还有值得重视的问题是，概念设计者应反复与业主商量，直至确认业主提出的计划是否可行。譬如，屋顶庭园[*1]的管理比较麻烦。因此，如根据业主的具体情况，施工后的管理无法得到充分保证，则应向其告知：最好变更计划。

2. 通过现场调查掌握用地及其周边绿化的状况

绿化的具体概念一经确定，便要进行现场调查。通过现场调查，重点了解绿化场所的地形（平坦、倾斜）、土质（肥沃土、黏质土、沙质土）[*2]、水分量（干湿）[*3]、日照条件（毗邻建筑物的影响）、周边环境和周围绿化状况。在现场原来就有建筑物的情况下，应确认建筑物的位置和通道（绿化施工时能否利用），并同时确认用地与正面道路的高度差以及燃气、电气和自来水等地下管网的位置。

尤为重要的是周围绿化状况。对于绿化设计来说，有个不可或缺的要素是"微气候"。如高地的南面与北面风向不同，洼地处要比其周围更潮湿等。在范围狭小的地块内，可能表现出各种各样的气候特征。只要事先掌握这些气候特征，就能够营造出适应当地气候的庭院，而且也会减少绿化后树木枯死的可能性。

气象厅网页每天发布的气温、降雨量、日照量和风向等数据，仅适用于设有 AMEDAS 地区气象观测系统的场所，还不能将其作为项目用地范围内的精准气象数据。有鉴于此，可以通过确认项目用地周边住宅的庭院、公园和街道两侧的绿化树木现状，作为把握项目用地微气候的参照[*4]。

3. 突出动线的区划

配植计划的制定，建立在现场调查获得信息的基础上。首先要确定总体概念，再将用地划分成区块（图 2①）。在图纸上画个大圆圈，在其中记入概念词和利用方式，如果可能的话，再填入适当的树木名称等。

区划大致确定之后，接着在图纸上画出动线和视线，将各区划的概念进一步具体化。例如，要确认从起居室中看到的庭院是什么样子，以及栽植形象树时设想到行人目光会经常停留在哪个部分等。

经过反复进行以上操作，在基本成形之后，再以区划图为基础与业主协商，使双方意见达成一致，则可进入绘制配植图阶段（图 2②）。

图2 根据区划和动线确定形态

①考虑动线与视线的关系

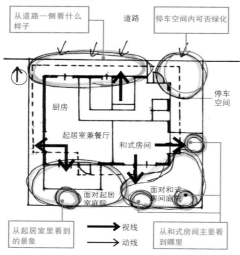

②按照区划绘制的配植图例

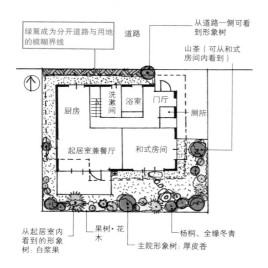

图1 绿化设计流程

①征询意见
听取业主的希望、要求以及对管理方式的想法

②现场调查分析
了解地形、土质、气象、植被、设备、水分量和日照等条件、状况和周边环境

③区划和动线设计
主院及附院的布置、整体形象的构思、对进入动线、服务动线和视线的考虑

④初步设计
考虑主要树木和造景物的布置、铺装材料的选择、工程费用概算

⑤施工设计
配植图（树种、形状、数量）、造景物和铺装材料的配置、大门·围墙·栅栏·绿篱的设置、工程费用预算

*1：屋顶庭园，参见本书 146 页内容
*2：确认土中是否埋有垃圾
*3：可实际用手接触确认湿度状况。如系落雨后的现场，排水和积水情况亦可作为了解土壤含水量的参考
*4：当地植被状况，可通过图书馆等处的文献了解；若想知道荒芜绿地较多的神社寺院周围状况，则须亲自到现场调查

避免发生绿化事故的诀窍

绿化过程中，概念设计者的问题大都发生在绿化施工现场。这里举 2 个常见问题的例子，并分别说说该如何处理。

1. 现场树木形态与想象的不一样

在确定绿化树木时，如单纯依靠图鉴和样本来选择，有时会觉得实际到手的树木与之完全不同。为避免出现这种情形，一般都采取亲眼查看绿化树木实物的方法。如果能在购买树木之前进行查验，并征得业主同意后再做决定，那再好不过。尤其是住宅规模的庭院，一棵树的形态好坏将对建筑物产生很大影响，更有必要采取这种对应方式[5]。

即使通过这种方式选定的树木，运入现场后也可能感到树形与当初看到的不同。这是出于搬运和栽植的需要，对其做过修剪的缘故。通常栽植树木时，都要将根系修剪成原来一半大小。而且，地上部分的枝叶也要修剪，以防止移植后枯死或生长平衡遭到破坏。为便于搬运而进行的修剪，多半都是砍去树木下侧的枝条。假如在概念设计上，还要用到这其中的一部分枝条，应该事先通知供应商不要将其剪掉。

2. 预定场所无法栽植树木

造园工程的实施，大都在建筑竣工之后，常会遇到预定场所无法栽植树木的情况。因此，在建筑施工期间便应对以下各项进行检查（图3）。

检查的重点是，施工车辆能否进入和用地与正面道路的关系。如面向道路构筑庭院，树木的搬运自然不成问题。但若在与道路相反一侧建造庭院，搬运树木和土壤等所花的人力和费用，会因搬运的时机和采用的方法而不同。

在为外部搬运通道无法保证的建筑物设计庭院时，就必须考虑到这样的情况：造园施工不得不从装修过的建筑内部进出，也会给后期的养护管理带来不便。无法由室内通过的大树，只能越过屋顶搬入，更要增加费用[6]。因此有必要对施工步骤做出调整（图4），以在可保证外部通道期间开始实施造园工程。

除此之外，较多的事例还有，因绿化场所地下埋有工程残渣和碎石、或者地下发现设备配管等，致使树木无法栽植[7]。也经常遇到这样的情况：绿化场所安装着平面图上未标出的空调室外机。室外机排出的高温干燥风会妨碍树木生长，故而这样的场所亦不宜绿化。为避免出现这种状况，与绿化场所和设计意图相关的事项，亦应传达给从事绿化工程以外的外部工程的人员。

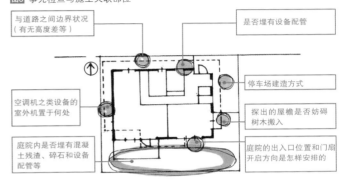

图3 事先检查与施工关联部位

- 与道路之间边界状况（有无高度差等）
- 是否埋有设备配管
- 停车场建造方式
- 空调机之类设备的室外机置于何处
- 探出的屋檐是否妨碍树木搬入
- 庭院内是否埋有混凝土残渣、碎石和设备配管等
- 庭院的出入口位置和门扇开启方向是怎样安排的

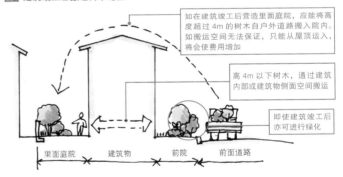

图4 建筑竣工后搬运树木路径

- 如在建筑竣工后营造里面庭院，应能将高度超过 4m 的树木自户外道路搬入院内。如搬运空间无法保证，只能从屋顶运入，将会使费用增加
- 高 4m 以下树木，通过建筑内部或建筑物侧面空间搬运
- 即使建筑竣工后亦可进行绿化

里面庭院　建筑物　前院　前面道路

---

*5：如苗木培植地距现场较远，无法看到实物，亦可采取请造园业主送来实物照片、据此进行判断的方法

*6：越过屋顶搬入时，也可能存在与电柱和电缆相互干扰的问题

*7：实际上，门厅前等处的绿化，常遇到这种情况。尽管已计划在门厅前配置形象树，可是一旦在造园施工过程中发现地下埋有配管等，就不得不错开位置植入。类似住宅规模的绿化，形象树的意义非比寻常。做好这一点，绿化设计的概念便唾手可得。

荒川淳良
岩城株式会社
注册园林设计师（RLA）

1963 年生于神奈川县，东京农业大学造园学科毕业。曾从事住宅、庙宇、酒店、观光区和商业设施的设计，擅长构筑不拘一格的和风空间。作品英国皇家植物园获日本 2001 花园节金奖

石井 修（1922～2007）
美建设计事务所
建筑师

奈良县人。吉野工业学校建筑科毕业后，进入大林组东京支社工作，并曾应募于海军建筑部和陆军航空队。战后重回大林组。1956 年创立美建设计事务所。1987 年获日本建筑学会奖，还曾颁发第 12 次吉田五十八奖。2002 年，获日本建筑家协会 JIA25 年奖大奖。终生致力于构建绿色丰盈的独特空间

伊礼 智
建筑师 伊礼智设计室

1959 年生于冲绳县。琉球大学理工学部建设工学科毕业，于东京艺术大学美术学部建筑科研究生院获硕士学位。在丸谷博男和 A & A 设计室的基础上，建立伊礼智设计室。日本大学生产工学部居住空间设计课客座讲师

大桥镐志
（株式会社）M&N 环境规划研究所
注册园林设计师（RLA）

1943 年生于静冈县。千叶大学造园学科毕业。曾参与 ARK 山和御殿山等处的超高层建筑的环境规划设计。1988 年，创立（株式会社）M&N 环境规划研究所，自任法定代表人。主要作品有日航东京饭店、新西兰大使馆、海石榴迎宾馆、北海道富浦火车站（获颁北海道 2000 最优火车站奖）和巴黎丽思卡尔顿酒店别墅花园等。东京造型艺术大学客座讲师

小出兼久
注册园林设计师 ASLA（美国注册）
1 级造园施工管理师
环境科技工程师（低影响开发技术·美国注册）
NPO 法人景观设计研究协会（JXDA）代表理事

1951 年生于东京。主要作品有巴赫的森文化财团、离子株式会社本社中庭、六麓庄 Y 宅和田园调布 K 宅等。经十多年的欧美考察，通过行政访问和资料研究等渠道，最早将微气象控制和水资源保护等低影响开发方式介绍到日本，其本人亦对此反复进行研究和实践

近藤三雄
东京农业大学造园科学科城市绿化研究室
教授、农学博士

1948 年生。东京农业大学造园学科毕业，长期致力于城市绿化普及教育和城市绿化技术开发方面的研究。有绿化相关著述多种

佐藤健二
（株式会社）大地绿化

1958 年生。东京农业大学造园学科毕业。将最先进的技术应用于屋面绿化和墙面绿化的设计及施工

菅原广史
防卫大学地球海洋学科准教授

以气象学为专业，重点从事城市区域的热环境和卫星遥感等方面的研究

善养寺幸子
（株式会社）生态能源实验室 法定代表人
政策咨询顾问 1 级建筑师

1966 年生于东京。先后供职于结构设计事务所和创意设计事务所，1998 年开办 1 级建筑师事务所 Organic table，专门从事生态建筑的设计。2006 年，创立生态能源实验室。目前，作为政策咨询顾问，参与环境政策的制定、生态新城的构建和社会系统的设计等

田濑理夫
Plantago 代表

1949 年生于东京。就读于千叶大学，专攻城市规划和造园史。在感知"土地"状貌的基础上，更深入地了解它。并在实践上，以生态、地理、城市、建筑、土木和造园等环境综合规划的视角达成项目的最佳效果。主要作品有，地球卵计划、BIOS 之丘和阿库罗斯福冈等

中西道也

1972 年生于爱知县。东京艺术大学美术学部建筑学科毕业。目前，在千叶我孙子市的稻田中，计划建造一座近万平方米的幼儿园。他应邀无偿地参与幼儿园的庭园设计

藤田 茂
绿化技术代表

1947 年生于东京。东京农业大学农学部造园学科毕业。工程师（城市及地方规划）、1 级造园施工管理师、1 级土木施工管理师，也从事屋顶、墙面和室内等处绿化的技术咨询业务，编写和发行绿化手册等

松崎里美
NPO 法人日本景观设计研究协会 工作人员

1966 年生。1 级造园施工管理师。美国 CWWC 会员。作品有：东二丁目二和船桥、明智用水公园及其景观设计

百濑 守
SYO 规划

生于长野县松本市。40 岁后始

进入造园界，扎在造园会社里 8 个年头。之后，参与了"SYO 规划"的筹建。以构建愉悦身心的庭园为目标，从普通家庭的造园到高级公寓和屋顶花园等的设计及施工，无不涉猎

柳原博史
思维空间代表
注册园林设计师（RLA）

生于 1966 年。明治大学客座讲师。东京造型大学毕业，先后于筑波大学研究生院和 AASchool 研究生院获得硕士和博士学位。近年来，参与多个中国大型项目和日本国内公寓楼配套园林景观改造计划。正在研究中的课题为"景观与移动"

大西 瞳
思维空间
园林设计师、制造商、"绿色之剑"店主

生于 1970 年。毕业于高知大学特设美术学科雕塑专业。业务涉及以绿化为标志的造园、多媒体、展览设计，以及相关制品的生产等。除此之外，还经常参加山乡保护和街区构建之类的活动

增泽 昌
园林设计师

生于 1978 年。明治大学农学部农学科毕业。无论是大型景观还是单株的盆景，但凡设计与植物的使用有关，都要倾尽全力探讨其无限的可能性

矢野智德
环境 NPO 会社副理事长、会社园艺代表

1956 年生于福冈县。凭着管理自然植物园积累的经验和大学时代掌握的自然地理知识，开创了造园事业（矢野园艺）。在自然与都市的夹缝里寻觅生物空间的过程中，关注到大地上水与空气的变化，并在日本各地实施改善环境的工程

山崎诚子
日本大学短期大学部准教授、GA 山崎
园林设计师

生于东京。武藏工业大学建筑学科毕业后，作为旁听生，又在东京农业大学造园学科学习 2 年。曾供职于花匠株式会社，1992 年创立 GA 山崎。1 级建筑师、1 级造园施工管理工程师

山田 实

1946 年生于东京。1969 年东京电机大学毕业后，进入暖风机制造厂。1977 年，转往东京树苗株式会社迄今。东京树苗系从事植物（主要是地衣类和攀缘类）栽培和批发的企业。最近，又开始生产销售一般园艺店和山草店不经营的水草和水边植物等

封面照片：
石井雅義・梶原敏英・
熊谷忠宏・黑住直臣・
村田 昇・柳井一隆・柳田隆司